Poggio di Sotto
BRUNELLO DI MONTALCINO

SESTI

LA MAGIA

2010

SALVIONI

VAL DI SUGA

Tenuta Buon Tempo
p.56
BRUNELLO
DI MONTALCINO

MA
DON
NA NE
RA
BRUNELLO
DI MONTALCINO

DOCG
MASTRO JANNI
Brunello di Montalcino
2013

DOCG
LUCE

BARBI

GIODO
Brunello Di Montalcino

Brunello
Library
托　斯　卡　尼
義　大　利　酒　后

前　言
PREFACE

布雷諾紅酒
IL BRUNELLO

評　審　會
JUDGE TASTINGS

［2013 年 布雷諾紅酒 Brunello di Montalcino DOCG 2013］

［2012 年 陳年精選等級布雷諾紅酒　Brunello di Montalcino Riserva DOCG 2012］

索　引
INDEX

BARBI

本書作者與各布雷諾酒莊負責人合影，其手上即為本書評選之布雷諾葡萄酒。
Owners and enologists of different Brunello wineries, holding the bottle chosen in this book.
Proprietari ed enologi delle diverse cantine di Brunello mostrano i loro vini scelti per questo libro.

關於作者
AUTHOR

黃筱雯
Xiaowen Huang

- 義大利美食教育中心 CLUBalogue 執行長
- 義大利品油專家認證課程 IOEA 執行董事
- 義大利侍酒師協會官方正式代表
- 義大利阿爾巴城白松露封爵騎士暨主教
- 台灣品油專家協會召集人暨理事長
- 義大利民宿主人
  ——北義馬特的家 La Ca Di Mat
  ——托斯卡尼筱雯別墅 Villa XW
- 品味誌葡萄酒專欄作者

書籍著作

中文

- 『義大利百年家族十大經典食材錄：一個台灣人在義大利鄉間尋訪頂級食材的美味旅程』
- 『EVOO 處女初榨橄欖油 = 好油 ?』

中英義

- 『Barolo Library 餐桌上的義大利酒王』
- 『Brunello Library 托斯卡尼義大利酒后』

美食認證

- 義大利國際品油專家協會 (IOEA) 品油專家認證
- 義大利侍酒師協會 (AIS) 侍酒師認證
- 義大利白松露鑑賞師
- 義大利巴薩米克醋鑑賞師

Xiaowen Huang (WEN)

- Writer, University speaker, Sensory Analysist
- Founder of CLUBalogue Academy,
  Food & Wine education of Italy: Course of IOEA
  Professional Olive Oil, Wine Sommelier,
  Balsamico vinegar, and Truffle.
- Journalist specialized in Wine and Olive oil,
  monthly columnist for Taste Magazine, Taiwan.
- Master of Taiwan Delegation,
  Ordine dei Cavalieri del Tartufo e dei Vini di Alba
- President of International Olive Oil Expert
  Association in Taiwan.
- Olive oil taster, Italian Sommelier.

Xiaowen Huang *(WEN: come "quando" in inglese)*

- *Scrittrice, relatrice universitaria, analista sensoriale*
- *Fondatrice di CLUBalogue Academy,*
  Food & wine education in Italia: organizzatrice di corsi professionali
  IOEA (International Oil Expert Association), vino, Aceto balsamico e tartufo.
- *Giornalista specializzata nel campo del vino e dell'olio extra vergine di oliva,*
  editorialista mensile per Taste Magazine, Taiwan.
- *Maestro nella Delegazione di Taiwan per l'Ordine dei Cavalieri del*
  Tartufo e dei Vini di Alba
- *Presidente della "International Olive Oil Expert Association" in Taiwan.*
- *Relatrice e assaggiatrice di olio extra vergine di oliva,*
  relatrice e sommelier di vino Italiano.

布雷諾紅酒的官方法規

Production Regulations of Brunello DOCG and Brunello Riserva DOCG

Disciplinari del Brunello di Montalcino e del Brunello di Montalcino Riserva

｜布雷諾紅酒的官方法規｜

蒙達奇諾省之布雷諾紅酒之『歐盟保證法定產區認證（DOCG：Denominazione di Origine Controllata e Garantita）』起草於 1980 年 7 月 1 日，經多次修改、最後於 1998 年 5 月 19 日正式完成，其規範如下：

- **產區範圍**｜蒙達奇諾城區
- **葡萄品種**｜聖爵維斯葡萄（亦稱為布雷諾葡萄）
- **每公頃最高產量**｜不得超過 8,000 公升
- **葡萄公斤之於葡萄酒產量比例**｜ 68%
- **陳年規範**｜ **布雷諾紅酒**—— 置於木桶 2 年、玻璃瓶中 4 個月以上
  (Brunello DOCG)
  布雷諾紅酒陳年精選等級—— 置於木桶 2 年、玻璃瓶中 6 個月以上
  (Brunello Riserva DOCG)
- **顏色**｜深紅寶石色、隨陳年漸趨橘色
- **香氣**｜其特徵為濃郁之香氣
- **口感**｜回甘、味蕾感受其柔順溫暖、能感受其單寧的存在、有力而和諧
- **酒精含量**｜ 12.5% 以上
- **酸度**｜每公升 5 公克以上
- **甜度**｜每公升 24 公克以上
- **新酒上市年度**｜ **布雷諾紅酒**—— 自採收期後 5 年以上方可上市開始販售
  (Brunello DOCG)
  布雷諾紅酒陳年精選等級—— 自採收期後 6 年以上方可上市開始販售
  (Brunello Riserva DOCG)
- **裝瓶規範**｜ 蒙達奇諾省之布雷諾紅酒只能裝瓶於波爾多紅酒瓶

* 資料來源：來自「蒙達奇諾省布雷諾紅酒官方公會」

Production Rules of Brunello di Montalcino

Brunello di Montalcino was recognized as a wine of Denomination of Controlled and Guaranteed Origin with the Presidential Decree: D.P.R. 1/7/1980, and various modifications ensued subsequently. The rules established by the disciplinary regulations in vigour according to the Decree of 19/5/1998 are as follows:

- Production area: the Montalcino township
- Variety: Sangiovese (also called "Brunello" in Montalcino)
- Maximum yield of grapes: 80 quintals per hectare
- Ratio of grape yield to wine: 68%
- Minimum aging in wood:

  Brunello DOCG: 2 years in oak; minimum4 months aging in bottles

  Brunello Riserva DOCG: 2 years in oak; minimum 6 months aging in bottles
- Colour: intense ruby red tending towards garnet as it ages
- Odour: characteristic intense perfume
- Taste: dry, warm, lightly tannic, robust and harmonious
- Minimum alcohol content: 12.5% Vol.
- Minimum total acidity: 5 g/lt
- Minimum net dry extract: 24 g/lt
- Bottling: can only be done with the production area
- Ready to be sold: 5 years after the year of the harvest (6 years for the Riserva)
- Packaging: Brunello di Montalcino can only be sold if it is in Bordelaise shaped bottles

*Regulations of Consordium di Brunello di Montalcino

Disciplinare di produzione del Brunello di Montalcino

Il Brunello di Montalcino ha avuto il riconoscimento della DENOMINAZIONE DI ORIGINE CONTROLLATA E GARANTITA con D.P.R. 1/7/1980, successivamente sono state apportate varie modifiche. Di seguito sono riportate le norme previste dal Disciplinare vigente così come previsto dal Decreto 19/5/1998.

- *Zona di produzione: Comune di Montalcino*
- *Vitigno: Sangiovese (denominato, a Montalcino, "Brunello")*
- *Resa massima dell'uva: 80 quintali per ettaro*
- *Resa dell'uva in vino: 68%*
- *Affinamento minimo in legno: 2 anni in rovere*
- *Affinamento minimo in bottiglia: 4 mesi (6 mesi per il tipo Riserva)*
- *Colore: rosso rubino intenso tendente al granato per l'invecchiamento*
- *Odore: profumo caratteristico ed intenso*
- *Sapore: asciutto, caldo, un po' tannico, robusto ed armonico*
- *Gradazione alcolica minima: 12.5% Vol.*
- *Acidità totale minima: 5 g/lt*
- *Estratto secco netto minimo: 24 g/lt*
- *Imbottigliamento: può essere effettuato solo nella zona di produzione*
- *Immissione al consumo: dopo 5 anni dall'anno della vendemmia (6 anni per il tipo Riserva)*
- *Confezionamento: il Brunello di Montalcino può essere posto in commercio solo se confezionato in bottiglie di forma bordolese.*

**Disciplinare di Consorzio del Vini Brunello di Montalcino*

聖爵維斯葡萄品種
Sangiovese Grape
Il Brunello ed il suo vitigno

聖爵維斯葡萄品種

義大利托斯卡尼南區、錫安納城（Siena）再往南的『蒙達奇諾之布雷諾紅酒（Brunello di Montalcino）』，是由百分之百的聖爵維斯葡萄（Sangiovese grape）製成，該品種也是義大利托斯卡尼省葡萄酒的最主要品種。但因區域名稱不同、酒名認證不同，而有著不同產區的規範與特徵。如同法國酒的AOC，義大利酒也有『歐盟法定產區認證（DOC：Denominazione di origine controllata）』、『歐盟保證法定產區認證（DOCG：Denominazione di Origine Controllata e Garantita）』、『陳年精選等級（Riserva）』、『珍藏遴選級（Gran Selezione）』不同的等級認證分類，因此光是托斯卡尼的聖爵維斯葡萄（Sangiovese grape），就至少有十種以上不同的法定酒名。

本書中記載的是托斯卡尼歐盟保證法定產區認證（DOCG）最重要的紅酒產區：『蒙達奇諾之布雷諾紅酒（Brunello di Montalcino DOCG）』，其於近三十年內晉升為義大利珍貴名酒，常與酒史上素稱為『義大利酒王（King of Wine）』的北義『巴洛羅紅酒（Barolo）』並稱，更因美國市場的大量需求使其價格飛黃騰達，短短三十年內不僅被國際酒評家封為『酒后（Queen of Wine）』，其價格與巴洛羅紅酒也並駕齊驅，且其酒越陳年、價格亦有攀升之勢，成為最值得投資的托斯卡尼陳年酒款。

** 托斯卡尼DOCG各產區官方規範不一定需要百分之百的聖爵維斯葡萄品種（允許使用並混入其他品種）*

聖爵維斯葡萄品種在托斯卡尼其他重要的歐盟保證法定產區認證（DOCG）：

1.『奇揚第產區（Chianti DOCG）』：其於托斯卡尼的產區範圍十分寬廣，向南延伸直至鄰近溫布莉亞省，產區最大、價格最為便宜。
2.『經典奇揚第（Chianti Classico DOCG）』：由佛羅倫斯（Florence）附近往南一直延伸到錫安納區域（Siena）所生產，其DOCG認證規範於『陳年精選等級（Riserva）』上再增加了『珍藏遴選級（Gran Selezione）』，因此只要在酒標上看到『Gran Selezione』的字樣，便可以知道產區大概是『經典奇揚第（Chianti Classico DOCG）』。經典奇揚第公會（Chianti Classico Consortium）創立於1716年，於今已滿300年，是義大利最古老的葡萄酒公會。
3.『蒙特普查諾之諾比雷紅酒（Nobile di Montepulciano DOCG）』：錫安納城（Siena）與蒙達奇諾城（Montalcino）再往南的紅酒產區，其產區較小。

如何正確選購義大利酒

買一瓶義大利酒，記得先找封口處的DOC或DOCG公會編號認證封條，在酒標上，應該要看到DOC或DOCG亦或是IGT字樣作為產地保證（保證無混酒）；再來記得確認產區名稱（如Barolo，Brunello…）；最後再認葡萄酒莊園名稱。如果要投資，最好有葡萄酒專家協助，投資人在新酒上市前，應研究當年度是否適合投資，再來要挑對酒莊、選對酒款，還要有門路能跟酒莊買到酒。如果沒有門路，也只能在通路市場上購買零星數量，一方面是價格可能比較高，另一方面是無法確定之前的保存狀況，也算是一種風險。

Sangiovese Grape

Brunello di Montalcino lies in south Tuscany, in central Italy, about 40 kilometers South of the city of Siena, in the hill-lands of an classical Tuscan landscape. By regulation, it has to be 100% Sangiovese aged at least 2 years in oak and minimum 4 months in bottles. Being the most important variety of grape in Tuscany, Sangiovese in different area of Tuscany are with different DOCG regulations and thus, on the label the names of wine is also not the same. In this book, we discuss only Brunello di Montalcino, which is one of the most important red wine in Tuscany, often mentioned internationally as "Queen of wine" whileas Barolo wine in Piemonte as "King of wine."

In Tuscany with Sangiovese grape, we can find easily DOCG examples as Chianti, Chianti Classico, Morellino di Scansano, Nobile di Montepulciano, Brunello di Montalcino and more: the wide-spread territory Chianti DOCG, from north Tuscany to the south border to Umbria, the central province of Italy; the oldest Consortium of Chianti Classico, 300 years since 1716 and its territory from Florence to Siena, worth mentioning its limited classification "Gran Selezione" while Nobile di Montepulciano and Brunello di Montalcino are southern. In fact, for the past 30 years, the market and price for Brunello di Montalcino has developed rapidly that it becomes one of the most popular and interesting wine to invest.

義大利酒官方分類等級
The Classification of Italian Wine
La Classificazione del Vino Italiano

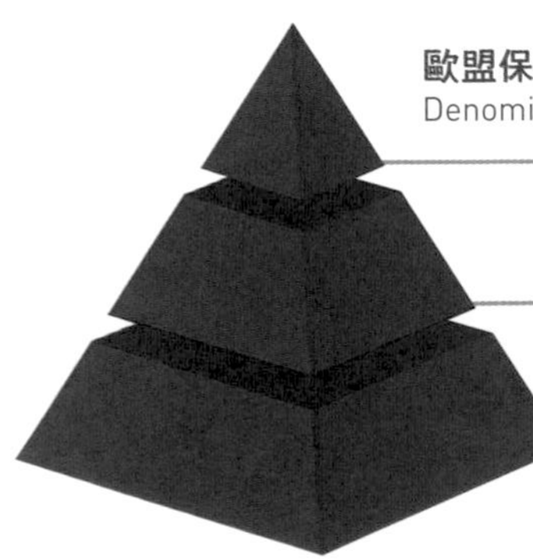

歐盟保證法定產區認證
Denominazione di Origine Controllata e Garantita (DOCG).

歐盟法定產區認證
Denominazione di Origine Controllata (DOC)

地方法定產區認證
Indicazione Geografica Tipica (IGT)

製表人：義大利美食教育中心 -Graph by CLUBalogue

Il Brunello ed il suo vitigno

Il Brunello di Montalcino viene prodotto nel sud della Toscana, nell'Italia centrale, a circa quaranta km a Sud della città di Siena, in una delle zone collinari tipiche del paesaggio Toscano. Per regolamento, deve essere vinificato dal 100% di uve Sangiovese, deve essere sottoposto ad almeno 2 anni di affinamento in legno di rovere e minimo 4 mesi in bottiglia. Essendo la varietà di uva più importante in Toscana, il Sangiovese ha, nelle diverse zone della Toscana, diverse normative DOCG e quindi, nell'etichetta, anche i nomi dei vini non sono gli stessi. In questo libro, tratteremo solo del Brunello di Montalcino, spesso citato internazionalmente come "Regina del vino", così come il vino Barolo in Piemonte è il "Re del vino".

In Toscana, prodotti con uva Sangiovese, possiamo trovare facilmente vini DOCG come il Chianti, il Chianti Classico, il Morellino di Scansano, il Nobile di Montepulciano, il Brunello di Montalcino e altri: l'ampio territorio del Chianti DOCG, dalla Toscana settentrionale fino al confine sud con l'Umbria, la provincia centrale d'Italia; il più antico Consorzio del Chianti Classico, 300 anni dal 1716 e il suo territorio da Firenze a Siena, vale la pena menzionare la sua classificazione limitata "Gran Selezione" mentre troviamo il Nobile di Montepulciano e il Brunello di Montalcino nella Toscana piu' meridionale. Negli ultimi 30 anni, il mercato e il prezzo del Brunello di Montalcino si sono sviluppati molto rapidamente facendolo divenire uno dei vini più popolari e interessanti in cui investire.

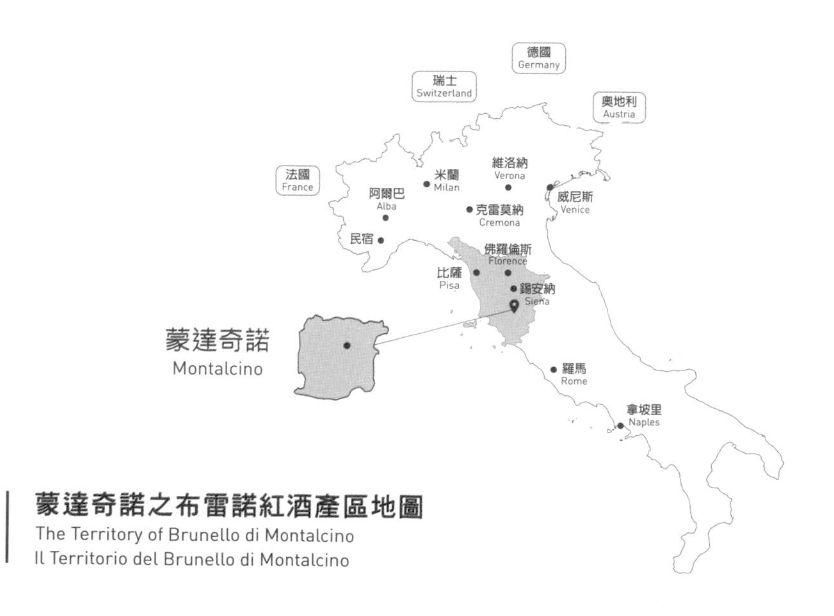

蒙達奇諾之布雷諾紅酒產區地圖
The Territory of Brunello di Montalcino
Il Territorio del Brunello di Montalcino

布雷諾紅酒的歷史年鑑表（星級分類）
VINTAGE QUALITY EVALUATION (CLASSIFY IN STARS)
VALUTAZIONE DELLE ANNATE (ESPRESSA IN STELLE)

蒙達奇諾布雷諾紅酒公會於每一年的一月份，邀請20位國際酒評家、以官能品評以及科學檢測分析表，來評論當年新上市葡萄酒的星級（標準如右）。接受酒評的葡萄酒種類包括布雷諾紅酒（Brunello di Montalcino）、蒙達奇諾紅酒（Rosso di Montalcino）、蒙達奇諾甜酒（Moscadello di Montalcino）以及聖安提諾紅酒（Sant ' Antimo），其結果於每年二月公布 。

星級標準如下：

★ 一星 ——表現不如預期的年份

★★ 二星 ——適宜表現的年份

★★★ 三星 ——好的年份

★★★★ 四星 ——絕佳的年份

★★★★★ 五星 ——傑出完美的年份

Every year the **Consorzio del Vino Brunello di Montalcino** classifies the new wine production in order to Communicate the information regarding the Montalcino harvest and its wines Brunello di Montalcino, Rosso di Montalcino, Moscadello di Montalcino and Sant'Antimo. The evaluation takes place in the month of January of every year, by having wine samples of the latest harvest undergo chemical/physical and organoleptic analyses. The Tasting Committee that carries out the tests is made up of 20 technicians operating in Montalcino, with extensive experience in the production of this area.

The evaluation is expressed in stars, corresponding to the following classification:

★ one star—— insufficient vintage

★★ two stars—— fair vintage

★★★ three stars—— good vintage

★★★★ four stars—— excellent vintage

★★★★★ five stars—— outstanding vintage

La valutazione viene effettuata nel mese di gennaio di ogni anno, sottoponendo i campioni di vino prodotti durante l'ultima vendemmia ad analisi chimico-fisiche ed organolettiche. La Commissione di Degustazione che effettuata le analisi organolettiche è composta da 20 tecnici operanti a Montalcino e che hanno una pluriennale esperienza delle produzioni del territorio.

La valutazione è espressa in stelle e corrisponde alle seguente classificazione:

★ *una stella—— annata insufficiente*

★★ *due stelle—— annata discreta*

★★★ *tre stelle—— annata pregevole*

★★★★ *quattro stelle—— annata ottima*

★★★★★ *cinque stelle—— annata eccezionale*

布雷諾紅酒的歷史年鑑表 | *Vintage Quality Evaluation (Classify in stars)*

Year	Rating
1945	★★★★★
1946	★★★★
1947	★★★★
1948	★★
1949	★★★
1950	★★★★
1951	★★★★
1952	★★★
1953	★★★
1954	★★
1955	★★★★★
1956	★★
1957	★★★★
1958	★★★★
1959	★★★
1960	★★★
1961	★★★★★
1962	★★★★
1963	★★★
1964	★★★★★
1965	★★★★
1966	★★★★
1967	★★★★
1968	★★★
1969	★★
1970	★★★★★
1971	★★★
1972	★
1973	★★★
1974	★★
1975	★★★★★
1976	★
1977	★★★★
1978	★★★★
1979	★★★★
1980	★★★★
1981	★★★
1982	★★★★
1983	★★★★
1984	★
1985	★★★★★
1986	★★★
1987	★★★
1988	★★★★★
1989	★★
1990	★★★★★
1991	★★★★
1992	★★
1993	★★★★
1994	★★★★
1995	★★★★★
1996	★★★
1997	★★★★★
1998	★★★★
1999	★★★★
2000	★★★
2001	★★★★
2002	★★
2003	★★★★
2004	★★★★★
2005	★★★★
2006	★★★★★
2007	★★★★★
2008	★★★★
2009	★★★★
2010	★★★★★
2011	★★★★
2012	★★★★★
2013	★★★★
2014	★★★
2015	★★★★★
2016	★★★★★

1

花思蝶家族

FRESCOBALDI — LUCE DELLA VITE

托斯卡尼葡萄酒代表性家族；家傳超過七百年

此重要的托斯卡尼古老家族歷史超過七百年，於文藝復興時代負責建設佛羅倫斯城的聖三一橋與聖靈大教堂；目前於托斯卡尼擁有六座葡萄酒莊園，分別為力寶山路、吉奧康多、寶米諾、阿瑪勒力亞、艾登斯、萊米麗；此外亦擁有其他重要酒莊如奧 亞、馬賽托、麓鵲莊園、曼波舞者、以及位於義大利北部的艾田酒莊。

One of the most important family in Tuscany

There are 700-years history of Frescobaldi family which includes the construction of the Santa Trinita bridge and the Basilica of Santo Spirito during Renaissance in Florence. Nowadays the family has 6 estates in Tuscany: Nipozzano, CastelGiocondo, Pomino, Ammiraglia, Castiglioni and Remole as well as other important winery such as Ornellaia, Masseto, Luce Della Vite, Danzante and Attems in Friuli, north Italy.

Una delle famiglie più importanti della Toscana.

700 anni di storiadellafamiglia Frescobaldi, cheincludono la costruzione durante il Rinascimento fiorentino del ponte Santa Trinità e la basilica di Santo Spirito; oggi la famiglia ha 6 cantine in Toscana: Castello Nipozzano, Tenuta CastelGiocondo, Castello Pomino, Tenuta Ammiraglia, Tenuta Castiglioni, Remole, altre altrettanto importanti come Ornellaia, Masseto, Luce della Vite, Danzante e altre in Friuli e nel Nord Italia.

2

麗希尼

LISINI

最古老且真貴族血統的布雷諾家族酒莊

麗希尼家族歷史始於16世紀，其貴族歷史深根於蒙達奇諾南邊、佔地約150公頃。1967年，伊蓮娜．麗希尼與其他24家布雷諾酒莊共同創立了「蒙達奇諾布雷諾紅酒官方公會」且擔任理事長，如今由其侄輩卡羅（Carlo），洛倫佐（Lorenzo），盧多維卡（Ludovica）以及麗莎（Lisa）共同經營並承續祖業。其蒙達奇諾布雷諾紅酒仍保存良好，可至少追朔至1940年代。

An ancient and nobile blood of Brunello di Montalcino

With around 150 hectares of land in southern Montalcino, the noble Lisini-Clementi family has its ancient roots since sixteenth century. In 1967, Elina Lisini founded, together with other 24 companies, the Brunello di Montalcino Consortium and was its President for a certain period. Currently the nephews Carlo, Lorenzo, Ludovica and Lisa are the continuators and heirs.

Una della più antiche e nobili casate del Brunello di Montalcino

Con circa 150 ettari di terreni a sud-ovest di Montalcino, la nobile famiglia Lisini-Clementi affonda le sue antiche radici già fin dalla metà del secolo XVI. Nel 1967 Elina Lisini fonda, insieme ad altre 24 aziende, il Consorzio del Brunello di Montalcino e ne è Presidentessa per un periodo. Attualmente i nipoti Carlo, Lorenzo, Ludovica e Lisa ne sono i continuatori ed eredi.

3

邦菲酒莊

BANFI

最常見的布雷諾紅酒（蒙達奇諾最大型酒莊）

邦菲酒莊於1978年由義裔美籍兄弟約翰．馬利安納和哈利．馬利安納創立，其於北義亦購買氣泡酒酒莊，俗稱為「皮爾蒙特的邦菲」。邦菲酒莊堪稱為布雷諾紅酒產量最大的酒莊，另擁有邦菲城堡及餐廳，值得一訪。

The most common label and biggest production of Montalcino

Banfi was founded in 1978 by the Italian-American brothers, John and Harry Mariani, who also purchased Bruzzone winery of sparkling wine in north Italy, known as Banfi Piemonte. Banfi has one of the biggest production in Montalcino area with Banfi Castel, which is nice to visit.

Banfi: una delle etichette più conosciute e con maggior produzione di Montalcino

Banfi è stata fondata nel 1978 dai fratelli italo-americani John e Harry Mariani; essi comprarono anche l'azienda vinicola Bruzzone produttrice di spumante nel nord Italia e conosciuta come Banfi Piemonte. Banfi ha una delle più grandi produzioni nell'area di Montalcino ed è proprietaria del Castello Banfi, bello da visitare.

4

巴比酒莊

FATTORIA DEI BARBI

蒙達奇諾最古老家族之一：克隆碧尼家族

克隆碧尼家族可以說是蒙達奇諾的望族，自1352年至約1800年止，擁有南托斯卡尼逾350公頃土地，其中包含巴比酒莊。巴比酒莊的第一瓶布雷諾紅酒為1892年，至今其酒窖仍收藏著1870年之歷史老酒。其佔地廣闊、產量亦可觀（約80萬瓶），為蒙達奇諾布雷諾紅酒最大產量之酒莊之一。巴比酒莊曾於1931年藉由郵寄紙本信件販售葡萄酒，這一個有趣的紀錄留存於其年史大事紀載。

One of the oldest families in Montalcino: The Colombini family

The Colombini family has owned land in Montalcino since 1352 and the Fattoria dei Barbi since late 1700s. They have produced Brunello since 1892 and still process bottles of Montalcino wine dating back to the 1870. The property extends over 350 hectares in Montalcino, Scansano and Chianti, owned by Stefano Cinelli Colombini. It is one of the biggest wine producer in Montalcino and it is interesting that they sold wine by mail in 1931, which could make them one of the first winery in this regard.

Una delle più antiche famiglie di Montalcino: la famiglia Colombini

La famiglia Colombini possiede terreni a Montalcino dal 1352 e la Fattoria dei Barbi dalla fine del 1700. Producono Brunello dal 1892 e tutt'ora trattano bottiglie di vino di Montalcino risalenti al 1870. La proprietà di Stefano Cinelli Colombini si estende per 350 ettari a Montalcino, Scansano e nella zona del Chianti, di proprietà . È uno dei più grandi produttori di vino di Montalcino ed è interessante notare che vende vino per posta fin dal 1931, il che lo rende una delle prime aziende vinicole a questo riguardo.

5

瓦迪素嘉布雷諾酒莊

GRUPPO ANGELINI — VAL DI SUGA

首家擁有三種以上單一坡布雷諾紅酒之酒莊、首席釀酒師 Andrea Lonardi年輕且具實力

該酒莊起源於1969年，其創辦人奧多．摩羅（Aldo Moro）於蒙達奇諾北邊開始擁有土地；此酒莊第一瓶正式上市的布雷諾紅酒年份為「1977年陳年精選等級布雷諾紅酒」。1994年改由安杰里尼集團接手並由其首席釀酒師安德亞．羅納帝開始帶領酒莊新的方向，該集團擁有8座義大利葡萄酒莊園；其單一葡萄坡分別為位於北邊的Vigna del Lago（第一瓶正式上市始於1982年），位於南邊的Vigna Spunali，以及最具布雷諾傳統風土代表性的葡萄園Poggio al Granchio。筆者認為該酒莊方向明確且擁有重要葡萄坡，雖非最知名布雷諾酒莊，然十分具有發展性。

One of the first wineries that presents different terroir of Montalcino through dedication of cru

The history began in 1969 by Aldo Moro in north Montalcino, the first vintage was "Val di Suga Brunello Riserva 1977". In 1994, Gruppo Angelini, who has 8 estates in Italy now, became the new owner and establishes new direction with the Executive Enologist Andrea Lonardi, focusing on its 3 crus:

1. Vigna del Lago: at north Montalcino, the first vintage starts at 1982.
2. Vigna Spunali: at the south Montalcino.
3. Poggio al Granchio: one of the most traditional taste of Montalcino.

*Though Val di Sugastill isn't the most famous winery in Montalcino, yet with its potential and clear direction of cru-concept development, it might become one of the most important voice in Montalcino.

Una delle prime cantine che presenta diversi terroir di Montalcino attraverso la dedica dei cru

La storia è iniziata nel 1969 da Aldo Moro a nord di Montalcino, la prima annata è stata "Val di Suga Brunello Riserva 1977". Nel 1994, il Gruppo Angelini, che ora ha 8 tenute in Italia, diventa il nuovo proprietario e stabilisce una nuova direzione con il direttore generale e l'Enologo esecutivo Andrea Lonardi, concentrandosi sui suoi 3 crus:

1. Vigna del Lago: a nord di Montalcino, la prima annata inizia nel 1982.
2. Vigna Spunali: a sud Montalcino.
3. Poggio al Granchio: uno dei sapori più tradizionali di Montalcino.

6

康坡喬瓦尼酒莊

GRUPPO ALLIANZ — CAMPOGIOVANNI

長年表現穩定的知名酒莊，首席釀酒師Leonardo Bellaccini極具實力

位於蒙達奇諾西南邊、擁有65公頃的康坡喬瓦尼酒莊，於1982年由亞莉安集團接手，該集團於托斯卡尼以經典奇揚第（Chianti Classico）的聖斐莉翠酒莊（San Felice）聞名，其首席釀酒師里奧納多˙貝拉奇尼Leonardo Bellaccini年輕且具實力，帶領其他眾多托斯卡尼酒莊共同發展關於土壤與葡萄酒風味的相關研究。其布雷諾紅酒表現穩定，充分表現其葡萄園之風土環境，為重要酒莊之一。

Talented enologist Leonardo Bellaccini researches for soil and flavor of wine

Located in south-west Montalcino with 65 hactares, Campogiovanni has been one of the well-known and important winery which belongs to Gruppo Allianz. Their talented enologist, Leonardo Bellaccini, who also is in charge of the famous Chianti Classico winery San Felice, searches for the connection of soil and flavor of wine in Classico Berardenga area, near Siena. The performance of Campogiovanni's Brunello di Montalcino has always been satisfactory.

Il talentuoso enologo Leonardo Bellaccini ricerca il terreno e il sapore del vino

Situato a sud-ovest di Montalcino con 65 ettari, Campogiovanni èuna delle più note e importanti aziende vinicole del Gruppo Allianz. Il loro talentuoso enologo, Leonardo Bellaccini, che è anche responsabile della famosa cantina di Chianti Classico San Felice, ha approfondito la ricerca riguardo al collegamento tra terreno ed il sapore del vino, nella zona di Classico Berardenga, vicino a Siena. La produzione di Campogiovanni è sempre stata soddisfacente.

7

瑪奇亞酒莊
(神奇酒莊)
LA MAGIA

產量最少的單一葡萄坡，每年僅有500瓶

莊主法比昂．史瓦茲與其太太碧楊卡育有二子一女，兩人是高中同學後來相戀並結聯姻。其酒莊位於蒙達奇諾南邊，其葡萄園正對知名聖安堤摩教堂，葡萄園正中央有一顆櫻桃樹，正好長在單一葡萄坡旁。他們是土生土長的蒙達奇諾人且熱愛這片土地，也因此他們每年紀念釀造名為Ciliegio（櫻桃）的布雷諾紅酒，為數僅有500餘瓶，為布雷諾紅酒產量最小的單一葡萄坡。

The smallest Brunello Cru production, only 500 bottles

The owner Fabian Schwarz and his wife Bianca Ferretti were classmates in school. They were both born and raised in Montalcino where they fall in love and have two sons and one daughter. This beautiful family has vineyards across from the famous Abbey of Sant'Antimo and among their vineyards grows a cherry tree. They produce a signal vineyard Brunello named Ciliegio and the yearly production is only around 500 bottles.

Il più piccolo produzione di Brunello Cru, solo 500

Il proprietario Fabian Schwarz e sua moglie Bianca Ferretti erano compagni di classe a scuola. Sono entrambi nati e cresciuti a Montalcino dove si sono innamorati ed hanno avuto due figli e una figlia. Questa bella famiglia ha vigneti di fronte alla famosa Abbazia di Sant'Antimo e tra i loro vigneti cresce un albero di ciliegio. Producono un vigoroso segnale Brunello denominato Ciliegio e la produzione annuale è di sole 500 bottiglie.

8

杰多酒莊

PODERE GIODO

莊主卡羅．法里尼為蒙達奇諾最知名釀酒師，此為擁有超潛力的小型布雷諾酒莊。

由卡羅．法里尼 Carlo Ferrini 創立於 2002 年，其全酒莊占地僅約 5 公頃，莊主卡羅為蒙達奇諾最知名釀酒師，數十年來諸多重要布雷諾酒莊皆由他釀造指導，因此雖然酒莊歷史短且不知名（很多人從來沒聽說過這家酒莊），其表現卻能驚艷國際酒評家，堪稱近年來最令人亮眼的布雷諾酒莊。

The new but powerful Brunello winery with the experienced enologist owner Carlo Ferrini

Giodo was born in 2002, when Carlo Ferrini, internationally-respected agronomist and winemaker, acquired five hectares for himself. It is a small vineyard, new and unknown, yet Carlo dedicates himself uninterruptedly to Sangiovese and produces two Sangiovese expressions: Brunello di Montalcino and an IGT Toscana. It is one of the most interesting and impressive new winery over the years which is worth observing.

Tenuta agricola nuova ma con grande potenzialità nelle mani del suo esperto proprietario enologo Carlo Ferrini

Giodo nasce nel 2002, quando Carlo Ferrini, agronomo ed enologo di fama internazionale, ha voluto per sé una piccola vigna dove confrontarsi in libertà assoluta con il Sangiovese, il vitigno che lo ha accompagnato in tutta la sua vita professionale. La scelta è caduta su Montalcino, dove Ferrini oggi possiede cinque ettari di vigna e produce due espressioni di Sangiovese: Brunello di Montalcino e un IGT Toscana. Entrambi danno la misura della sapienza e della passione del loro autore.

9

碧昂第・山堤家族

TENUTA GREPPO — BIONDI SANTI

蒙達奇諾布雷諾紅酒始祖；家傳七代

擁有蒙達奇諾東南部約26公頃葡萄園，可雷曼第・山堤(Clemente Santi)於1865年以布雷諾紅酒初於國際葡萄酒市場獲得肯定。之後他的外甥斐魯裘(Ferruccio)在1888年，使用註冊為BBS11的聖爵維斯葡萄克隆品種，生產了蒙達奇諾省第一支百分之百聖爵維斯葡萄酒。他追求酒體完整的紅葡萄酒並使用BBS11的聖爵維斯葡萄克隆品種陳釀，於當時堪稱時代的先驅。他死於1917年，而後其子潭葵迪(Tancredi)承續其業並發揚光大。此家族於1932年曾被稱為蒙達奇諾的布雷諾紅酒始祖，可惜此酒莊拒絕參加本書之盲飲。

備註：有些知名酒莊不願意接受盲飲品評，因其盲測結果不一定如意。

Biondi Santi is at the origin of Brunello di Montalcino

Located in south-east Montalcino with 26 hectares of vineyards, Biondi Santi family was at the origin of the Brunello di Montalcino appellation. Among the 7th generation, Clemente Santi, for the first time in 1865, gained international recognition for a wine named Brunello. In 1888, Ferruccio Biondi Santi, Clemente's nephew, produced the first red wine with 100% Sangiovese grosso, a proprietary Sangiovese clone which lead to the official registration of "BBS11". In 1932, he was described as the inventor of Brunello by an Inter-ministerial Commission. After his death in 1917, his son Tancredi Biondi Santi developed the Sangiovese grosso estates and the family continues until recent years. It is a pity, however, that this winery deny to participate the quality evaluation with blind taste of this book.

Biondi Santi: All'origine del Brunello di Montalcino

Coi suoi 26 ettari di vigne situate nella zona sud-est di Montalcino, la famiglia Biondi Santi è all'origine della denominazione del Brunello di Montalcino. Attraverso sette generazioni, prima Clemente Santi, nel 1865, ottiene per la prima volta il riconoscimento internazionale per un vino chiamato Brunello, poi nel 1888 Ferruccio Biondi Santi, nipote di Clemente, produce il primo vino rosso con il 100% di Sangiovese grosso, un clone di Sangiovese da lui selezionato e registrato poi uficialmente come BBS11. Per un centinaio di anni egli precorre la tendenza toscana nella produzione di vini rossi corposi, vinificando vini composti al 100% da Sangiovese e nel 1932 viene descritto, da una Commissione interministeriale, come l'inventore del Brunello . Dopo la sua morte, avvenuta nel 1917, il figlio Tancredi Biondi Santi, sviluppa le proprietà del Sangiovese grosso e l'attività di famiglia arrivando fino ai giorni nostri. È un peccato che questa cantina abbia deciso di non partecipare alla degustazione alla cieca per questo libro.

本書基本介紹：評審與評比方式「五個W一個H」

INTRODUCTION: 5W1H

INTRODUZIONE: 5W1H

2015年，我撰寫了我的第一本義大利葡萄酒書<Barolo Library餐桌上的義大利酒王>。當初，我已然構想著一套六本、中英文、作為查詢酒莊的字典暨義大利葡萄酒叢書。這套叢書的每一本字典，將專注於義大利的某特定產區，比如說上一本是北義皮爾蒙特省的巴洛羅紅酒（Barolo DOCG, Piemonte），這一本是托斯卡尼的布雷諾紅酒（Brunello di Montalcino DOCG, Tuscany），而下一本為西西里各區紅白酒的風土較勁。每一本書當中的葡萄酒，都是經過我本人的第一階段海選，從八百支葡萄酒中選出最後的一百支，再經過48位評審分批盲飲得到的最後推薦，我們的評選標準為「你今晚想要帶回家喝的那一支（*如右說明）」。對我來說，每一瓶酒表達其風土（terroir）、其風格（Style）、其釀酒哲學（philosophy）、其家族歷史（history）、其土壤結構（soil）與其特點（characteristic）等，且因義大利各產區葡萄酒，雖來自同產區、相同葡萄、相同DOCG規範、卻也不可概括論之，更沒有任何一家酒莊是最重要或最好的酒莊；也因此，已編列於本書中的葡萄酒皆為該產區的代表。也正因為沒有「唯一」，所以只要你喜歡，那就是一瓶好酒。

本書組合要素有「五個W一個H」：如何評審**H**ow to judge、誰是評審**W**ho are the Judges、有那些酒（莊）**W**hich are the wines、評審標準為何**W**hat are the standards、為什麼以盲飲方式進行**W**hy blind taste、在哪裡評審**W**here to judge。

由於評審們皆為各國餐飲專業人士，因此「主廚」多以餐酒搭配作為選酒考量；「酒評家」多以其當下表現及未來陳年實力作思考；而「侍酒師」們則多以其風土、口感、傳統或新派等角度來作評論，也因此，每一場評審會的盲飲選拔過程並非易事，往往經過大量的討論、甚而爭辯才得到全體評審的同意。

葡萄酒這一門學問沒有祕訣，關鍵在於"不停的品飲"同時"味覺記憶"，這關鍵不在於當下你能夠書寫多少文字紀錄品飲，而在於隔天你閉上眼品飲時、是否能依舊分辨出同一瓶酒出自誰手、來自那一片土地和那一位釀酒師。這樣的"自我精神折磨"，樂趣也在甘之若飴的堅持與分辨優劣酒質價格的能力培養。我雖對自己有如此期許，然身為年輕的酒評家，面對國際酒評家的前輩們，無論知識、精神、或是體力，有時依舊自嘆不如。如本書中的資深國際酒評家Christian Wanger，年已七十卻能連續七天每天早上九點準時開始酒評、直至夜半大會晚宴結束，還能再開瓶陳年香檳漱口（真是漱口呢！）、散步回旅館後梳洗睡眠；隔天早上九點他依舊準時到達會場開始品飲，我見他精神奕奕地巡視每天品飲酒單，建議我如何的品飲順序，這樣的前輩又豈能不深深佩服？這樣的前輩在歐美國家為數眾多且各有專精，不以通才而居且其志不可褻玩焉。反觀亞洲雖然尚乏如此環境，然我相信對葡萄酒熱情而專業的資深酒評家將日益增加，葡萄酒文化亦能正常地走入我們日常生活的三餐飲食中。

How 如何評審：
每一場評審會主題為十六支同區域、同年之DOCG布雷諾紅酒、以盲飲的方式評飲。

Who 誰是評審：
國際酒評家、葡萄酒記者、官能品評講者、知名主廚（米其林餐廳）、侍酒師、擁有食品或葡萄酒相關企業的經營者。

Which 有那些酒（莊）：
蒙達奇諾省布雷諾紅酒2013年（Brunello di Montalcino DOCG 2013）及蒙達奇諾省陳年精選等級布雷諾紅酒2012年（Brunello di Montalcino Riserva DOCG 2012），共計65家酒莊、130種來自不同風土的布雷諾紅酒。

What 評審標準為何：
蒙達奇諾省布雷諾紅酒（Brunello di Montalcino DOCG）為百分之百的聖爵維斯葡萄品種（Sangiovese Grape），所有評審應於十六支酒當中，依顏色、香氣、口感判別選出挑出最喜歡的前六名。按照官方DOCG法規的規範，其顏色應為深紅寶石色、隨陳年漸趨橘色；香氣濃郁；口感應回甘、味蕾感受其柔順溫暖、能感受其單寧的存在、有力而和諧。本書中所有葡萄酒皆符合官方DOCG法規標準，此外，每一場評審會最終選出來的六支葡萄酒，為評審們最願意在家獨飲、在餐廳中與朋友共飲、於其酒窖中願意存放的酒款。

Why 為什麼以盲飲方式進行：
除了因為盲飲是最公平的評審方式外，更因為本書要傳達一訊息予讀者：當你喝葡萄酒時，不需要考慮這杯酒是否來自知名酒莊、是否為昂貴的酒款。因為無論你是否有喝葡萄酒的習慣、平常是否小酌或為愛酒人士、無論你自認為是否了解葡萄酒這門學問，一杯葡萄酒的好喝與否，不需要看酒標也不需要看價格，你喜歡的就是好酒。

Where 在哪裡評審：
筆者選擇並推薦八個代表布雷諾紅酒精神的地點，如位於佛羅倫斯的高級訂製服工作室（ATELIER.C, Firenze）、蒙達奇諾當地餐廳如Trattoria il Leccio、Drogheria Franci等，另外更推薦在義大利難以尋得的中式好餐廳福臨（Fulin）。

Introduction：5W1H

In 2015, I wrote my first wine-library book: Barolo Library and I had the plan to complete 6 wine-library books which will be served as a complete set of Italian wine dictionary. The goal of the wine-library collection is to provide a wide range selectin to each important wine area and act as a simple guide to the readers: how many good wineries there are in each region and which winery wins in blind taste (*the standard explained as below). Each book focus in one area, for example, Barolo Library for Piemonte, Brunello Library for Tuscany, and my next book will be Sicily Library for Sicily. This is a collection that express not only each region, each grape, the vintage, but also to indicate each bottle the terroir, each winery the style and characteristics, and each family the history and philosophy. In my idea, all the region in Italy has its own personality. We cannot generalized the same DOCG wine from different wineries and there are also not the "best" wine in the area. The philosophy of the selection in this book is that as long as you like the wine and you would like to finish it, it is absolutely a good bottle of wine.

<The key elements of this book*>

How to judge: For each tasting there are 16 wines of the same vintage and the same DOCG. Every judge tastings are blind taste.

Who are the Judges: They are international wine experts and journalist, professors and speakers in sensory analysis, famous chef (Michelin-star restaurant), important sommelier, and entrepreneur in food and wine related industry.

Which are the wines and wineries: All wines are Brunello di Montalcino DOCG 2013 and Brunello di Montalcino Riserva DOCG 2012. There are 65 wineries and 130 wines from different terroir chosen for this book.

What are the standards: According to the Consordium of Brunello di Montalcino, the rules of sensory analysis for Brunello di Montalcino are: 100% Sangiovese Grape, colour has to be intense ruby red tending towards garnet as it ages, odour to be characteristic intense perfume, while the taste should be dry, warm, lightly tannic, robust and harmonious. All judges are to judge accordingly while in the end, the best 6 Brunello are also to enjoy at home with family, friends, or even alone.

All 48 judges are professionals in food and wine field and it is not easy to reach concent for their different consideration in wine. For chefs, food and wine matching; for wine experts and journalists, the drinkability and the potential aging performance; while for sommeliers, more technical with style of wine making and each terroir.

Why blind taste: Not only it is the fairest way to judge but also I would like to convey a simple idea to you, my dear readers: when you have a glass of wine in front of you, it doesn't matter if you are a wine lover, wine expert, or if you often don't taste wine. It is only important that you try and decide yourself if you like it or not. The quality of wine doesn't totally depend on the price and you don't need to see the label to know if you like it or not. The one you like and you'd continue to drink is the best wine (for you).

Where to judge: There are 8 recommended locations in this book that represent the culture and spirit of Brunello di Montalcino which are worth visits.

There are no secret in tasting wine. The only key point is "to taste as much as possible and try to connect each taste to the brain." It is not important how many tasting notes you can write while you taste, but it is important if you can still remember something when you taste the same wine tomorrow. You can also start to tell which land the wine is from, who can be the producer or how the vinification can be as a practice. At some point, you might realize this is a "self-mental-torture" yet your determination (to continue to taste) and the sense of achievement with satisfaction may increase at the same time. As a "new-bird" in this field, I often admire other wine experts in how they insist to continue. Christian Wanger, one of the judges in this book for example, can taste from 9am until the end of gala dinner for consecutive days. Sometimes he opens another bottle of Champagne to clean his palate as it is mouth water. The next morning 9am sharp, I see him sitting nicely, tasting, and already advising me how the wine list can be. It is impossible not to admire colleagues like him and many others. I consider myself extremely lucky to know them and become friends. Although in Asia we do not have same wine environment as in Europe, yet I deeply believe that with the growing interests in wine and the increasing number of wine experts, it is not so far that wine be part of our daily lives.

Introduzione: 5W1H

Nel 2015 ho scritto il mio primo libro - biblioteca sui vini: "Barolo Library" avendo in progetto di completare la collezione di 6 libri che diverranno un set completo di dizionari dei vini italiani in cinese, inglese e italiano. L'obiettivo della raccolta è quello di fornire una selezione di una vasta gamma di vini per ogni importante area vinicola e servire da semplice guida per i lettori: quante cantine di pregio esistano in ogni regione e quale di esse vinca in una degustazione alla cieca (di seguito la spiegazione dello standard). Ogni libro è incentrato su un'area, ad esempio " Barolo Library" per il Piemonte, "Brunello Library" per la Toscana e il mio prossimo libro sarà "Sicilia Library" e tratterà delle diverse aree vinicole della Sicilia. Questa è una collezione che parla non solo delle regioni, delle uve, delle annate, ma che indica anche per ogni bottiglia il terroir, per ogni cantina il suo stile e le sue caratteristiche, per ogni famiglia la storia e la filosofia. E' mia opinione che ogni regione in Italia abbia una sua personalità, anche se cantine diverse provengono dalla stessa regione, seguendo le stesse regole DOCG. Non possiamo generalizzare pensando che cantine diverse producano lo stesso vino DOCG e i "migliori" vini non sono tutti nella stessa zona. La filosofia della mia selezione è che finché ti piace il vino e fino a quando continui a desiderare di finirlo, questa continuerà ad essere una buona bottiglia di vino.*

<I punti chiave di questo libro>*

***How**_Come giudicare: Per ogni degustazione ci sono 16 vini della stessa annata e la stessa DOCG. Ogni degustazione è una degustazione alla cieca.*

***Who**_Chi sono i giudici: Esperti internazionali di vino e giornalisti, professori e relatori in analisi sensoriali, chef famosi(provenienti da alcuni dei migliori ristoranti stellati Michelin), importanti sommelier ed imprenditori nel settore del food and wine.*

***Which**_Quali sono i vini e le cantine: Tutti i vini sono Brunello di Montalcino DOCG 2013 e Brunello di Montalcino Riserva DOCG 2012. Ho scelto per questo libro 65 aziende vinicole e 130 vini provenienti da diversi terroir.*

***What**_Quali sono gli standard: Secondo il Consorzio del Brunello di Montalcino, le regole stabilite dal disciplinare di analisi sensoriale per il Brunello di Montalcino sono: Uva 100% Sangiovese , colore rosso rubino intenso tendente al granato per l'invecchiamento, profumo caratteristico ed intenso e sapore asciutto, caldo, un po' tannico, robusto ed armonico.*

Tutti i giudici devono giudicare attenendosi a queste regole, e inoltre, i 6 migliori Brunello saranno anche queli che ognuno di loro sceglierebbe di godersi a casa propria con la famiglia, gli amici o anche da soli.

Tutti i 48 giudici sono professionisti nel settore enogastronomico e non è stato facile raggiungere un consenso: per gli chef, l'abbinamento cibo e vino; per gli esperti di vino e per i giornalisti, la bevibilità e il potenziale di invecchiamento; mentre per i sommelier più tecnici, lo stile di vinificazione e i terroir.

***Why**_Perché la degustazione alla cieca: Non solo è il modo più giusto per giudicare, ma vorrei anche suggerirvi una semplice idea, miei cari lettori: quando avete un bicchiere di vino davanti a voi, non importa se voi siate un appassionato di vino, esperto di vino, o se spesso non assaggiate vino. È importante solo provare e decidere da soli se vi piace o no. La qualità del vino non dipende totalmente dal prezzo e non è necessario vederne l'etichetta per sapere se vi piace o no. Quello che vi piace e che continuereste a bere è il miglior vino (per voi).*

***Where**_I luoghi : In questo libro ci sono 8 luoghi consigliati che rappresentano la cultura e lo spirito del Brunello di Montalcino che vale la pena visitare.*

Non ci sono segreti nella degustazione del vino. L'unico punto chiave è "assaggiare il più possibile e cercare di collegare ogni gusto al cervello". Non è importante quante note di degustazione puoi scrivere mentre assaggi, ma se riesci ancora a ricordare qualcosa quando assaggi lo stesso vino domani. Puoi anche iniziare a dire da quale terra proviene il vino, chi può esserne il produttore o come sia stato vinificato. Ad un certo punto, potreste rendervi conto che si tratta di una "auto tortura -mentale", ma la vostra determinazione (nel continuare ad assaggiare) e il senso di realizzazione con soddisfazione possono aumentare allo stesso tempo. Come un "nuovo uccello" in questo campo, ammiro spesso altri esperti di vino nel modo in cui insistono a continuare. Christian Wanger, uno dei giudici di questo libro, ad esempio, può degustare dalle 9 del mattino fino alla fine della cena di gala. A volte apre un'altra bottiglia di Champagne per pulire il suo palato perchè non sia "sporcato" dall' acquolina in bocca. La mattina dopo, alle 9, lo ho visto, nuovamente seduto al tavolo di degustazione, mentre assaggiava e già mi consigliava come poteva essere la lista dei vini. È impossibile non ammirare colleghi come lui e molti altri. Io sono estremamente fortunata per aver stretto un buon rapporto di amicizia con alcuni. Anche se in Asia non abbiamo lo stesso ambiente vinicolo che in Europa, tuttavia credo profondamente che con il crescente interesse per il vino e il crescente numero di esperti, non è così lontano il momento in cui il vino farà parte della nostra vita quotidiana.

布雷諾紅酒前20強

THE BEST 20 BRUNELLO

Vintage Annata 2013 年份

按字母 A-Z 順序排列 / Alphabetical order / *Ordine alfabetico*

酒莊名 *name*	酒名及編號 *Winery and No.*	頁碼 *page*
Altesino	Brunello (40-1)	*p198*
Camigliano	Brunello (8-1)	*p68*
Capanna	Brunello (10-1)	*p76*
Casisano	Brunello (9-1)	*p72*
Castello Romitorio	Brunello_Filo di Seta (20-2)	*p112*
Cortonesi	Brunello_Poggiarelli (57-2)	*p268*
Fattoria dei Barbi	Brunello_Vigna del Fiore (54-2)	*p256*
Fattoria Poggio di Sotto	Brunello (35-1)	*p180*
La Magia	Brunello_Ciliegio (44-2)	*p218*
Luce della Vite	Brunello_Luce Brunello (38)	*p192*
Madonna Nera	Brunello (13)	*p86*
MastroJanni	Brunello_Vigna Loreto (36-2)	*p186*
Palazzo	Brunello (62-1)	*p288*
Podere Giodo	Brunello (56)	*p264*
Poggio Antico	Brunello (48)	*p234*
Salvioni	Brunello (58)	*p272*
San Polo	Brunello (43-1)	*p212*
Sesti	Brunello (21-1)	*p116*
Siro Pacenti	Brunello_Vecchie Vigne (42-2)	*p210*
Tenuta Buon Tempo	Brunello_p.56 (4-2)	*p48*

陳年精選等級布雷諾紅酒前 10 強
THE BEST 10 BRUNELLO RISERVA
Vintage Annata 2012 年份

按字母 A-Z 順序排列 / Alphabetical order / *Ordine alfabetico*

酒莊名 *name*	酒名及編號 *Winery and No.*	頁碼 *page*
Canalicchio di Sopra	Brunello Riserva (12-2)	*p84*
Casisano	Brunello Riserva (9-2)	*p74*
Cortonesi	Brunello Riserva (57-3)	*p270*
Il Poggiolo-E. Roberto Cosimi	Brunello Riserva_Terra Rossa (27-5)	*p152*
Lisini	Brunello Riserva (64-2)	*p296*
Máté	Brunello Riserva (50-2)	*p240*
Podere Brizio	Brunello Riserva (18-2)	*p104*
Talenti	Brunello Riserva_Pian di Conte (32-2)	*p170*
Val di Suga	Brunello Riserva_Poggio al Granchio (61-1)	*p282*
Villa Poggio Salvi	Brunello Riserva (34-3)	*p178*

130支布雷諾紅酒

Il Brunello

照片由各酒莊提供 | Photos from each winery. | *Foto da produttori.*

Villa I Cipressi

Brunello di Montalcino DOCG 2013

酒精度 14% vol
產　量 10,000瓶

品種	100% Sangiovese
葡萄坡名	Montalcino 南部與西部混坡
葡萄樹齡	23年
海拔	250和450公尺
土壤	鈣質黏土、沙泥土
面向	南
平均產量	5,500株/公頃
種植方式	短枝修剪
採收日期	2013年9月底至10月初
釀造製程	置於不鏽鋼桶；溫控
浸漬溫度與時間	26°-28° C, 20-25天
顏色	明亮之深紅寶石色
陳年方式	第一階段24個月：60%於法製橡木桶(225公升)，其餘40%於大型橡木桶(1千至3千公升)；第二階段24個月以上：靜置於玻璃瓶中。
建議餐搭選擇	全餐皆適合，特別是燉肉、烤肉、中陳年起司

品飲紀錄｜

水果芳香撲鼻，帶有淡淡的成熟紅色莓果、黑胡椒、甘草與優雅的辛香味，濃郁的紅色莓果、香草風味，單寧平衡和諧。

English

Grape Variety: 100% Sangiovese
Vineyard: mixed, south and west of Montalcino
Vineyard age: 23 years
Altitude: 250 and 450 meters
Soil: calcareous clay, sandy silt
Exposure: south
Average yield: 5,500 vines/ha
Growing system: spurred cordon
Harvest: end Sep - beginning Oct., 2013
Alcohol degree: 14% vol.
Production number: 10,000 bottles
Vinification: in stainless steel tanks, temperature control
Maceration: 26°-28° C, 20-25 days

Color: intense shining ruby red
Aging: 24 months 60% in French oak barriques (225 l) and the remaining 40% in oak barrels (10-30 hl); at least 24 months in bottles.
Food match: entire meal, particularly for stews, roasts, grilled meats, medium-aged cheese
Tasting note: fruity bouquet with good finesse with hits of ripe red berries, black pepper, liquorice, elegant spice. Itense taste of red berries, vanilla, well balanced tannins.

Italiano

Vitigno: 100% Sangiovese
Vigneto: a sud e ad ovest di Montalcino bland che varia a seconda delle annate del vigneto sud e del vigneto ovest.
Età vigneti: 23 anni
Altitudine: 250 e 450 metri
Terreno: calcareo - argilloso, limoso - sabbioso
Esposizione: sud
Resa Media: 5,500 ceppi/ha
Sistema di allevamento: cordone speronato
Vendemmia: fine Settember inizio Ottobre 2013
Tasso alcolico: 14% vol.
Bottiglie prodotte: 10,000 bottiglie
Vinificazione: tini d'acciaio a temperatura controllata

Macerazione: 26°-28° C, 20-25 giorni
Colore: rosso rubino intenso, brillante
Invecchiamento: 24 mesi per il 60% in barriques di rovere francese (225 l) e per il restante 40% in botti di rovere (10/30 hl) a cui segueun affinamento in bottiglia di almeno 24 mesi
Abbinamenti: vino a tutto pasto che si abbina bene a stuufati, arrosti, carni alla griglia e formaggi di media stagionatura.
Note Degustative: bouquet fruttato di uona finezza con sentori di frutti di bosco maturi, pepe nero, liquirizia, finemente speziato; gusto intenso di frutti rossi, vaniglia, giustamente tannico.

VILLA I CIPRESSI

Brunello di Montalcino DOCG 2013 (Zebras)

酒精度	14% vol
產　量	4,000 瓶

品種	100% Sangiovese
葡萄坡名	Montalcino南部與西部混坡
葡萄樹齡	23年
海拔	250 和 450 公尺
土壤	鈣質黏土、沙泥土
面向	南
平均產量	5,500 株/公頃
種植方式	短枝修剪
採收日期	2013年9月底至10月初
釀造製程	置於不鏽鋼桶；溫控
浸漬溫度與時間	26°-28° C, 20-25天
顏色	鮮艷的深紅寶石色
陳年方式	第一階段30個月：60%於法製橡木桶(225公升)，其餘40%於大型橡木桶(1千至3千公升)；第二階段30個月以上：靜置於玻璃瓶中。
建議餐搭選擇	烤肉、野禽、紅燒牛肉、義大利沙拉米冷肉切片和陳年起司

品飲紀錄｜

極為複雜濃郁清澈的芳香，明顯的紫羅蘭花香與紅色莓果香、優雅辛香、和人愉悦的菸草、香草、與巧克力香氣。結構與單寧質地完美、和諧且悠長。

English

Grape Variety: 100% Sangiovcse
Vineyard: mixed, south and west of Montalcino
Vineyard age: 23 years
Altitude: 250 and 450 meters
Soil: calcareous clay, sandy silt
Exposure: south
Average yield: 5,500 vines/ha
Growing system: spurred cordon
Harvest: end Sep. - beginning Oct., 2013
Alcohol degree: 14% vol.
Production number: 4,000 bottles
Vinification: in stainless steel tanks, temperature control
Maceration: 26°-28° C, 20-25 days
Color: intense ruby red, bright/brilliant.
Aging: 30 months 60% in French oak barriques (225 l) and the remaining 40% in oak barrels (10-30 hl); at least 30 months in bottles.
Food match: roasted meats and wild game, pot roasts, salami and aged cheese.
Tasting note: intense clear bouquet of great complexity, with prominent Parma violet and red berries, delicately spicy, with pleasant notes of tabacco, vanilla and chocolate. Both structure and tannic texture are great, balanced and persistent.

Italiano

Vitigno: 100% Sangiovese
Vigneto: a sud e ad ovest di Montalcino bland che varia a seconda delle annate del vigneto sud e del vigneto ovest.
Età vigneti: 23 anni
Altitudine: 250 e 450 metri
Terreno: calcareo - argilloso, limoso - sabbioso
Esposizione: sud
Resa Media: 5,500 ceppi/ha
Sistema di allevamento: cordone speronato
Vendemmia: fine Settember inizio Ottobre 2013
Tasso alcolico: 14% vol.
Bottiglie prodotte: 4,000 bottiglie
Vinificazione: in tini d'acciaio
Macerazione: 26°C-28° C, 20-25 giorni
Colore: colore rosso rubino intenso, brillante.
Invecchiamento: maturato per 30 mesi per il 60% in barriques di rovere francese (225 l) e per il restante 40% in botti di rovere (10/30 hl) a cui segue un affinamento in bottiglia di almeno 30 mesil.
Abbinamenti: carni arrosto e selvaggina, stracotti, salumi e formaggi stagionati
Note Degustative: bouquet intenso e netto di grande complessita, con viola mammolae bacche rosse in evidenza, ftnemente speziato, con piacevoli note di tabacco e vaniglia. Grande la struttura e trama tannica, equilibrato e persistente.

PIOMBAIA

Brunello di Montalcino DOCG 2013

單一坡	Cru
酒精度	13.5% vol
產　量	6,000 瓶

品種	100% Sangiovese Grosso
葡萄坡名	Montalcino南部的Piombaia單一坡
葡萄樹齡	約50年
海拔	580公尺
土壤	泥灰岩、黏土、灰色沙岩土
面向	南、東南
平均產量	4,000-4,500公升/公頃
種植方式	短枝修剪兼短叢修枝
採收日期	2013年10月上旬
釀造製程	置於不鏽鋼桶鋼桶；無溫控
浸漬溫度與時間	無溫度控制，30天
顏色	鮮艷的紅寶石色
陳年方式	第一階段3年：於法製橡木桶與大型圓木桶(1.5千與3千公升)；第二階段1年：靜置於玻璃瓶中
建議餐搭選擇	野禽、烤肉、牛肝菌、陳年起司

品飲紀錄 |

結構完整、清澈、含有礦物與黑色莓果之清新，以綿延悠長的辛香風味作為結尾，平衡的酸度與酒精度帶來極優單寧口感。

English

Grape Variety: 100% Sangiovcse Grosso
Vineyard: Piombaia, south Montalcino
Vineyard age: about 50 years
Altitude: 580 meters
Soil: mix of clay, galestro, sand and pietra serena (serene stone)
Exposure: south, south-east
Average yield: 40-45 ql/ha
Growing system: cordone speronato and "alberello"
Harvest: first half of October, 2013
Alcohol degree: 13.5% vol
Production number: 6,000 bottles
Vinification: in steel tanks without temperature control
Maceration: 30 days without temperature control
Color: brilliant ruby red
Aging: 3 years in French oak barrels and large casks (15 hl and 30 hl), 1 year in bottle.
Food match: game, grilled meat, mushrooms, roasted, seasoned cheese.
Tasting note: very structured, clean, mineral, the black berry fruits return and on the spice end there is an excellent persistence with an excellent tannic contribution in balance with acidity and alcohol.

Italiano

Vitigno: 100% Sangiovese Grosso
Vigneto: Piombaia, sud Montalcino
Età vigneti: quasi 50 anni
Altitudine: 580 metri
Terreno: mix di argilla, galestro e pietra serena
Esposizione: sud, sud-est
Resa Media: 40-45 ql/ha
Sistema di allevamento: cordone speronato e "alberello"
Vendemmia: prima metà di Ottobre 2013
Tasso alcolico: 13.5% vol.
Bottiglie prodotte: 6,000 bottiglie
Vinificazione: vasche d'acciaio senza controllo della temperatura
Macerazione: 30 giorni senza controllo della temperatura
Colore: rosso rubino brillante
Invecchiamento: tonneaux di rovere francese e botte grande da 15 hl e 30 hl per 3 anni, segue 1 anno di affinamento in bottiglia
Abbinamenti: cacciagione, carne alla brace, porcini, arrosti, formaggi stagionati
Note Degustative: molto strutturato, pulito, minerale, ritornano i frutti a bacca nera e sul finale di spezia si trova un'ottima persistenza con ottimo apporto tannico in equilibrio con acidità e alcool

LE CHIUSE

Brunello di Montalcino DOCG 2013

有　機	BIO
單一坡	Cru
酒精度	14% vol
產　量	16,500瓶

品種	100% Sangiovese Grosso
葡萄坡名	Montalcino北部的Le Chiuse單一坡
葡萄樹齡	15年
海拔	250-300公尺
土壤	富含泥灰岩土與黏土的海洋原生土壤
面向	北
平均產量	4,500 公升 / 公頃
種植方式	短枝修剪
採收日期	2013年10月底
釀造製程	置於不鏽鋼桶；溫控
浸漬溫度與時間	最高29°C, 18 天
顏色	淡淡花崗岩色調的紅寶石色
陳年方式	36個月於大型橡木桶 (2千至3千公升)
建議餐搭選擇	烤肉與野禽、紅燒牛肉、陳年起司與所有美味佳餚。

品飲紀錄｜

香氣

乾淨、優雅、濃郁的水果香，以成熟梅子與野莓為主，帶著令人愉悅的礦物質與巴薩米克醋香氣、紫羅蘭花香與辛香料；香氣豐富和諧。

口感

酒體結構完整，風味獨特且清新令人愉悅。極佳的酸度讓此酒十分迷人優雅；2013年的日照充足使其單寧密度高卻平衡順口，成就此款精緻優雅、餘韻悠長且令人回味的紅酒。極具陳年珍藏及投資潛力。

English

Grape Variety: 100% Sangiovese Grosso
Vineyard: Le Chiuse, north Montalcino
Vineyard age: 15 years
Altitude: 250-300 meters
Soil: oceanic origins rich of "galestro" with a presence of clay
Exposure: north
Average yield: 45 ql/ha
Growing system: pruned-spur cordon-trained
Harvest: end October, 2013
Alcohol degree: 14% vol
Production number: 16,500 bottles
Vinification: in steel tanks, temperature control
Maceration: maximum 29°C, 18 days
Color: ruby red with light granite hues
Aging: 36 months in oak barrels (20/30 hl).
Food match: every roasted meat and game, braised beef, aged cheeses and all the tasty dishes.
Tasting note: [Bouquet] lean, elegant, prevalence of fruity notes, ripe plum and wild cherry mainly; with agreeable scents of flint, balsamic notes, violet and spices. All these fragrances make the bouquet complex and harmonic; [Taste] greatly structured, sapid and agreeably fresh. Its great acidity makes this wine very charming and elegant. The sunny vintage makes high density tannins but never too aggressive. The result is an important and elegant wine with a long and persistent end. Great potential life.

Italiano

Vitigno: 100% Sangiovese Grosso
Vigneto: Le Chiuse, nord Montalcino
Età vigneti: 15 anni
Altitudine: 250-350 metri
Terreno: di origine oceanica, galestro con striature argillose
Esposizione: nord
Resa Media: 45 ql/ha
Sistema di allevamento: cordone speronato
Vendemmia: verso la fine di Ottobre 2013
Tasso alcolico: 14% vol.
Bottiglie prodotte: 16,500 bottiglie
Vinificazione: in vasche di acciaio da 50-80 hl
Macerazione: massima di 29° C, 18 giorni
Colore: rosso rubino intenso e vivace con riflessi granati e cerasuoli
Invecchiamento: il vino è stato messo in botti di rovere di Slavonia di capacità media di 20-30 hl, dove è rimasto per 36 mesi, quindi riassemblato in una grossa vasca di acciaio ed infine messo in bottiglia (Maggio 2017).
Abbinamenti: Si consiglia con carni arrosto e selvaggina, stracotti, spezzatini e tutti i piatti con un'elevata sapidità, oppure con formaggi invecchiati.
Note Degustative: [Profumo] note fruttate intense con marasca in evidenza e sfumature di viola mammola. Le note balsamiche e minerali contribuiscono a dare finezza mentre quelle spezziate ed aromatiche regalano grande complessità. Bouquet integro con grandi potenzialità evolutive; [Gusto] ingresso fruttato e caratterizzato da buona sapidità. Per via dell'annata il vino mostra una discrete acidità ed un tannino presente ma ben integrato. Il risultato finale è un Brunello che gioca sulla finezza ed eleganza. Sicuramente bisognoso di tempo per poter mostrare il giusto equilibrio ed una discreta complessità ma una volta trovati sarà in grado di esprimere tutto il suo potenziale.

TENUTA BUON TEMPO

Brunello di Montalcino DOCG 2013

酒精度	14% vol
產　量	23,180瓶

品種	100% Sangiovese
葡萄坡名	Montalcino南部的Loc. Castelnuovo dell'Abate坡
葡萄樹齡	19年
海拔	300-350公尺
土壤	泥灰岩–沙石土壤
面向	東南
平均產量	3,333公升/公頃
種植方式	短枝修剪
採收日期	2013年9月25日至30日
釀造製程	置於不鏽鋼桶；溫控
浸漬溫度與時間	最高30°C, 4星期
顏色	帶有石榴色調的紅寶石色
陳年方式	第一階段30個月：於法製圓木桶(5百公升，10%新木桶，其餘為第二及第三代木桶)；第二階段8-12個月：於斯拉夫尼亞製大型橡木桶(6,500公升)；第三階段4個月：靜置於玻璃瓶中。
建議餐搭選擇	肉、野禽、味道濃郁的起司

品飲紀錄｜

富含清新與水果香氣、巴薩米克醋香與泥土芳香。口感強勁富有層次，餘韻悠長。

English

Grape Variety: 100% Sangiovese
Vineyard: Loc. Castelnuovo dell'Abate, south Montalcino
Vineyard age: 19 years
Altitude: 300-350meters
Soil: galestro marl - sandstone
Exposure: southeast
Average yield: 33 ql/ha
Growing system: spurred cordon
Harvest: Sep. 25-30, 2013
Alcohol degree: 14% vol
Production number: 23,180 bottles
Vinification: in stainless steel tanks, temperature control
Maceration: max 30°C, 4 weeks
Color: ruby red with hints of garnet
Aging: 30 months in french tonneaux (500 liters, 10% new, the rest 2nd /3rd passage); 8-12 months in large Slavonian oak casks (65 hl); 4 months in bottles
Food match: meats, game and strong cheeses
Tasting note: generous aroma of both fresh and dried fruit, balsamic and earthy. Long finish, powerful with lots of structure

Italiano

Vitigno: 100% Sangiovese
Vigneto: Loc. Castelnuovo dell'Abate, sud Montalcino
Età vigneti: 19 anni
Altitudine: 300-350 metri
Terreno: galestro - arenaria
Esposizione: sud-est
Resa Media: 33 ql/ha
Sistema di allevamento: cordone speronato
Vendemmia: 25-30 Set. 2013
Tasso alcolico: 14% vol.
Bottiglie prodotte: 23,180 bottiglie
Vinificazione: acciaio a temperatura contrallata
Macerazione: max 30°C, 4 settimane
Colore: rosso rubino con riflessi granati
Invecchiamento: successivamente 30 mesi di affinamento in tonneaux da 500 l rovere francese di cui circa il 10% nuovi ed il resto di 2° e 3° passaggio, successivamente 8-12 mesi in tini grandi (65 hl) di rovere di Slavonia. Dopodiche il vino viene naturalmente chiarificato per decantazione in acciaio e lasciato riposare 4 mesi in bottiglia prima dell'immissione in commercio.
Abbinamenti: carni e cacciagione, formaggi stagionati
Note Degustative: aroma generoso di frutta fresca e secca, balsamico con note di sottobosco. Finale lungo e potente con grande struttura

TENUTA BUON TEMPO

Brunello di Montalcino DOCG 2013 p.56

單一坡	Cru
酒精度	14.5% vol
產　量	6,446瓶

品種	100% Sangiovese
葡萄坡名	Montalcino南部的Loc. Castelnuovo dell'Abate單一坡(p.56)
葡萄樹齡	24年
海拔	350公尺
土壤	泥灰岩－沙石土壤
面向	東南
平均產量	3,333株/公頃
種植方式	短枝修剪
採收日期	2013年9月25日至30日
釀造製程	置於不鏽鋼桶；溫控
浸漬溫度與時間	最高30°C, 4-5星期
顏色	帶有石榴色調的紅寶石色
陳年方式	第一階段40個月：於法製圓木桶(5百公升，35%新木桶，其餘為第二及第三代木桶)；第二階段6個月：靜置於玻璃瓶中
建議餐搭選擇	肉、野禽、味道濃郁的起司

品飲紀錄｜

馥郁黑莓果香、肉桂與雪松黑醋栗香。單寧甜美、餘韻悠長滑順。此酒名為”P56”乃因此塊最高海拔的葡萄坡於土地登記文件上的編號為第56號。

English

Grape Variety: 100% Sangiovese
Vineyard: Loc. Castelnuovo dell'Abate (p.56), south Montalcino
Vineyard age: 24 years
Altitude: 350 meters
Soil: galestro marl - sandstone
Exposure: south-east
Average yield: 33 ql/ha
Growing system: spurred cordon
Harvest: Sep. 25-30, 2013
Alcohol degree: 14.5% vol
Production number: 6,446 bottles
Vinification: in stainless steel tanks, temperature control
Maceration: max 30°C, 4-5 weeks
Color: ruby red with hints of garnet
Aging: 40 months in French tonneaux (500 liters, 35% new, the rest 2nd/3rd passage); 6 months in bottles
Food match: meats, game and strong cheeses
Tasting note: lavish black berry fruit, cinnamon, cedar cassis. Long smooth finish with sweet tannins. The name "p.56" refers to the land registry plot of the oldest vineyard.

Italiano

Vitigno: 100% Sangiovese
Vigneto: Loc. Castelnuovo dell'Abate (p.56), sud Montalcino
Età vigneti: 24 anni
Altitudine: 350 metri
Terreno: galestro - arenaria
Esposizione: Sud-est
Resa Media: 33 ql/ha
Sistema di allevamento: cordone speronato
Vendemmia: 25-30 Set. 2013
Tasso alcolico: 14.5% vol.
Bottiglie prodotte: 6,446 bottiglie
Vinificazione: acciaio a temperatura controllata
Macerazione: max 30°C, 4-5 settimane
Colore: rosso rubino con riflessi granati
Invecchiamento: successivamente 40 mesi di affinamento in tonneaux da 500 l rovere francese di cui circa il 35% nuovi ed il resto di 2° e 3°passaggio. Dopodiche il vino viene naturalmente chiarificato per decantazione in acciaio e lasciato riposare 6 mesi in bottiglia prima dell'immissione in commercio.
Abbinamenti: carni e cacciagione, formaggi stagionati
Note Degustative: sentori di frutti a bacca near, cannella, cedro e cassis. Finale lungo e morbido con tannini dolci. Il nome "p. 56" deriva dalla particella catastale in cui si trova la nostra vigna più vecchia.

TENUTA BUON TEMPO

Brunello di Montalcino Riserva DOCG 2012

單一坡	Cru
酒精度	15% vol
產　量	3,133瓶

品種	100% Sangiovese
葡萄坡名	Montalcino南部的Loc. Castelnuovo dell'Abate單一坡(p.56)
葡萄樹齡	24年
海拔	350公尺
土壤	泥灰岩－沙石土壤
面向	東南
平均產量	3,333公升/公頃
種植方式	短枝修剪
採收日期	2012年9月25日至30日
釀造製程	置於不鏽鋼桶；溫控
浸漬溫度與時間	最高30°C, 4-5星期
顏色	帶有石榴色調的紅寶石色
陳年方式	第一階段40個月：於法製圓木桶(5百公升，50%新木桶，50%為第二次或第三次使用之木桶)；第二階段18個月：靜置於玻璃瓶中
建議餐搭選擇	肉、野禽、味道濃郁的起司

品飲紀錄｜

葡萄酒釀造過程乃遵循布雷諾紅酒之哲學，但依其各階段釀製時間長短與使用木桶差異，呈現葡萄之獨特性，釀製此款完美細緻、有層次、極具陳年珍藏及投資潛力的葡萄酒。是這片土地與2012年產出之佳釀。

English

Grape Variety: 100% Sangiovese
Vineyard: Loc. Castelnuovo dell'Abate (p.56), south Montalcino
Vineyard age: 24 years
Altitude: 350meters
Soil: galestro marl - sandstone
Exposure: southeast
Average yield: 33 ql/ha
Growing system: spurred cordon
Harvest: Sep. 25- 30, 2012
Alcohol degree: 15% vol
Production number: 3,133 bottles
Vinification: in stainless steel tanks, temperature control
Maceration: max 30°C, 4-5 weeks
Color: ruby red with hints of garnet
Aging: 40 months in French tonneaux (500 liters), 50% new, the rest 2nd /3rd passage; 18 months in bottles.
Food match: meats, game and strong cheeses
Tasting note: the vinification process is following the same philosophy of the other Brunellos but differs by lengthening the various phases and augmenting the use of wood in order to reveal the quality of the grapes thus creating a wine of great finesse, structure and ageing potential. This is a wine that exalts the terroir and the growing season of the year it was produced.

Italiano

Vitigno: 100% Sangiovese
Vigneto: Loc. Castelnuovo dell'Abate (p.56), sud Montalcino
Età vigneti: 24 anni
Altitudine: 350 metri
Terreno: galestro - arenaria
Esposizione: sud-est
Resa Media: 33 ql/ha
Sistema di allevamento: cordone speronato
Vendemmia: 25-30 Set. 2012
Tasso alcolico: 15% vol.
Bottiglie prodotte: 3,133 bottiglie
Vinificazione: acciaio a temperatura controllata
Macerazione: max 30°C, 4-5 settimane
Colore: rosso rubino con riflessi granati
Invecchiamento: successivamente 40 mesi di affinamento in tonneaux da 500 l rovere francese di cui circa il 50% nuovi ed il resto di 2° e 3° passaggio. Dopodiche il vino viene naturalmente chiarificato per decantazione in acciaio e lasciato riposare 18 mesi in bottiglia prima dell'immissione in commercio.
Abbinamenti: carni e cacciagione, formaggi stagionati
Note Degustative: dal punto di vista del processo produttivo si segue la stessa filosofia degli altri Brunelli ma estendendo tutte le fasi ed aumentando l'uso di legno nuovo per esaltare al massimo le potenzialita delle uve e di conseguenza creare un vino di grande eleganza, struttura e longevita. Se si ha la pazienza di attenderlo per il giusto periodo di riposo in bottiglia questo vino esprimera tutte le potenzialita di un grande terroir combinate con il clima perfetto delle annate in cui viene prodotto.

5-1 *Tasting 5 | Degustazione 5*

DONATELLA CINELLI COLOMBINI

Brunello di Montalcino DOCG 2013 Prime Donne

單一坡 Cru
酒精度 13.5% vol
產　量 6,600瓶

品種	100% Sangiovese
葡萄坡名	Montalcino北部，位於Casato Prime Donne的Ardita特別單一坡
葡萄樹齡	18-20年
海拔	280公尺
土壤	富含黏土之上新世時期沈積土
面向	東南
平均產量	6,500公升/公頃
種植方式	短枝修剪
採收日期	2013年9月26日至27日
釀造製程	置於頂部開啟之圓錐柱狀容器，配有獨立溫控裝置與活塞
浸漬溫度與時間	23-28°C, 15天
顏色	鮮艷紅寶石色
陳年方式	第一階段18個月：於法製橡木圓桶(7百公升)；第二階段12個月：於斯拉夫尼亞製大型傳統橡木桶(1.5-4千公升)；未過濾
建議餐搭選擇	口味醇厚佳餚如烤肉、燉肉、牛起司(Parmigiano)與羊起司(Pecorino)

品飲紀錄|

香氣
細緻、深邃的香氣，帶有明顯的成熟紅色莓果香、辛香、與清雅異地風情。

口感
優雅愉悅，絲絨般的單寧結構緊密，呈現其長年陳釀的特性，帶有果香的完美平衡，以華麗之姿於口腔漫延，餘韻綿延，令人回味無窮。

English

Grape Variety: 100% Sangiovese
Vineyard: Casato Prime Donne, "Ardita" vineyard, north Montalcino
Vineyard age: 18-20 years
Altitude: 280 meters
Exposure: southeast
Soil: Pliocenico of medium mixture with plenty of clays
Average yield: 65 ql/ha
Production number: 6,600 bottles
Growing system: spurred cordon
Harvest: Sep. 26-27, 2013
Alcohol degree: 13.5% vol.
Vinification: in truncated cone- shaped vats, open on top, each individually temperature controlled and with a plunger
Maceration: 23-28°C, 15 days
Color: brilliant ruby red.
Aging: 18 months in French oak tonneaux (7 hl); 12 months in Slavonian traditional oak barrels (15- 40hl); no filtering.
Food match: rich dishes such as roasted and braised meats, aged cheese such as Parmigiano and older pecorinos.
Tasting note: [Bouquet] fine, deep. Evident hints of ripe small red fruits, spices and an exotic nuance; [Taste] very elegant and pleasing. Silky tight knit tannins underline the vocation for long ageing and are perfectly balanced with fruit that spreads in the mouth in a sumptuous manner. The persistence is pleasant.

Italiano

Vitigno: 100% Sangiovese
Vigneto: Casato Prime Donne, vigneto "Ardita", nord Montalcino
Età vigneti: 18-20 anni
Altitudine: 280 metri
Esposizione: sud-est
Terreno: Pliocenico di medio impasto con abbondanza di argille
Resa Media: 65 ql/ha
Bottiglie prodotte: 6,600 bottiglie
Sistema di allevamento: cordone speronato
Vendemmia: 26-27 Set. 2013
Tasso alcolico: 13.5% vol.
Vinificazione: in piccoli tini tronco conici a cappello aperto muniti di termoregolazione e follatore.
Macerazione: 23-28°C, 15 giorni
Colore: rosso rubino di grande brillantezza.
Invecchiamento: 18 mesi in tonneau da 7 ettolitri di rovere francese; 12 mesi in botti tradizionali da 15-40 hl di rovere di Slavonia. Non è stato filtrato
Abbinamenti: il Brunello Prime Donne si esalta nell'abbinamento con piatti ricchi di sapore come arrosti e brasati. Splendido l'accompagnamento con formaggi stagionati come parmigiano e pecorino stravecchio.
Note Degustative: [Profumo] fine, complesso, profondo. Un evidente richiamo ai piccoli frutti rossi maturi e alle spezie con un tocco esotico; [Gusto] elegantissimo e appagante. Tannini setosi a maglia fitta evidenziano la vocazione al lungo invecchiamento e sono perfettamente bilanciati da un frutto ben espresso che si allarga in bocca in modo sontuoso. La persistenza è lunga e piacevole.

DONATELLA CINELLI COLOMBINI

Brunello di Montalcino
Riserva DOCG 2012

單一坡	Cru
酒精度	14.5% vol
產　量	6,600瓶

品種	100% Sangiovese
葡萄坡名	Montalcino北部，位於Casato Prime Donne的Ardita特別單一坡
葡萄樹齡	18-20年
海拔	280公尺
土壤	富含黏土之上新世時期沈積土
面向	東南
平均產量	6,500公升/公頃
種植方式	短枝修剪
採收日期	2012年9月12日至14日
釀造製程	置於頂部開啟之圓錐柱狀容器，配有獨立溫控裝置
浸漬溫度與時間	23-28°C, 20天
顏色	明亮的深紅寶石色
陳年方式	36個月於小型法國製橡木圓桶(5百至7百公升)；未過濾
建議餐搭選擇	肉類與陳年起司、味道濃郁的餐餚

品飲紀錄｜

香氣

極細緻且複雜，成熟紅色莓果香混合辛香料與異地風情。

口感

其如絲絨般的單寧與帶有豐富果香且酸度十分平衡堅實的結構，圓融且和諧、優雅而多層次，愉快而持久的尾韻，完整呈現其”第一夫人”的美稱。

English

Grape Variety: 100% Sangiovese
Vineyard: Casato Prime Donne, "Ardita" vineyard, north Montalcino
Vineyard age: 18-20 years
Altitude: 280 meters
Exposure: southeast
Soil: Pliocenico of medium mixture with plenthy of clays
Average yield: 65 ql/ha
Production number: 6,600 bottles
Growing system: spurred cordon
Harvest: Sep. 12-14, 2012
Alcohol degree: 14.5% vol.
Vinification: in stainless steel truncated cone shaped vats, each individually temperature controlled and open on top.
Maceration: 23 -28°C, 20 days
Color: rosso rubino intenso e brillante
Aging: 36 months in small French oak tonneaux (5-7 hl); no filtering.
Food match: rich dishes such as roasted and braised meats, aged cheese such as Parmigiano and older pecorinos.
Tasting note: [Bouquet] extraordinarily fine and complex. The ripe red fruit mixes with spicy and exotic notes; [Taste] great impact with silky tannins and a solid structure where acidity is well balanced with rich and abundant fruit. Harmonious in its vertical elegance, well expressed. Lasts pleasantly in the mouth

Italiano

Vitigno: 100% Sangiovese
Vigneto: Casato Prime Donne, vigneto "Ardita", nord Montalcino
Età vigneti: 18-20 anni
Altitudine: 280 metri
Esposizione: sud-est
Terreno: Pliocenico di medio impasto con abbondanza di argille
Resa Media: 65 ql/ha
Bottiglie prodotte: 6,600 bottiglie
Sistema di allevamento: cordone speronato
Vendemmia: 12-14 Set. 2012
Tasso alcolico: 14.5% vol.
Vinificazione: in piccoli tini in acciaio di forma tronco conica con termoregolazione e cappello aperto.
Macerazione: 23 -28°C, 20 giorni
Colore: rosso rubino intenso e brillante. I lenti movimenti nel bicchiere evidenziano la notevole struttura e ricchezza del vino
Invecchiamento: 36 mesi in toneau di rovere francese da 5-7 hl. Non è stato filtrato.
Abbinamenti: piatti importanti di carne e formaggi stagionati. Richiede cibi dal sapore intenso.
Note Degustative: [Profumo] di straordinaria finezza e complessità. I piccoli frutti rossi mature si mescolano a suggestioni speziate ed esotiche; [Gusto] di grande impatto con un tessuto fitto di tannini setosi e una solida architettura acida ben equilibrata dal frutto ricco e abbondante. Armonico nella sua eleganza verticale, ben espressa. Permane piacevolmente e lungamente in bocca.

LE RAGNAIE

Brunello di Montalcino DOCG 2013

酒精度 13.5% vol
產　量 27,528瓶

品種	100% Sangiovese
葡萄坡名	Montalcino 南部的Ragnaie坡、Petroso坡、Loreto坡、Fornace坡和Cava坡
葡萄樹齡	18-35年
海拔	200至600公尺
土壤	黏土與沙土、海洋土壤、泥灰岩、瑪瑙
面向	Ragnaie面東南，Petroso面西，Loreto面東北，Fornace面東北，Cava面東南
平均產量	4,500公升/公頃
種植方式	長枝修剪
採收日期	2013年9月中至10月底
釀造製程	置於水泥材質之大型容器，溫控
浸漬溫度與時間	最高31°C, 40天
顏色	深紅色
陳年方式	36個月於斯拉夫尼亞橡木桶(2,500公升)
建議餐搭選擇	所有肉類

品飲紀錄｜

直透、鮮明、散發年輕葡萄之清新，帶著覆盆子與苦櫻桃水果風味，伴隨著結實有力卻和諧的酸度與明顯礦物之輕盈。帶有些許花香之布雷諾紅酒，有著近似黑皮諾葡萄的主要特徵，口感具絕佳張力，其尾韻明亮，留在口中的後味悠長且乾淨。

English

Grape Variety: 100% Sangiovese
Vineyard: Ragnaie, Petroso, Loreto, Fornace, Cava, south Montalcino
Vineyard age: 18-35 years
Altitude: 200-600 meters
Soil: clay and sand, sea soil condition, marl stone, onyx (4 different areas)
Exposure: Ragnaie is southeast, Petroso is west, Loreto is northeast, Fornace is northeast, Cava è southeast
Average yield: 45 ql/ha
Growing system: guyot
Harvest: mid September to end October, 2013
Alcohol degree: 13.5% vol.
Production number: 27,528 bottles
Vinification: in concrete vats, temperature control
Maceration: max 31°C, 40 days
Color: dark red
Aging: 36 months in Slavonian oak vats (25 hl)
Food match: meat
Tasting note: penetrating, linear and youthfully juicy and fresh, featuring raspberry and bitter cherry fruit flavors given clarity by firm but harmonious acidity and a pronounced mineral component. This very floral, pristine Brunello has an almost Pinot Noir-like primary quality and superb inner-mouth tension. The finish is extremely bright, long and clean.

Italiano

Vitigno: 100% Sangiovese
Vigneto: Ragnaie, Petroso, Loreto, Fornace, Cava, sud Montalcino
Età vigneti: da 18 a 35 anni
Altitudine: 200-600 metri
Terreno: argilla e sabbia, condizioni del terreno marino, pietra di marna, onice (4 aree diverse)
Esposizione: Ragnaie è sud-est, Petroso è ovest, Loreto è nord-est, Fornace è nord-est, Cava è sud-est
Resa Media: 45 ql/ha
Sistema di allevamento: guyot
Vendemmia: da metà Settembre fine Ottobre 2013
Tasso alcolico: 13.5% vol.
Bottiglie prodotte: 27,528 bottiglie
Vinificazione: in cement, controllo della temperatura
Macerazione: max 31°C, 40 giorni
Colore: rosso scuro
Invecchiamento: botte di Slavonia 25 hl, durata 36 mesi
Abbinamenti: carne
Note Degustative: penetranti, lineari e giovanili succosi e freschi, con aromi di lampone e amarena conferiti dalla chiarezza ma dall'acidità armoniosa e dalla spiccata componente minerale. Questo Brunello molto floreale e incontaminato ha una qualità primaria quasi Pinot Nero e una superba tensione della bocca interna. Il finale è estremamente brillante, lungo e pulito.

LE RAGNAIE

Brunello di Montalcino DOCG 2013 Fornace

單一坡	Cru
酒精度	13.5% vol
產　量	4,442瓶

品種	100% Sangiovese
葡萄坡名	Montalcino南部，位於Castelnuovo dell' Abbate 的Castel Nuovo Vigna Loreto單一坡
葡萄樹齡	28-30年
海拔	395公尺
土壤	石灰土、泥灰岩
面向	東至東北
平均產量	5,500公升/公頃
種植方式	長枝修剪
採收日期	2013年9月底
釀造製程	置於水泥材質之大型容器，溫控
浸漬溫度與時間	最高31°C, 40天
顏色	邊緣偏淡之深紅色
陳年方式	36個月於斯拉夫尼亞橡木桶(2,500公升)
建議餐搭選擇	所有肉類

品飲紀錄 |

成熟而有活力、高度濃縮、精釀順口，融合酸度、淡淡胡椒辛香與濃郁的花香，聞時如此，品飲時口感更顯強烈。尾韻香甜，其單寧與那有層次之焦油與甘草香持久互換著。這是一款十分豐富、柔順且口感易識的傳統布雷諾紅酒

English

Grape Variety: 100% Sangiovese
Vineyard: Castel Nuovo Vigna Loreto in Castelnuovo dell'Abbate, south Montalcino
Vineyard age: 28-30 years
Altitude: 395 meters
Soil: calcaric, marl stone
Exposure: east - northeast
Average yield: 55 ql/ha
Growing system: guyot
Harvest: end September, 2013
Alcohol degree: 13.5% vol.
Production number: 4,442 bottles
Vinification: in concrete vats, temperature control
Maceration: max 31°C, 40 days
Color: dark red with a pale rim
Aging: 36 months in Slavonian oak vats (25 hl)
Food match: meats
Tasting note: ripe but vibrant, this highly concentrated, seamless wine boasts nicely integrated acidity and light peppery and strong floral qualities giving lift to the explosive midpalate. Finishes with sweet, building tannins and superb fruity persistence complicated by notes of tar and licorice. Remarkably rich, pliant and distinctive traditional Brunello.

Italiano

Vitigno: 100% Sangiovese
Vigneto: Castel Nuovo Vigna Loreto di Castelnuovo dell'Abbate, sud Montalcino
Età vigneti: 28-30 anni
Altitudine: 395 metri
Terreno: pietra di marna, onice
Esposizione: est – nord est
Resa Media: 55 ql/ha
Sistema di allevamento: guyot
Vendemmia: fine Settembre 2013
Tasso alcolico: 13.5% vol.
Bottiglie prodotte: 4,442 bottiglie
Vinificazione: in cement, controllo della temperatura
Macerazione: max 31°C, 40 giorni
Colore: rosso scuro con un bordo pallido
Invecchiamento: botte di Slavonia 25 hl, durata 36 mesi
Abbinamenti: carne
Note Degustative: maturo ma vibrante, questo vino altamente concentrato e senza soluzione di continuità vanta un'acidità ben integrata e una leggera pepata e una forte qualità floreale che dona al palato esplosivo. Finale con tannini dolci edificanti e una superba persistenza fruttata complicata da note di catrame e liquirizia. Brunello straordinariamente ricco, morbido e distintivo tradizionale

LE RAGNAIE

Brunello di Montalcino DOCG 2013 V.V.

單一坡	Cru
酒精度	13.5% vol
產　量	2,881瓶

品種	100% Sangiovese
葡萄坡名	Montalcino西南部，位於 Loc. Le Ragnaie的Ragnaie Vigna Vecchia 單一坡
葡萄樹齡	45年
海拔	600公尺
土壤	黏土與沙土、如海洋土壤之結構
面向	西南
平均產量	4,500公升/公頃
種植方式	長枝修剪
採收日期	2013年10月下旬
釀造製程	置於水泥材質之大型容器，溫控
浸漬溫度與時間	最高31°C, 40天
顏色	明亮飽和的紅色
陳年方式	36個月於斯拉夫尼亞橡木桶 (2,500公升)
建議餐搭選擇	所有肉類

品飲紀錄｜

新鮮熟透的紅櫻桃、辛香料與礦物質風味如絲綢般滑過口齒間，尾韻悠長且綿密柔順，帶著灌木叢與磨菇香氣好比行走在清晨林木間，起初開瓶時，入鼻雖帶有橡木氣味，然此款其濃郁而成熟的果香，快速取而代之，這是一款精典布雷諾紅酒。

English

Grape Variety: 100% Sangiovese
Vineyard: Ragnaie Vigna Vecchia in Loc. Le Ragnaie, south Montalcino
Vineyard age: 45 years
Altitude: 600 meters
Soil: clay and sand, sea soil condition
Exposure: southwest
Average yield: 45 ql/ha
Growing system: guyot
Harvest: mid to end October, 2013
Alcohol degree: 13.5% vol.
Production number: 2,881 bottles
Vinification: in concrete vats, temperature control
Maceration: max 31°C, 40 days
Color: bright, fully saturated red
Aging: 36 months in Slavonian oak vats (25 hl)
Food match: meats
Tasting note: silky and suave with just about enough freshness to the super-ripe red cherry, spice and mineral flavors. Finishes long and creamy with hints of underbrush and mushrooms. This Brunello is so crammed with ripe fruit that the oak is quickly pushed back into the background.

Italiano

Vitigno: 100% Sangiovese
Vigneto: Ragnaie Vigna Vecchia di Loc. Le Ragnaie, sud Montalcino
Età vigneti: 45 anni
Altitudine: 600 metri
Terreno: argilla e sabbia, condizioni del terreno marino
Esposizione: sud-ovest
Resa Media: 45 ql/ha
Sistema di allevamento: guyot
Vendemmia: da metà a fine Ottobre 2013
Tasso alcolico: 13.5% vol.
Bottiglie prodotte: 2,881 bottiglie
Vinificazione: in cement, controllo della temperatura
Macerazione: max 31°C, 40 giorni
Colore: rosso brillante, completamente saturo
Invecchiamento: botte di Slavonia 25 hl, durata 36 mesi
Abbinamenti: carne
Note Degustative: quindi setoso e soave con una freschezza sufficiente per la ciliegia rossa matura, i sapori speziati e minerali. Finale lungo e cremoso con sentori di sottobosco e funghi. Questo Brunello è talmente pieno di frutta matura che la quercia viene rapidamente rimessa in secondo piano

PININO

Brunello di Montalcino DOCG 2013 Pinino

酒精度	13.5% vol
產　量	39,500瓶

品種	100% Sangiovese
葡萄坡名	Montalcino北部的Pinino葡萄坡；東部的Canchi葡萄坡
葡萄樹齡	15-20年
海拔	250公尺
土壤	Pinino葡萄坡是泥灰岩，Canchi葡萄坡是黏土與石灰的混泥土
面向	Pinino面南，Canchi面東
平均產量	5,500-6,000公升/公頃
種植方式	短枝修剪
採收日期	2013年10月
釀造製程	置於不鏽鋼桶（11,800公升），溫控
浸漬溫度與時間	25°C, 25-40天
顏色	深紅寶石色
陳年方式	第一階段30個月：於大型橡木桶；第二階段6個月以上：靜置於玻璃瓶中
建議餐搭選擇	肉醬義大利麵、烤牛排、野禽

品飲紀錄｜

結構完整、圓潤、酒體如絲絨般柔滑，散發許多不同層次的香氣如黑莓與梅果芳香；酒體飽滿優雅，單寧細緻，尾韻帶著辛辣橡木風味。

English

Grape Variety: 100% Sangiovese
Vineyard: Pinino, north Montalcino; Canchi, east Montalcino
Vineyard age: 15-20 years
Altitude: 250 meters
Soil: galestro earth in Pinino; mix of clay and lime-rich ground in Canchi
Exposure: south in Pinino; east in Canchi
Average yield: 55-60 ql/ha
Growing system: spurred cordon
Harvest: October, 2013
Alcohol degree: 13.5% vol.
Production number: 39,500 bottles
Vinification: in steel tanks (118 hl)
Maceration: 25°C, 25-40 days
Color: dark ruby-red
Aging: 30 months in oak barrels; at least 6 months in bottles
Food match: pasta with meat sauce, grilled steak, game
Tasting note: full, round and silky, with lots of aromas of blackberry and plum. Full bodied elegance with fine tannins and spicy oak notes in the finish.

Italiano

Vitigno: 100% Sangiovese
Vigneto: Pinino, nord Montalcino; Canchi, est Montalcino
Età vigneti: 15-20 anni
Altitudine: 250 metri
Terreno: galestro tufo e scheletro in Pinino; argilla e scheletro in Canchi
Esposizione: a sud in Pinino; est in Canchi
Resa Media: 55-60 ql/ha
Sistema di allevamento: cordone speronato
Vendemmia: Ottobre 2013
Tasso alcolico: 13.5% vol.
Bottiglie prodotte: 39,500 bottiglie
Vinificazione: in tini di acciaio inox da 118 hl
Macerazione: 25°C, 25-40 giorni
Colore: rosso rubino intenso
Invecchiamento: 30 mesi in botti di rovere; almeno 6 mesi in bottiglia
Abbinamenti: pasta al ragù, bistecca alla brace, selvaggina
Note Degustative: pieno, rotondo e morbido, ricco di profumi di more e prugna, ampio con corposa eleganza con tannini fini.

PININO

Brunello di Montalcino DOCG 2013 Cupio

酒精度 13.5% vol
產　量 20,000瓶

品種	100% Sangiovese
葡萄坡名	Montalcino北部的Pinino坡；Montalcino東北部的Canchi坡
葡萄樹齡	15-20 年
海拔	250 公尺
土壤	Pinino是泥灰岩，Canchi是黏土與石灰豐富的混泥土
面向	Pinino 面南，Canchi 面東
平均產量	5,500-6,000 公升 / 公頃
種植方式	短枝修剪
採收日期	2013年10月
釀造製程	置於不鏽鋼桶 (11,800 公升)，溫控
浸漬溫度與時間	25°C, 25-40 天
顏色	深紅寶石色
陳年方式	第一階段30個月：於大型橡木桶；第二階段6個月以上：靜置於玻璃瓶中
建議餐搭選擇	肉醬義大利麵、烤牛排、野禽

品飲紀錄｜

豐富、圓潤且如絲絨般柔滑，帶著濃郁的黑莓與梅香；酒體飽滿優雅，單寧細緻，尾韻帶有橡木風味之香料。

English

Grape Variety: 100% Sangiovese
Vineyard: Pinino, north Montalcino; Canchi, northeast Montalcino
Vineyard age: 15-20 years
Altitude: 250 meters
Soil: galestro earth in Pinino; mix of clay and lime-rich ground in Canchi
Exposure: south in Pinino; east in Canchi
Average yield: 55-60 ql/ha
Growing system: spurred cordon
Harvest: October, 2013
Alcohol degree: 13.5% vol.
Production number: 20,000 bottles
Vinification: in steel tanks (118 hl) , temperature control
Maceration: 25°C, 25-40 days
Color: dark ruby-red
Aging: 30 months in oak barrels; at least 6 months in bottles
Food match: pasta with meat sauce, grilled steak, game
Tasting note: full, round and silky, with lots of aromas of blackberry and plum. Full bodied elegance with fine tannins and spicy oak notes in the finish

Italiano

Vitigno: 100% Sangiovese
Vigneto: Pinino, nord Montalcino; Canchi, nord-est Montalcino
Età vigneti: 15-20 anni
Altitudine: 250 metri
Terreno: galestro tufo e scheletro in Pinino; argilla e tufo in Canchi
Esposizione: a sud in Pinino; est in Canchi
Resa Media: 55-60 ql/ha
Sistema di allevamento: cordone speronato
Vendemmia: Ottobre 2013
Tasso alcolico: 13.5% vol.
Bottiglie prodotte: 20,000 bottiglie
Vinificazione: in tini di acciaio inox da 118 hl a temperatura controllata
Macerazione: 25°C, 25-40 giorni
Colore: rosso rubino intenso
Invecchiamento: 30 mesi in botti di rovere; almeno 6 mesi in bottiglia
Abbinamenti: pasta al ragù , bistecca alla brace , selvaggina
Note Degustative: pieno, rotondo e morbido, ricco di profumi di more e prugna, ampio con corposa eleganza con tannini fini

PININO

Brunello di Montalcino Riserva DOCG 2012 Pinino

酒精度 14% vol
產　量 6,500瓶

品種	100% Sangiovese
葡萄坡名	Montalcino北部的Pinino坡；Montalcino東北部的Canchi坡
葡萄樹齡	15-20 年
海拔	250 公尺
土壤	Pinino是泥灰岩，Canchi是黏土與石灰豐富的混泥土
面向	Pinino 面南，Canchi 面東
平均產量	5,500-6,000 公升 / 公頃
種植方式	短枝修剪
採收日期	2012年9月
釀造製程	置於不鏽鋼桶 (11,800 公升)，溫控
浸漬溫度與時間	25°C, 25-40 天
顏色	深紅寶石色
陳年方式	第一階水36個月：於大型橡木桶；第二階段18個月：靜置於玻璃中
建議餐搭選擇	肉醬義大利麵、烤牛排、野禽

品飲紀錄｜

豐富、圓潤且如絲絨般柔滑，帶著濃郁的黑莓與梅香；酒體飽滿優雅，單寧細緻，尾韻帶有橡木風味之香料。相較於 7-2 此款酒更為強勁、優雅且柔順；其風格特色強烈，雖不具蒙達奇諾省北部之經典優雅，但具陳年實力，亦適合盲飲遊戲。

English

Grape Variety: 100% Sangiovese
Vineyard: Pinino, north Montalcino; Canchi, northeast Montalcino
Vineyard age: 15-20 years
Altitude: 250 meters
Soil: galestro earth in Pinino; mix of clay and lime-rich ground in Canchi
Exposure: south in Pinino; east in Canchi
Average yield: 55-60 ql/ha
Growing system: spurred cordon
Harvest: September, 2012
Alcohol degree: 14% vol.
Production number: 6,500 bottles
Vinification: in steel tanks (118 hl), temperature control
Maceration: 25°C, 25-40 days
Color: dark ruby-red
Aging: 36 months in oak barrels; 18 months in bottles
Food match: pasta with meat sauce, grilled steak, game
Tasting note: powerful, elegant and smooth, but with a strong character

Italiano

Vitigno: 100% Sangiovese
Vigneto: Pinino, nord Montalcino; Canchi, nord-est Montalcino
Età vigneti: 15-20 anni
Altitudine: 250 metri
Terreno: galestro tufo e scheletro in Pinino; argilla e tufo in Canchi
Esposizione: a sud in Pinino; est in Canchi
Resa Media: 55-60 ql/ha
Sistema di allevamento: cordone speronato
Vendemmia: Settembre 2012
Tasso alcolico: 14% vol.
Bottiglie prodotte: 6,500 bottiglie
Vinificazione: in tini di acciaio inox da 118 hl a temperatura controllata
Macerazione: 25°C, 25-40 giorni
Colore: rosso rubino intenso
Invecchiamento: 36 mesi in botti di rovere; 18 mesi in bottiglia
Abbinamenti: pasta al ragù, bistecca alla brace, selvaggina
Note Degustative: potente, elegante e morbido, ma con un carattere deciso

8-1 *Tasting 3* | *Degustazione 3* **TOP 1**

CAMIGLIANO

Brunello di Montalcino DOCG 2013

酒精度 14% vol

產　量 150,000瓶

品種	100% Sangiovese Grosso
葡萄坡名	Montalcino西南部眾多坡混合
葡萄樹齡	15-25年
海拔	250-300公尺
土壤	泥土和沙土
面向	多坡各自面向
平均產量	6,500公升/公頃
種植方式	短枝修剪與長枝修剪
採收日期	2013年10月上旬
釀造製程	溫控不鏽鋼桶；溫控
浸漬溫度與時間	28-30°C, 21-25天
顏色	紅寶石色
陳年方式	24個月於法製與斯拉夫尼亞製大型橡木桶(3千至6千公升)
建議餐搭選擇	味道醇厚豐富的菜餚如搭配磨菇或松露的紅肉、飛禽類、帕馬森起司、托斯卡尼羊起司（Tuscan Pecorino）、佐異國風味或醬料味道豐富的肉類餐點。亦適合單獨品飲不佐餐。

品飲紀錄｜

濃郁果香、散發清新鮮明的藍莓及黑櫻桃香氣、並帶著些許樹皮與乾燥泥土芳香。酒體飽滿，單寧圓融且餘韻層次。

English

Grape Variety: 100% Sangiovese Grosso
Vineyard: various vineyards, southwest Montalcino
Vineyard age: 15-25 years
Altitude: 250-300 meters
Soil: sandy and silty
Exposure: various
Average yield: 65 ql/ha
Growing system: cordon-trained and spur-pruned, guyot
Harvest: first 2 weeks of October 2013
Alcohol degree: 14% vol
Production number: 150,000 bottles
Vinification: in stainless steel, temperature control
Maceration: 28-30 °C, 21-25 days
Color: ruby red
Aging: 24 months in French and Slavonian oak barrels (30-60 hl)
Food match: complex dishes such as red meat, feathered and furry game, mushrooms or truffles, cheeses such as aged tomes, parmesan, Tuscan pecorino, meat dishes of international cuisine or with complicated sauces
Tasting note: a wealth of fruit yet remains fresh and vivid with blueberry and black cherry character. Some bark and dried earth. Full body, integrated tannins and a flavorful finish.

Italiano

Vitigno: 100% Sangiovese Grosso
Vigneto: vari vigneti, sud-ovest Montalcin
Età vigneti: 15-25 anni
Altitudine: 250-300 metri
Terreno: sabbioso / limoso
Esposizione: varie
Resa Media: 65 ql/ha
Sistema di allevamento: cordone speronato / guyot
Vendemmia: prima e seconda settimana di Ottobre 2013
Tasso alcolico: 14% vol
Bottiglie prodotte: 150,000 bottiglie
Vinificazione: in tini di acciaio a temperatura controllata
Macerazione: 28-30 °C, 21-25 giorni
Colore: rosso rubino
Invecchiamento: 24 mesi in botti di rovere francese e di Slavonia da 60 hl
Abbinamenti: si accompagna a piatti di cacciagione (i volatili in tutte le loro possibili declinazioni e la selvaggina), a carni di manzo e di maiale (al forno e alla brace, lessate o in padella) e a formaggi stagionati, ma può essere bevuto anche da solo, in meditazione
Note Degustative: vino di grande struttura, caratteristico, intenso

CAMIGLIANO

Brunello di Montalcino DOCG 2012 Gualto

酒精度 14% vol

產　量 4,000瓶

品種	100% Sangiovese Grosso
葡萄坡名	Montalcino西南部，位於Camigliano的Poggiaccio坡
葡萄樹齡	15-25年
海拔	300公尺
土壤	火山散灰岩、泥灰岩
面向	東南
平均產量	5,000公升/公頃
種植方式	短枝修剪
採收日期	2012年10月上旬
釀造製程	置於不鏽鋼桶；溫控
浸漬溫度與時間	28-30°C, 21-25天
顏色	紅寶石色
陳年方式	第一階段36個月：於法製大型橡木桶(2.5千公升)；第二階段2年：靜置於玻璃瓶中
建議餐搭選擇	不需特別搭配任何餐點，紅酒的馥郁芳香與完美結構，適合重要餐敍場合飲用

品飲紀錄 |

成熟紅色果香與陳年巴薩米克醋之豐富濃郁香氣，口感優雅、結構完整、單寧圓潤、平衡且持久。

English

Grape Variety: 100% Sangiovese Grosso
Vineyard: Poggiaccio in Camigliano, southwest Montalcino
Vineyard age: 15-25 years
Altitude: 300 meters
Soil: tuff and galestro
Exposure: southeast
Average yield: 50 ql/ha
Growing system: spurred cordon
Harvest: first 2 weeks of October, 2012
Alcohol degree: 14% vol
Production number: 4,000 bottles
Vinification: in stainless steel vats, temperature control
Maceration: 28-30°C, 21-25 days
Color: ruby red
Aging: 36 months in French oak barrels (25 hl); 2 years in bottles
Food match: no particular pairings are necessary even if the complexity of the bouquet and the importance of the structure make it perfect for important occasions
Tasting note: complex bouquet with notes of ripe red fruit and balsamic hints; elegant in the mouth, with good structure, integrated tannins, persistent and with good balance.

Italiano

Vitigno: 100% Sangiovese Grosso
Vigneto: Poggiaccio di Camigliano, sud-ovest Montalcin
Età vigneti: 15-25 anni
Altitudine: 300 metri
Terreno: tufo e galestro
Esposizione: sud-est
Resa Media: 50 ql/ha
Sistema di allevamento: cordone speronato
Vendemmia: prima e seconda settimana di Ottobre 2012
Tasso alcolico: 14% vol.
Bottiglie prodotte: 4,000 bottiglie
Vinificazione: in tini di acciaio a temperatura controllata
Macerazione: 28-30 °C, 21-25 giorni
Colore: rosso rubino
Invecchiamento: 36 mesi in botti di rovere francese da 25 hl
Abbinamenti: non necessita di abbinamenti particolari anche se la complessità del bouquet e l'importanza della struttura lo rendono perfetto per le grandi occasioni
Note Degustative: vino di colore rosso rubino intense, bouquet complesso con note di frutta rossa matura e sentori balsamici; in bocca è elegante, di buona struttura, con tannini integrati e con buon equilibrio.

9-1 *Tasting 4 | Degustazione 4* TOP 1

CASISANO

Brunello di Montalcino DOCG 2013

酒精度 14% vol

產　量 40,000瓶

品種	100% Sangiovese Grosso
葡萄坡名	Montalcino東南部的Podere Casisano坡
葡萄樹齡	15年
海拔	480公尺
土壤	富含泥灰岩的混泥土
面向	東南
平均產量	7,000公升/公頃
種植方式	短枝修剪
採收日期	2013年9月底至10月初
釀造製程	置於不鏽鋼桶
浸漬溫度與時間	25天，20-22°C
顏色	偏石榴色澤之紅寶石色
陳年方式	第一階段3年：於斯拉夫尼亞製橡木桶；第二階段6個月：靜置於玻璃瓶中
建議餐搭選擇	很適合搭配肉醬義大利麵、燒烤肉類與陳年起司享用

品飲紀錄｜

香氣

細緻優雅、濃郁而典型聖爵維斯葡萄果香與辛香風味相互平衡。

口感

入口時感受到其結構之完整，有層次且強勁，其鵝絨般的單寧餘韻悠長為此佳釀之特色，展現其陳年實力。

English

Grape Variety: 100% Sangiovese Grosso
Vineyard: Podere Casisano, southeast Montalcino, selected grapes
Vineyard age: 15 years
Altitude: 480 meters
Soil: soil of various origins, rich in galestro stone
Exposure: southeast
Average yield: 70 ql/ha
Growing system: single spur pruned cordon
Harvest: end of September, beginning of October, 2013
Alcohol degree: 14% vol.
Production number: 40,000 bottles
Vinification: inox tanks
Maceration: traditional on red grape skins for 25 days, 20-22°C
Color: ruby red tending to garnet
Aging: 3 years in Slavonian oak casks; 6 months in bottles
Food match: perfect with pasta with meat sauces, roasted and grilled meats and mature cheeses
Tasting note: [Bouquet] elegant on the nose, it is balanced with intense aromas and great finesse that harmonize with the fruity and spicy notes typical of the Sangiovese grapes; [Taste] well structured, harmonious and powerful it is characterized by velvety tannins and a long finish.

Italiano

Vitigno: 100% Sangiovese Grosso
Vigneto: Podere Casisano, sud-est Montalcino
Età vigneti: 15 anni in media
Altitudine: 480 metri
Terreno: terreno di varie origini, ricco di scheletro e galestro
Esposizione: sud-est
Resa Media: 70 ql/ha
Sistema di allevamento: vigneti a cordone speronato singolo
Vendemmia: fine Settembre, inizio di Ottobre 2013
Tasso alcolico: 14% vol.
Bottiglie prodotte: 40,000 bottiglie
Vinificazione: inox tanks
Macerazione: tradizionale sulle bucce per 25 giorni circa. 20-22°C
Colore: rosso rubino tendente al granato
Invecchiamento: 3 anni in botti di rovere di Slavonia con capacità massima di 60 ql; 6 mesi in bottiglia
Abbinamenti: ideale per accompagnare piatti di cacciagione, carni rosse alla griglia e formaggi maturi.
Note Degustative: [Profumo] al naso è elegante, equilibrato, con profumi intensi e di grande finezza che si armonizzano con le note fruttate e speziate tipiche del Sangiovese; [Gusto] di grande struttura, elegante armonico ed equilibrato, si distingue per tannini vellutati e la lunga persistenza.

9-2 *Tasting 8* | *Degustazione 8* TOP 2

CASISANO

Brunello di Montalcino Riserva DOCG 2012

單一坡	Cru
酒精度	14% vol
產　量	4,500瓶

品種	100% Sangiovese
葡萄坡名	Montalcino東南部，位於Podere Casisano的Colombaiolo單一坡
葡萄樹齡	20-25年
海拔	480公尺
土壤	泥灰岩、黏土與火山散灰岩
面向	東南
平均產量	7,000公升/公頃
種植方式	短枝修剪
採收日期	2012年10月初
釀造製程	置於木桶(7千公升)；溫控
浸漬溫度與時間	28-30°C, 20-25天
顏色	深紅寶石色
陳年方式	第一階段4年：於斯拉夫尼亞製橡木桶(1.8與2.5千公升)；第二階段6個月：靜置於玻璃瓶中
建議餐搭選擇	適合搭配紅肉與野禽類餐餚、陳年起司與藍紋起司

品飲紀錄｜

香氣

這是一瓶具有獨特個性的葡萄酒，其經典聖爵維斯葡萄果香細緻而優雅，且能夠聞到其於橡木桶內陳年的辛香。

口感

入口時其多層次且順口，單寧如鵝絨般圓融順口、成熟且迷人，尾韻平衡且酸度佳，顯示其值得陳年的實力。

English

Grape Variety: 100% Sangiovese
Vineyard: Colombaiolo in Podere Casisano, southeast Montalcino
Vineyard age: 20-25 years
Altitude: 480 meters
Soil: galestro rocks, clay and volcanic tuff
Exposure: southeast
Average yield: 70 ql/ha
Growing system: single spur pruned cordon
Harvest: beginning of October, 2012
Alcohol degree: 14% vol.
Production number: 4,500 bottles
Vinification: in wood vats (70 hl), temperature control
Maceration: 28-30°C, 20-25 days
Color: intense ruby red
Aging: 4 years in Slavonian oak barrels (18 and 25 hl); 6 months in bottle
Food match: pairings with structured dishes with red meats and game. Perfect with aged and blue cheeses.
Tasting note: [Bouquet] a wine of great personality, fine and elegant. It has the typical fruit notes of the Sangiovese grapes integrated by the spices due to the ageing in big Slavonian oak; [Taste] complex, smooth and velvety with harmonic mature and enchanting tannins balanced with a nice acidity.

Italiano

Vitigno: 100% Sangiovese
Vigneto: Colomabiolo di Podere Casisano, sud-est Montalcino
Età vigneti: 20-25 anni
Altitudine: 480 metri
Terreno: galestro, argilla e tufo
Esposizione: sud-est
Resa Media: 70 ql/ha
Sistema di allevamento: cordone speronato
Vendemmia: inizio di Ottobre 2012
Tasso alcolico: 14% vol.
Bottiglie prodotte: 4,500 bottiglie
Vinificazione: in tini di legno da 70 hl
Macerazione: 28-30°C, 20-25 giorni,
Colore: rosso rubino intenso
Invecchiamento: affinamento per 4 anni in botte di rovere di Slavonia da 18 e 25 hl. All'imbottigliamento sono seguiti 6 mesi di affinamento in bottiglia.
Abbinamenti: abbinamenti con piatti strutturati con carni rosse e selvaggina. Ottimo con formaggi stagionati, eD erborinati.
Note Degustative: [Profumo] vino di grande complessità, fine ed elegante. Presenta le note fruttate tipiche del Sangiovese, integrate alle spezie donate dalla lunga permanenza in botte; [Gusto] complesso, vellutato ed armonico, con tannini ben maturi e avvolgenti, in equilibrio con una piacevole acidità.

CAPANNA

Brunello di Montalcino DOCG 2013

酒精度 14.5% vol

產　量 22,492瓶

品種	100% sangiovese
葡萄坡名	Montalcino 北部
葡萄樹齡	10-25年
海拔	270-300公尺
土壤	富含岩石的泥灰岩
面向	南至東南
平均產量	1,500公升/公頃
種植方式	二次短枝修剪、綠式剪枝
採收日期	2013年9月27日至10月15日
釀造製程	置於斯拉夫尼亞製橡木桶，溫控
浸漬溫度與時間	25-28°C, 25-30 天
顏色	深紅寶石色
陳年方式	約38個月於斯拉夫尼亞製大型橡木桶(2千至3千公升)
建議餐搭選擇	烤紅肉、野禽、陳年起司

品飲紀錄｜

香氣

細緻持久，帶著紅色水果與香草芳香。

口感

和諧圓潤，酒體飽滿，酸度與單寧相互平衡。

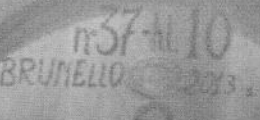

English

Grape Variety: 100% Sangiovese
Vineyard: north Montalcino
Vineyard age: 10-25 years
Altitude: 270-300 meters
Soil: galestro (clay schist), riches of stones
Exposure: south - southeast
Average yield: 15 ql/ha
Growing system: double spurred-pruned cordon
Harvest: Sep. 27-Oct. 15, 2013
Alcohol degree: 14.5 % vol.
Production number: 22,492 bottles
Vinification: in Slavonian oak vats, temperature control
Maceration: 25-28°C, 25-30 days
Color: deep, intense ruby
Aging: about 38 months in Slavonian oak barrels (20-30 hl)
Food match: roasted red meat, game and well-matured cheese
Tasting note: [Bouquet] ethereal, red fruits and vanilla, persistent; [Taste] harmonic, well balanced in acid –tannic components, full-bodied.

Italiano

Vitigno: 100% Sangiovese
Vigneto: nord Montalcino
Età vigneti: 10-25 anni
Altitudine: 270-300 metri
Terreno: galestro, ricco di scheletro
Esposizione: sud - sud/est
Resa Media: 15 ql/ha
Sistema di allevamento: doppio cordone speronato
Vendemmia: 27 Set. - 15 Ott. 2013
Tasso alcolico: 14.5 % vol.
Bottiglie prodotte: 22,492 bottiglie
Vinificazione: in tini tronco-conici in rovere di Slavonia, provvisti di un sistema per il controllo della temperatura
Macerazione: 25-28°C, circa 25-30 giorni
Colore: rosso rubino intenso
Invecchiamento: in botti con capacità di 20-30 hl in rovere di Slavonia, per un periodo di circa 37-38 mesi
Abbinamenti: carne rossa arrosto, selvaggina e formaggi stagionati
Note Degustative: [Profumo] etereo, con sentori di frutta rossa e vaniglia, persistente; [Gusto] armonico, ben equilibrate tra loro la componente acida e quella tannica, strutturato con un lungo retrogusto

CAPANNA

Brunello di Montalcino Riserva DOCG 2012

酒精度	15% vol
產　量	8,616瓶

品種	100% Sangiovese
葡萄坡名	Montalcino 北部
葡萄樹齡	10-25年
海拔	270-300公尺
土壤	富含岩石的泥灰岩
面向	南至東南
平均產量	600公升/公頃
種植方式	二次短枝修剪、綠式剪枝
採收日期	2012年9月25日至10月16日
釀造製程	置於斯拉夫尼亞製橡木桶，溫控
浸漬溫度與時間	25-28°C, 30-32 天
顏色	深紅寶石色
陳年方式	約38至39個月於斯拉夫尼亞製大型橡木桶(1-2.5千公升)
建議餐搭選擇	烤紅肉、野禽、陳年起司

品飲紀錄｜

香氣

細緻持久，帶著紅色水果與香草芳香。

口感

和諧圓潤，酒體飽滿，酸度與單寧相互平衡。

English

Grape Variety: 100% Sangiovese
Vineyard: north Montalcino
Vineyard age: 10-25 years
Altitude: 270-300 meters
Soil: galestro (clay schist), riches of stones
Exposure: south - southeast
Average yield: 6 ql/ha
Growing system: double spurred-pruned cordon
Harvest: Sep. 25-Oct. 16, 2012
Alcohol degree: 15 % vol.
Production number: 8,616 bottles
Vinification: in Slavonian oak vats, temperature control
Maceration: 25-28°C, 30-32 days
Color: deep, intense ruby
Aging: 38-39 months in Slavonian oak barrels (10-25 hl)
Food match: roasted red meat, game and well-matured cheese
Tasting note: [Bouquet] ethereal, red fruits and vanilla, persistent; [Taste] harmonic, well balanced in acid –tannic components, full-bodied.

Italiano

Vitigno: 100% Sangiovese
Vigneto: nord Montalcino
Età vigneti: 10-25 anni
Altitudine: 270-300 metri
Terreno: galestro, ricco di scheletro
Esposizione: sud - sud/est
Resa Media: 6 ql/ha
Sistema di allevamento: doppio cordone speronato
Vendemmia: 25 Set. – 16 Ott. 2012
Tasso alcolico: 15 % vol.
Bottiglie prodotte: 8,616 bottiglie
Vinificazione: in tini tronco-conici in rovere di Slavonia, provvisti di un sistema per il controllo della temperatura
Macerazione: 25-28 °C, circa 30-32 giorni
Colore: rosso rubino intenso
Invecchiamento: in botti con capacità di 10-25 hl in rovere di Slavonia, per un periodo di circa 38-39 mesi.
Abbinamenti: carne rossa arrosto, selvaggina e formaggi stagionati.
Note Degustative: [Profumo] etereo, con sentori di frutta rossa e vaniglia, persistente; [Gusto] armonico, ben equilibrate tra loro la componente acida e quella tannica, strutturato con un lungo retrogusto.

La Palazzetta di Luca e Flavio Fanti

Brunello di Montalcino DOCG 2013

酒精度 14.5% vol

產　量 25,000瓶

品種	100% Sangiovese
葡萄坡名	Montalcino東南部的Castelnuovo dell' Abate坡
葡萄樹齡	35-40年
海拔	356公尺
土壤	富含石灰石的泥灰岩
面向	西北
平均產量	6,000公升/公頃
種植方式	短枝修剪
採收日期	2013年9月至10月
釀造製程	置於不鏽鋼桶；溫控
浸漬溫度與時間	14-16°C, 20天
顏色	深石榴紅色
陳年方式	第一階段3.5年：於法製橡木桶；第二階段6個月：靜置於玻璃瓶中
建議餐搭選擇	各式肉類與野禽

品飲紀錄｜

香氣

深色莓果混合泥土芳香

口感

單寧柔和順口、酸度適中

English

Grape Variety: 100% Sangiovese
Vineyard: Castelnuovo dell'Abate, southeast Montalcino
Vineyard age: 35-40 years
Altitude: 356 meters
Soil: limestone rich in stony marl
Exposure: northwest
Average yield: 60 ql/ha
Growing system: spurred cordon
Harvest: Sep.-Oct. 2013
Alcohol degree: 14.5% vol
Production number: 25,000 bottles
Vinification: in stainless tanks, temperature control
Maceration: 14-16°C, 20 day
Color: intense garnet red
Aging: 3.5 years in French oak cask; 6 months in bottles
Food match: hearty meats, game
Tasting note: [Bouquet] dark berry mixed with earthy notes; [Taste] soft tannins, good acidity

Italiano

Vitigno: 100% Sangiovese
Vigneto: Castelnuovo dell'Abate, sud-est Montalcino
Età vigneti: 35-40 anni
Altitudine: 356 metri
Terreno: calcareo ricco di marna sassoso
Esposizione: nord-ovest
Resa Media: 60 ql/ha
Sistema di allevamento: cordone speronato
Vendemmia: Settembre-Ottobre 2013
Tasso alcolico: 14.5% vol
Bottiglie prodotte: 25,000 bottiglie
Vinificazione: temperatura controllata acciaio serbatoio
Macerazione: 14-16°C, 20 giorni
Colore: rosso granato intenso
Invecchiamento: 3.5 anni in botti di rovere francese; 6 mesi in bottiglia
Abbinamenti: carni hearty, gioco
Note Degustative: [Profumo] frutti di bosco scuro mescolato con note terrose; [Gusto] tannini morbidi, buona acidità

CANALICCHIO DI SOPRA

Brunello di Montalcino DOCG 2013

酒精度 14.5% vol
產　量 34,000瓶

品種	100% Sangiovese
葡萄坡名	Montalcino北部的Canalicchio坡和Montosoli坡
葡萄樹齡	15至20年
海拔	300公尺
土壤	黏土與泥灰岩，含石灰岩層
面向	多坡各自面向
平均產量	5,000公升/公頃
種植方式	短枝修剪
採收日期	2013年9月27日至10月8日
釀造製程	置於不鏽鋼桶，溫控
浸漬溫度與時間	28°C, 20天
顏色	帶有石榴光澤之深紅寶石色
陳年方式	第一階段36個月：於斯拉夫尼亞大型橡木桶(2,500公升)；第二階段1年：靜置於玻璃瓶中
建議餐搭選擇	紅肉和野禽、陳年起司

品飲紀錄｜

香氣
黑櫻桃、森林氣味、菸草和巴薩米克醋香融合之濃郁香氣。

口感
結構完整、濃郁、有深度，單寧酸度明亮。

English

Grape Variety: 100% Sangiovese
Vineyard: Canalicchio and Montosoli, north Montalcino
Vineyard age: 15-20 years
Altitude: 300 meters
Soil: clay and marl interbedded by layers of limestone
Exposure: different exposure
Average yield: 50 ql/ha
Growing system: spurred cordon
Harvest: Sep. 27 – Oct. 8, 2013
Alcohol degree: 14.5% vol.
Production number: 34,000 bottles
Vinification: in steel tanks, temperature control
Maceration: 28°C, 20 days
Color: intense ruby red with garnet reflections
Food match: red meats and game, matured cheeses
Aging: 36 months in Slavonia oak barrels (25 hl); 1 year in bottles
Tasting note: [Bouquet] black cherry, hints of forest floor, tobacco and balsamic flavors beautifully integrated and concentrated with the rich bouquet; [Taste] well-structured and depth with dense integrated tannins highlighted by a bright acidity

Italiano

Vitigno: 100% Sangiovese
Vigneto: Canalicchio e Montosoli, nord Montalcino
Età vigneti: 15-20 anni
Altitudine: 300 metri
Terreno: argilla e galestro intercalati da strati di calcare
Esposizione: esposizione diversa
Resa Media: 50 ql/ha
Sistema di allevamento: cordone speronato
Vendemmia: 27 Set. – 8 Ott. 2013
Tasso alcolico: 14.5% vol.
Bottiglie prodotte: 34,000 bottiglie
Vinificazione: in vasche d'acciaio con controllo della temperatura di fermentazione
Macerazione: 28°C, 20 giorni
Colore: rosso rubino intenso con riflessi granati
Invecchiamento: 36 mesi in botti di rovere di Slavonia da 25 hl seguiri da un affinamento in bottiglia di 1 anno
Abbinamenti: carni rosse e selvaggina, formaggi stagionati
Note Degustative: [Profumo] amarena, sentori di sottobosco, tabacco e profumi balsamici elegantemente integrati e concentrati nella ricchezza del bouquet; [Gusto] di grande struttura e profondita, con tannini densi e ben integrati esaltati da una vibrante acidita

12-2 *Tasting 6 | Degustazione 6* TOP 5

CANALICCHIO DI SOPRA

Brunello di Montalcino Riserva DOCG 2012

酒精度 14.5% vol
產　量 7,200瓶

品種	100% Sangiovese
葡萄坡名	Montalcino北部的Vecchia Mercatale坡和Casaccia坡
葡萄樹齡	Vecchia Mercatal坡 30 年 Casaccia坡 28 年
海拔	300公尺
土壤	主要成份為帶有豐富礦物質的黏土
面向	Vecchia Mercatale 面北北東，Casaccia 面北與南
平均產量	5,000公升/公頃
種植方式	短枝修剪
採收日期	2012年10月3日和4日
釀造製程	置於不鏽鋼桶；溫控
浸漬溫度與時間	28°C, 25天
顏色	帶有石榴光澤之深紅寶石色
陳年方式	第一階段42個月：於斯拉夫尼亞製大型橡木桶(2,500公升)；第二階段1年：靜置於玻璃瓶中
建議餐搭選擇	紅肉和野禽、陳年起司

品飲紀錄 |

香氣

香氣濃郁且縈繞於口中，帶著黑櫻桃、丁香、紫羅蘭、梅子、薄荷、菸草與淡淡的黑巧克力香氣。

口感

結構完整優雅，單寧明亮完美，增添口感的複雜性與發展。

English

Grape Variety: 100% Sangiovese
Vineyard: Vecchia Mercatale and Casaccia, north Montalcino
Vineyard age: Vecchia Mercatale is 30 years; Casaccia is 28 years
Altitude: 300 meters
Soil: main component is clay with a very strong mineral presence
Exposure: north northeast in Vecchia Mercatale; north and south in Casaccia
Average yield: 50 ql/ha
Growing system: spurred cordon
Harvest: Oct. 3 and 4, 2012
Alcohol degree: 14.5% vol.
Production number: 7,200 bottles
Vinification: in steel tanks, temperature control
Maceration: 28°C, 25 days
Color: intense ruby red with garnet reflections
Aging: 42 months in Slavonian oak barrels (25 hl); 1 year in bottles
Food match: red meats and game, matured cheeses
Tasting note: [Bouquet] intense and enveloping, with hints of black cherry, cloves, violets, plums, menthol, tobacco and light hints of dark chocolate; [Taste] massive structure, huge elegance, sweping with vibrant and polished tannins which exalts the complexity and the evolution.

Italiano

Vitigno: 100% Sangiovese
Vigneto: Vecchia Mercatale e Casaccia, nord Montalcino
Età vigneti: Vecchia Mercatale è 30 anni; Casaccia è 28 anni
Altitudine: 300 metri
Terreno: a terreno con una prevalente componente argillosa con fortissima presenza minerale
Esposizione: nord nord-est in Vecchia Mercatale; nord/sud in Casaccia
Resa Media: 50 ql/ha
Sistema di allevamento: cordone speronato
Vendemmia: 3 e 4 Ott. 2012
Tasso alcolico: 14.5% vol.
Bottiglie prodotte: 7,200 bottiglie
Vinificazione: in vasche d'acciaio con controllo della temperatura di fermentazione
Macerazione: 28°C, 25 giorni
Colore: rosso rubino intenso con riflessi granati
Invecchiamento: 42 mesi in botti di rovere di Slavonia da 25 hl, seguiti da un affinamento in bottiglia di 1 anno
Abbinamenti: carni rosse e selvaggina, formaggi stagionati
Note Degustative: [Profumo] intenso ed avvolgente con sentori di amarena, chiodi di garofano, viola, prugna, mentolo, tabacco e leggero sentore di cioccolato amaro; [Gusto] imponente struttura, di grande eleganza, ampio con raffinati tannini che ne esaltano la complessita e l'evoluzione

MADONNA NERA

Brunello di Montalcino DOCG 2013

單一坡	Cru
酒精度	14.5% vol
產　量	16,000瓶

品種	100% Sangiovese
葡萄坡名	Montalcino東南部Sant'Antimo Abacy附近的單一坡
葡萄樹齡	25年
海拔	350公尺
土壤	鵝卵石、礫石與沙質黏土
面向	東南
平均產量	5,500公升/公頃
種植方式	短枝修剪
採收日期	2013年9月底至10月初
釀造製程	置於不鏽鋼桶；溫控
浸漬溫度與時間	最高28°C, 25天
顏色	帶有石榴光澤之紅寶石色
陳年方式	第一與第二階段共30個月於法製橡木圓桶(5百公升)
建議餐搭選擇	可搭配第一道菜如松露義大利餃(Tortelli)或肉醬料理，或主餐如燒烤羊肉、野禽、燉肉及長時間燉煮之肉類料理

品飲紀錄｜

酒體飽滿醇厚，其優雅之酸度使其口感平衡和諧，單寧鮮明但不僵硬而柔軟，尾韻悠長，帶著巴薩米克醋香與辛香料，為一品質絕佳之葡萄酒。

English

Grape Variety: 100% Sangiovese
Vineyard: single vineyard near Sant'Antimo Abacy, southeast Montalcino
Vineyard age: 25 years
Altitude: 350 meters
Soil: pebbles, gravel and sandy clay
Exposure: southeast
Average yield: 55 ql/ha
Growing system: cordon spur
Harvest: late September to beginning of October, 2013
Alcohol degree: 14.5% vol.
Production number: 16,000 bottles
Vinification: in stainless steel tanks, temperature control
Maceration: max 28°C, 25 days
Color: ruby red with garnet highlights
Aging: first and second stage 30 months in French oak tonneaux (5 hl)
Food match: it can be paired with both first courses, such as tortelli with truffles or meat sauce, and main courses, like grilled or roasted meat, including lamb or game, stews, braised meats and long cooked meat.
Tasting note: on the palate it is full-bodied. Balanced and harmonious thanks to its acidity. The tannins are present but balanced by a good softness. Very long, with balsamic and spicy flavors. Fine quality.

Italiano

Vitigno: 100% Sangiovese
Vigneto: singola vigna nella zona dell'Abbazia di Sant'Antimo, sud-est Montalcino
Età vigneti: 25 anni
Altitudine: 350 metri
Terreno: scheletro prevalente con presenza di ciottoli e sabbie argillose
Esposizione: sud-est
Resa Media: 55 ql/ha
Sistema di allevamento: cordone speronato
Vendemmia: fine Settembre / inizio Ottobre 2013
Tasso alcolico: 14.5% vol.
Bottiglie prodotte: 16,000 bottiglie
Vinificazione: in contenitori di acciaio inox a temperatura controllata
Macerazione: 28°C max, 25 giorni
Colore: rosso rubino con riflessi granato
Invecchiamento: in tonneaux di rovere francese da 5 hl, di primo e secondo passaggio, per 30 mesi.
Abbinamenti: essendo un vino rosso lungamente invecchiato, vanno abbinate pietanze di grande valore e struttura, per concordanza di tanta sensazioni olfattive e gusto-olfattive. Vanno bene sia primi piatti intensi, come tortelli al tartufo o al ragù. Grandi carni alla griglia o arrosti, anche di agnello o di selvaggina, spezzatini, brasati e carni dalle lunghe cotture.
Note Degustative: al palato si presenta di corpo, intenso. La sua acidità lo rende equilibrato ed armonico. Il tannino è presente ma equilibrato da una buona morbidezza. Il finale è molto lungo, con ricordi balsamici e speziati. Di qualità fine.

LA PODERINA

Brunello di Montalcino DOCG 2013

酒精度 14% vol
產　量 60,000瓶

品種	100% Sangiovese
葡萄坡名	Montalcino東南部的Castelnuovo dell'Abate混坡
葡萄樹齡	20-25年
海拔	350公尺
土壤	由原岩分解之泥灰岩與石灰岩
面向	東南
平均產量	6,000公升/公頃
種植方式	短枝修剪
採收日期	2013年9月下旬
釀造製程	置於不鏽鋼桶；溫控
浸漬溫度與時間	第一階段：24-28°C, 20天；第二階段：29°C, 48小時
顏色	紅寶石色
陳年方式	20個月於法製與斯拉夫尼亞製大型橡木桶
建議餐搭選擇	特別適合搭配烤白肉或紅肉、家禽、野禽、陳年起司

品飲紀錄｜

入口即可感受其濃郁與強勁的風味，年輕略帶單寧口感，柔和且餘韻悠長。

English

Grape Variety: 100% Sangiovese Grosso
Vineyard: southeast side of Castelnuovo dell'Abate, southeast Montalcino
Vineyard age: 20-25 years
Altitude: 350 meters
Soil: formed by the decomposition of original rocks, in particular marl and limestone.
Exposure: southeast
Average yield: 60 ql/ha
Growing system: spurred cordon
Harvest: second half of September, 2013
Alcohol degree: 14% vol.
Production number: 60,000 bottles
Vinification: in stainless steel tanks, temperature control
Maceration: 20 days at controlled temperature (24-28°C) with daily pumping and delastage; at the end of alcoholic fermentation, post-maceration period is continued bringing the temperature to 29° C for about 48 hours
Color: ruby
Aging: 20 months into French oak barrels and large Slavonian oak casks
Food match: perfect with roasted white or red meat, poultry, game and aged cheeses
Tasting note: the taste is intense and strong, slightly tannic because still youth, soft and persistent.

Italiano

Vitigno: 100% Sangiovese Grosso
Vigneto: sud-est di Castelnuovo dell'Abate, sud-est Montalcino
Età vigneti: 20-25 anni
Altitudine: 350 metri
Terreno: terreno ricco di scheletro, formatosi dalla decomposizione di rocce originarie, in particolare galestro ed alberese.
Esposizione: sud-est
Resa Media: 60 ql/ha
Sistema di allevamento: cordone speronato
Vendemmia: seconda metà di Settembre 2013
Tasso alcolico: 14% vol.
Bottiglie prodotte: 60,000 bottiglie
Vinificazione: in serbatoi di acciaio a temperatura controllata con rimontaggi giornalieri e delastage
Macerazione: fermentazione con macerazione in serbatoi di acciaio per 20 giorni a temperatura controllata (24-28°C) con rimontaggi giornalieri e delastage; al termine della fermentazione alcolica si procede ad una macerazione post fermentativa a 29°C per circa 48 ore dopodiché si procede alla svinatura
Colore: rosso rubino
Invecchiamento: il loro affinamento per altri 20 mesi
Abbinamenti: ideale con arrosti di carne bianca o rossa, pollame, selvaggina e formaggi stagionati
Note Degustative: in bocca intenso e forte, leggermente tannico per la giovinezza, morbido e persistente.

LA PODERINA

Brunello di Montalcino Riserva DOCG 2012 Poggio Abate

酒精度	15% vol
產　量	6,000瓶

品種	100% Sangiovese Grosso
葡萄坡名	Montalcino東南部的Castelnuovo dell'Abate混坡
葡萄樹齡	20-25年
海拔	350公尺
土壤	由原岩分解之泥灰岩與石灰岩
面向	東南
平均產量	6,000公升/公頃
種植方式	短枝修剪
採收日期	2012年9月下旬
釀造製程	置於不鏽鋼桶；溫控
浸漬溫度與時間	第一階段：24-28°C, 20天；第二階段：29°C, 約48小時
顏色	深紅寶石色
陳年方式	第一階段10個月：於法製大型橡木桶；第二階段15個月：於斯拉夫尼亞製大型橡木桶
建議餐搭選擇	烤紅肉、燉肉、烤野禽、陳年起司

品飲紀錄｜

黑櫻桃與紅色莓果芳香，氣味豐富怡人，香草與菸草風味和諧，酸度明顯證明此款酒具陳年實力。

English

Grape Variety: 100% Sangiovese Grosso
Vineyard: southeast side of Castelnuovo dell'Abate, southeast Montalcino
Vineyard age: 20-25 years
Altitude: 350 meters
Soil: formed by the decomposition of original rocks, in particular marl and limestone.
Exposure: southeast
Average yield: 60 ql/ha
Growing system: spurred cordon
Harvest: second half of September 2012
Alcohol degree: 15% vol.
Production number: 6,000 bottles
Vinification: in stainless steel tanks, temperature control
Maceration: 20 days at controlled temperature (24-28° C) with daily pumping and delastage; at the end of alcoholic fermentation, post-maceration period is continued bringing the temperature to 29° C for about 48 hours
Color: deep ruby red color
Aging: 10 months in French oak barrels; 15 months in Slavonian oak barrels
Food match: ideal wedding with roasted red meats, stews, roast game and aged cheeses.
Tasting note: a bouquet of black cherries and red berries, good complexity, with balanced notes of vanilla and tobacco.

Italiano

Vitigno: 100% Sangiovese Grosso
Vigneto: sud-est di Castelnuovo dell'Abate, sud-est Montalcino
Età vigneti: 20-25 anni
Altitudine: 350 metri
Terreno: terreno ricco di scheletro, formatosi dalla decomposizione di rocce originarie, in particolare galestro ed alberese.
Esposizione: sud-est
Resa Media: 60 ql/ha
Sistema di allevamento: cordone speronato
Vendemmia: seconda metà di Settembre 2012
Tasso alcolico: 15% vol.
Bottiglie prodotte: 6,000 bottiglie
Vinificazione: in serbatoi di acciaio per 20 giorni a temperatura controllata con rimontaggi giornalieri e delastag
Macerazione: fermentazione con macerazione in serbatoi di acciaio per 20 giorni a temperatura controllata (24-28°C) con rimontaggi giornalieri e delastage; al termine della fermentazione alcolica si procede ad una macerazione post fermentativa a 29° C per circa 48 ore dopodiché si procede alla svinatura
Colore: rosso rubino intenso
Invecchiamento: il loro affinamento per altri 10 mesi per poi terminare il periodo di affinamento in legno in botti di rovere di Slavonia per ulteriori 15 mesi
Abbinamenti: arrosti di carni rosse, stufati, selvaggina arrosto e formaggi stagionati
Note Degustative: un bouquet di ciliegia nera e bacche rosse, buona complessità, con note equilibrate di vaniglia e tabacco, ottenute con l'uso della barrique.

15-1 *Tasting 3 | Degustazione 3*

TENUTA DI SESTA

Brunello di Montalcino DOCG 2013

單一坡	Cru
酒精度	14.5% vol
產　量	45,000瓶

品種	100% pure Sangiovese Grosso
葡萄坡名	Montalcino 南部單一坡
葡萄樹齡	15年
海拔	280-400公尺
土壤	貧瘠且混雜，中間具有鐵質且1.5公尺為黏土層
面向	南
平均產量	6,500公升/公頃
種植方式	短枝修剪
採收日期	2013年9月15日至10月4日
釀造製程	置於不鏽鋼桶(6-12.8千公升)；溫控
浸漬溫度與時間	29°C, 21-25天
顏色	紅寶石色，隨著陳放時間增加漸呈石榴紅色
陳年方式	第一階段30個月：於斯拉夫尼亞製大型橡木桶(3千公升)；第二階段12個月：於不鏽鋼桶；第三階段6個月以上：靜置於玻璃瓶中
建議餐搭選擇	義大利或各國美食、傳統托斯卡尼佳餚；烤肉、野禽、紅肉料理；燉飯或義大利麵搭配醬汁、陳年起司

品飲紀錄 |

香氣

濃郁、優雅、多種豐富香氣如成熟紅色果香、草香如甘草、菸草。

口感

味蕾感受其柔順溫暖、回甘、如天鵝絨般之柔和單寧，平衡且極為濃郁，持久的優雅尾韻。

English

Grape Variety: 100% pure Sangiovese Grosso
Vineyard: south Montalcino
Vineyard age: 15 years
Altitude: 280-400 meters
Soil: poor and mixed, in the central vines the presence of iron, with clay at 1.5 meter deep
Exposure: south
Average yield: 65 ql/ha
Growing system: cordone speronato
Harvest: Sep. 15 – Oct. 4, 2013
Alcohol degree: 14.5% vol.
Production number: 45,000 bottles
Vinification: in steel tanks (between 60 and 128 hl), controlled temperatures
Maceration: 29°C, 21-25 days
Color: ruby red towards garnet with ageing
Aging: 30 months in Slavonian oak barrels (30 hl); 12 months in stainless steel containers; minimum 6 months in bottles
Food match: Italian and international cuisine; typical Tuscan dishes, roasts, game, red meats, rich first courses, with sauces and seasoned cheese.
Tasting note: [Bouquet] intense, broad bouquet, elegant, rich in scents of mellow red fruits, spicy in notes of liquorice and tobacco; [Taste] dry, warm, soft with velvet tannins, balanced, very intense, very persistent and elegant

Italiano

Vitigno: 100% Sangiovese Grosso in purezza
Vigneto: sud Montalcino
Età vigneti: 15 anni
Altitudine: 280-400 metri
Terreno: povero e misto, nelle vigne centrali presenza di ferro, con uno strato di argilla a un metro e mezzo di profondità
Esposizione: sud
Resa Media: 65 ql/ha
Sistema di allevamento: cordone speronato
Vendemmia: 15 Set. – 4 Ott. 2013
Tasso alcolico: 14.5% vol.
Bottiglie prodotte: 45,000 bottiglie
Vinificazione: in tini di acciao di capienza tra I 60 e I 128 hl a temperature controllata
Macerazione: 29°C, 21-25 giorni
Colore: rosso rubino tendente al granato con l' invecchiamento
Invecchiamento: botti di Slavonia da 30 hl per 30 mesi; inox 12 mesi; affinamento minimo 6 mesi in bottiglia
Abbinamenti: classico vino da carni rosse, arrosti, cacciagione e selvaggina. Indicato per piatti della cucina toscana, italiana ed internazionale. Ottimo con formaggi stagionati
Note Degustative: [Profumo] intenso, ampio, fine, fruttato (frutta rossa matura) e speziato (tabacco e liquirizia);[Gusto] secco, caldo, morbido, tannini vellutati, equilibrato, molto intenso e molto persistente, fine e di corpo.

15-2 *Tasting 6 | Degustazione 6*

TENUTA DI SESTA

Brunello di Montalcino Riserva DOCG 2012 Duelecci Ovest

單一坡	Cru
酒精度	14.5% vol
產　量	5,000瓶

品種	100% pure Sangiovese Grosso
葡萄坡名	Montalcino南部的Duelecci Ovest單一坡
葡萄樹齡	20年
海拔	280-400公尺
土壤	混合岩石的綜合土
面向	南
平均產量	6,000公升 / 公頃
種植方式	短枝修剪
採收日期	2012年9月25日至10月5日
釀造製程	置於不鏽鋼桶(3千公升)；溫控
浸漬溫度與時間	29°C, 25-30天
顏色	帶有石榴光澤之紅寶石色
陳年方式	第一階段36-40個月：於斯拉夫尼亞製大型橡木桶(3千公升)；第二階段10個月：於不鏽鋼桶；第三階段6個月以上：靜置於玻璃瓶中
建議餐搭選擇	義大利與各國料理；烤肉、山豬肉、磨菇、紅肉、熟成羊起司(Pecorino)

品飲紀錄 |

香氣

濃郁、優雅、多種豐富香氣如成熟紅色果香、草香如甘草、菸草。

口感

味蕾感受其柔順溫暖、回甘、如天鵝絨般之柔和單寧，平衡且極為濃郁，持久的優雅尾韻。

English

Grape Variety: 100% pure Sangiovese Grosso
Vineyard: Duelecci Ovest, south Montalcino
Vineyard age: 20 years
Altitude: 280-400 metres
Soil: mixed with rocks
Exposure: south
Average yield: 60 ql/ha
Growing system: cordone speronato
Harvest: Sep. 25 – Oct 5, 2012
Alcohol degree: 14.5 % vol.
Production number: 5,000 bottles
Vinification: in steel tanks (30 hl), temperature control
Maceration: 29°C, 25-30 days
Color: ruby red with garnet red reflections
Aging: 36-40 months in Slavonian oak barrels (30 hl); 10 months in stainless steel containers; minimum 6 months in bottles
Food match: Italian and international cuisine; roasts, wild boar, mushrooms, red meats and seasoned pecorino.
Tasting note: [Bouquet] intense and broad bouquet, excellent, spicy (liquorice, tobacco, black pepper, and chocolate) and long lasting with hints of brushwood, red berries and soft humus and mushroom; [Taste] dry, warm, soft with velvet tannins, balanced, very intense and very persistent, excellent

Italiano

Vitigno: 100% Sangiovese Grosso in purezza
Vigneto: Duelecci Ovest, sud Montalcino
Età vigneti: 20 anni
Altitudine: 280-400 metri
Terreno: misto con sassi
Esposizione: sud
Resa Media: 60 ql/ha
Sistema di allevamento: cordone speronato
Vendemmia: 25 Set. – 5 Ott. 2012
Tasso alcolico: 14.5 % vol.
Bottiglie prodotte: 5,000 bottiglie
Vinificazione: in tini di acciaio da 30 hl
Macerazione: 29°C, 25-30 giorni
Colore: rosso rubino con riflessi rosso granato
Invecchiamento: botti di rovere di Slavonia da 30 hl per 36-40 mesi; inox 10 mesi; affinamento minimo 6 mesi in bottiglia
Abbinamenti: classico vino da carni rosse, arrosti, cacciagione e selvaggina. Indicato per piatti della cucina toscana, italiana ed internazionale. Ottimo con formaggi stagionati
Note Degustative: [Profumo] molto intenso, ampio, eccellente, speziato (liquirizia, tabacco, pepe nero, cioccolata), sentori di sottobosco, humus e funghi; [Gusto] secco, caldo, morbido, tannini vellutati, equilibrato, molto intenso e molto persistente, eccellente e robusto.

SAN LORENZO

Brunello di Montalcino DOCG 2013 Bramante

酒精度 14.5% vol
產　量 11,162瓶

品種	100% Sangiovese
葡萄坡名	Montalcino西南部的Podere Sanlorenzo坡
葡萄樹齡	10-15年
海拔	500公尺
土壤	泥灰岩
面向	西南
平均產量	4,500公升/公頃
種植方式	短枝修剪
採收日期	2013年10月14至15日
釀造製程	置於不鏽鋼桶；溫控
浸漬溫度與時間	25-30°C, 18-22天
顏色	深石榴紅色
陳年方式	此款紅酒與沉渣精煉存放於5百至3千5百公升之桶子中，以達最佳平衡。之後於玻璃瓶中持續陳釀4個月後裝瓶上市
建議餐搭選擇	野禽、牛肉、陳年羊起司(Pecorino)

品飲紀錄｜

香氣平衡，融合了乾燥花朵、辛香與成熟水果風味，餘韻悠長。

English

Grape Variety: 100% Sangiovese
Vineyard: Podere Sanlorenzo, southwest Montalcino
Vineyard age: 10-15 years
Altitude: 500 meters
Soil: galestro
Exposure: southwest
Average yield: 45 ql/ha
Growing system: spurred cordon
Harvest: Oct 14-15, 2013
Alcohol degree: 14.5% vol.
Production number: 11,162 bottles
Vinification: in steel vats, temperature control
Maceration: 25-30°C, 18-22 days
Color: dark garnet red
Aging: the wine is refined together with the lees, in vats that have an average capacity of 5-35 hl sothat an optimum equilibrium is achieved. Before being placed on the market the wine undergoes an ulterior 4-month refinement in the bottle.
Food match: game, beef, and seasoned pecorino cheese
Tasting note: with a generous nose, it has aromas of dried flowers, spices, and ripe fruits. It has a long finish.

Italiano

Vitigno: 100% Sangiovese
Vigneto: Podere Sanlorenzo, sud-ovest Montalcino
Età vigneti: 10-15 anni
Altitudine: 500 metri
Terreno: galestro
Esposizione: sud ovest
Resa Media: 45 ql/ha
Sistema di allevamento: cordone speronato
Vendemmia: 14-15 Ott. 2013
Tasso alcolico: 14.5% vol.
Bottiglie prodotte: 11,162 bottiglie
Vinificazione: in vasche di acciaio a temperatura controllata
Macerazione: 25-30°C, 18-22 giorni
Colore: rosso granato cupo
Invecchiamento: il vino viene affinato insieme alle fecce leggere, in botti di media capacita in modo da raggiungere un equilibrio ottimale. Prima di essere messo in commercio subisce un ulteriore affinamento di 4 mesi in bottiglia.
Abbinamenti: si sposa molto bene con selvaggina fiorentina, tagliata di manzo, pecorino stagionato
Note Degustative: generoso al naso con profumi di fiori appassiti, spezie e frutta matura. Lungo nel finale.

17-1 *Tasting 3 | Degustazione 3*

LA TOGATA

Brunello di Montalcino DOCG 2013

酒精度 14.5% vol
產　量 30,000瓶

品種	100% Sangiovese Grosso
葡萄坡名	Montalcino 南部混坡
葡萄樹齡	23 年
海拔	250公尺
土壤	火山散灰岩黏土，富含岩屑土
面向	西南
平均產量	4,500公升/公頃
種植方式	雙向平行葡萄枝
採收日期	2013年9月底
釀造製程	置於不鏽鋼桶
浸漬溫度與時間	30°C, 24天
顏色	帶有石榴光澤的深紅寶石色
陳年方式	第一階段36個月：於斯拉夫尼亞製大型橡木桶(4千與8千公升)；第二階段12個月以上：靜置於玻璃瓶中
建議餐搭選擇	紅肉(如牛肉、羊肉)、野禽、陳年起司、味道豐富有層次的餐點

品飲紀錄｜

香氣
細緻、醇厚且豐富。

口感
酒體飽滿、結構完整、微帶酸澀的單寧清晰。

English

Grape Variety: 100% Sangiovese Grosso
Vineyard: mixed vineyards, south Montalcino
Vineyard age: 23 years
Altitude: 250 meters
Soil: tuffaceous clay, very rich in skeleton
Exposure: southwest
Average yield: 45 ql/ha
Growing system: balanced bilateral cordon
Harvest: end September, 2013
Alcohol degree: 14.5% vol.
Production number: 30,000 bottles
Vinification: in steel tanks
Maceration: 30°C, 24 days
Color: intense ruby red with garnet reflections
Aging: 36 months in Slavonian oak barrels (40 and 80 hl); minimum 12 months in bottles
Food match: red meat, game and aged cheese, very structured dishes
Tasting note: [Bouquet] ethereal, intense and complex; [Taste] full-bodied, well structured, austere and tannic.

Italiano

Vitigno: 100% Sangiovese Grosso
Vigneto: misto, sud Montalcino
Età vigneti: 23 anni
Altitudine: 250 metri
Terreno: tufaceo argilloso, molto ricco in scheletro
Esposizione: sud-ovest
Resa Media: 45 ql/ha
Sistema di allevamento: cordone bilaterale bilanciato
Vendemmia: fine Settembre 2013
Tasso alcolico: 14.5% vol.
Bottiglie prodotte: 30,000 bottiglie
Vinificazione: acciaio
Macerazione: 30°C, 24 giorni
Colore: rosso rubino molto profondo con sfumature granate, limpido
Invecchiamento: 36 mesi in botti di rovere di Slavonia da 40 e 80 hl; in bottiglia per oltre 12 mesi
Abbinamenti: accompagna carni rosse, cacciagione e formaggi stagionati
Note Degustative: [Profumo] etereo con bouquet intenso e complesso; [Gusto] possente nel corpo, importante nella struttura, austero e tannico.

17-2 *Tasting 6 | Degustazione 6* TOP 2

La Togata

Brunello di Montalcino Riserva DOCG 2012

酒精度 14.5% vol
產　量 6,000瓶

品種	100% Sangiovese Grosso
葡萄坡名	Montalcino南部嚴選混坡
葡萄樹齡	20至25年
海拔	250公尺
土壤	富含混合黏土
面向	南
平均產量	3,000公升/公頃
種植方式	雙向平行葡萄枝
採收日期	2012年9月底
釀造製程	置於不鏽鋼桶
浸漬溫度與時間	32°C, 28天
顏色	清澈、帶有石榴色調、極深的紅寶石色
陳年方式	第一階段36個月：於斯拉夫尼亞製橡木桶(1,750公升)；第二階段12個月：於小型橡木桶；第三階段12個月：靜置於玻璃瓶中
建議餐搭選擇	紅肉(如牛肉、羊肉)、野禽、陳年起司、味道豐富濃郁之佳餚

品飲紀錄｜

香氣
細緻飄逸醇濃如木頭、菸草、黑胡椒與迷迭香的芳香。

口感
單寧清新、濃郁且飽滿有勁。

English

Grape Variety: 100% Sangiovcse Grosso
Vineyard: mixed vineyards, south Montalcino
Vineyard age: 20-25 years
Altitude: 250 meters
Soil: mixed clay, very rich in skeleton
Exposure: south
Average yield: 30 ql/ha
Growing system: balanced bilateral cordon
Harvest: end September, 2012
Alcohol degree: 14.5% vol.
Production number: 6,000 bottles
Vinification: in tanks
Maceration: 32°C, 28 days
Color: very deep rubine red with garnet nuances, limpid
Aging: 36 months in Slavonia oak barrels (17.5 hl); 12 months in small oak barrels "barriques" and a small part in tonneau; 12 months in bottles
Food match: red meat, game, aging cheese, rich recipe
Tasting note: [Bouquet] ethereal with intense and enveloping bouquet, aromatic woods, tobacco, black pepper and rosemary; [Taste] austere tannic, concentrated and very full bodied

Italiano

Vitigno: 100% Sangiovese Grosso
Vigneto: misto – selezione speciale, sud Montalcino
Età vigneti: 20-25 anni
Altitudine: 250 metri
Terreno: misto argilloso, molto ricco in scheletro
Esposizione: sud
Resa Media: 30 ql/ha
Sistema di allevamento: cordone bilaterale bilanciato
Vendemmia: fine Settembre 2012
Tasso alcolico: 14.5% vol.
Bottiglie prodotte: 6,000 bottiglie
Vinificazione: acciaio
Macerazione: 32°C, 28 giorni
Colore: rosso rubino molto profondo con sfumature granate, limpido
Invecchiamento: 36 mesi in botti di rovere di Slavonia da 17.5 hl e successivi 12 mesi in botti piccole di rovere francese "barriques" e una piccola parte in tonneau; in bottiglia 12 mesi
Abbinamenti: carni rosse, cacciagione, formaggi stagionati, piatti succulenti o semplicemente come vino da meditazione dopo pasti importanti
Note Degustative: [Profumo] etereo con bouquet intenso ed avvolgente, insinuante con un naso travolgente che porta ad una superba prima nota su legni aromatici, tabacco, pepe nero e rosmarino; [Gusto] austero tannico, concentrato ed estremamente potente nel corpo ma suadente

18-1 *Tasting 1 | Degustazione 1*

PODERE BRIZIO

Brunello di Montalcino DOCG 2013

酒精度 14% vol
產　量 20,000瓶

品種	100% Sangiovese
葡萄坡名	Montalcino西南部混坡
葡萄樹齡	35年
海拔	300-350公尺
土壤	含岩石與泥灰岩的黏土
面向	南、西南
平均產量	5,000公升/公頃
種植方式	短枝修剪
採收日期	2013年9月
釀造製程	置於不鏽鋼桶
浸漬溫度與時間	無控溫，2週
顏色	帶有石榴光澤的紅寶石色
陳年方式	第一階段38個月：於法製大型橡木桶；第二階段6個月以上：靜置於玻璃瓶
建議餐搭選擇	起司、肉類與野禽、義大利麵與火腿冷盤

品飲紀錄｜

馥郁香氣撲鼻，成熟紅色果香與迷人草本植物氣味細緻入微；口感平衡且酸度明顯，使這優雅豐富的葡萄酒呈現活力與清新，餘韻帶有些許黑胡椒的辛香，酒體柔美單寧是此款佳釀的特徵。

English

Grape Variety: 100% Sangiovese
Vineyard: southwest Montalcino, different vineyards; hottest area
Vineyard age: 35 years
Altitude: 300-350 meters
Soil: clay with parcels of rocky and galestro soil
Exposure: south, southwest
Average yield: 50 ql/ha
Growing system: spurred cordon
Harvest: September 2013
Alcohol degree: 14% vol.
Production number: 20,000 bottles
Vinification: in stainless-steel
Maceration: 2 weeks without temperature control
Color: ruby red with garnet highlights
Aging: 38 months in large French oak casts; minimum 6 months in bottles
Food match: cheeses, meat and game; pasta and cold cuts.
Tasting note: opulent and intense on the nose, with nuances of ripe red fruit and intriguing herbal notes. Well-balanced on the palate with a lively acidity that lends vitality and freshness to a very elegant and complex wine. A hint of black pepper accompanies the finish. The softest of tannins are a hallmark of the body of this fine wine.

Italiano

Vitigno: 100% Sangiovese
Vigneto: sud-ovest Montalcino, Sangiovese proveniente non da un singolo vigneto
Età vigneti: 35 anni
Altitudine: 300-350 metri
Terreno: roccioso argilloso sabbioso
Esposizione: sud, sud-ovest
Resa Media: 50 ql/ha
Sistema di allevamento: cordone speronato unilaterale.
Vendemmia: Settembre 2013
Tasso alcolico: 14% vol.
Bottiglie prodotte: 20,000 bottiglie
Vinificazione: in acciaio inox
Macerazione: 2 settimane di fermentazione naturale e spontanea
Colore: il colore è rosso rubino con riflessi granati.
Invecchiamento: in botti grandi di rovere francese dove invecchia per 38 mesi; affinamento in bottiglia di minimo 6 mesi.
Abbinamenti: perfetto con formaggi, carni e selvaggina.
Note Degustative: al naso si presenta ricco, intenso, con sentori di frutta rossa matura con intriganti note di erbe aromatiche. Al palato è equilibrato, con un'ottima acidità che dà vitalità e freschezza ad un vino molto elegante e complesso. Note di spezie come pepe nero, accompagnano il retrogusto. Ottimo il tannino morbido che caratterizza il corpo del vino stesso.

18-2 *Tasting 7* | *Degustazione 7* TOP 1

PODERE BRIZIO

Brunello di Montalcino Riserva DOCG 2012

酒精度 14.5% vol

產　量 7,000瓶

品種	100% Sangiovese
葡萄坡名	Montalcino西南部混坡
葡萄樹齡	35年
海拔	300-350公尺
土壤	含岩石與泥灰岩的黏土
面向	南、西南
平均產量	5,000公升/公頃
種植方式	短枝修剪
採收日期	2012年9月
釀造製程	置於不鏽鋼桶
浸漬溫度與時間	無控溫，2週
顏色	深紅寶石色
陳年方式	第一階段48個月：於法國阿列省製大型橡木桶(5,400公升)；第二階段1年以上：靜置於玻璃瓶
建議餐搭選擇	陳年起司、烤肉、野禽

品飲紀錄 |

成熟果香與草本植物乾淨而濃郁之香氣，清新醇濃而平衡口感漫延，其單寧圓潤且悠長，黑色果香與辛香伴隨柔柔香草，尾韻依舊濃郁綿綿繚繞不絕。

English

Grape Variety: 100% Sangiovese
Vineyard: southwest Montalcino, different vineyards; hottest area
Vineyard age: 35 years
Altitude: 300-350 meters
Soil: clay with parcels of rocky and galestro soil
Exposure: south, southwest
Average yield: 50 ql/ha
Growing system: spurred cordon
Harvest: September 2012
Alcohol degree: 14.5% vol
Production number: 7,000 bottles
Vinification: in stainless-steel
Maceration: 2 weeks without temperature control

Color: intense red ruby
Aging: 48 months in French oak barrels (54 hl); minimum 1 year in bottles
Food match: mature cheeses, grilled meats and game
Tasting note: clean and intense bouquet with very ripe fruit and herbal nuances. Well balanced, fresh and intense in the mouth. Lasting and mature tannins. Black fruit and spice accompany soft vanilla flavours. Intense finish.

Italiano

Vitigno: 100% Sangiovese
Vigneto: sud - ovest di Montalcino, Sangiovese proveniente non da un singolo vigneto
Età vigneti: 35 anni
Altitudine: 300-350 metri
Terreno: di origine pliocenica, calcareo, ricco di scheletro e frammenti fossili
Esposizione: sud, sud-ovest
Resa Media: 50 ql/ha
Sistema di allevamento: cordone speronato unilaterale
Vendemmia: Settembre 2012
Tasso alcolico: 14.5% vol
Bottiglie prodotte: 7,000 bottiglie
Vinificazione: in acciaio inox
Macerazione: 2 settimane di fermentazione naturale e spontanea

Colore: rosso rubino intenso
Invecchiamento: il vino viene invecchiato in botti di rovere francese di Allier da 54 hl per 48 mcsi. Affinamento in bottiglia di un anno minimo.
Abbinamenti: ottimo con formaggi stagionati, carni alla griglia e selvaggina
Note Degustative: al naso si presenta pulito, intenso, con sentori di frutta molto matura e note balsamiche. In bocca è equilibrato, fresco ed intenso allo stesso tempo. Il tannino è persistente e ben maturo. Note di frutta nera e spezie accompagnano sentori di soffice vaniglia. Finale intenso.

Poggio Landi

Brunello di Montalcino DOCG 2013

酒精度	14% vol
產　量	28,000瓶

品種	100% Sangiovese
葡萄坡名	Montalcino 北部與東北部混坡
葡萄樹齡	30年
海拔	180-500公尺
土壤	黏土
面向	南、東南
平均產量	5,000公升/公頃
種植方式	短枝修剪
採收日期	2013年9月
釀造製程	置於不鏽鋼桶
浸漬溫度與時間	無溫控，2週
顏色	紅寶石色
陳年方式	第一階段38個月：於法製大型橡木桶(3千與5.4千公升)；第二階段6個月以上：靜置於玻璃瓶
建議餐搭選擇	起司、肉類與野禽

品飲紀錄｜

融合成熟紅色果香與黑胡椒及甘草辛香，濃郁且豐富的香氣。帶有成熟紅色果香、香草及辛香，味道豐富且久久不散，餘韻綿綿。

English

Grape Variety: 100% Sangiovese
Vineyard: Sangiovese not just from a single vineyards, north and northeast Montalcino
Vineyard age: 30 years
Altitude: 180-500 meters
Soil: mainly clay soil
Exposure: south, southwest
Average yield: 50 ql/ha
Growing system: spurred cordon
Harvest: September 2013
Alcohol degree: 14% vol.
Production number: 28,000 bottles
Vinification: in stainless-steel
Maceration: 2 weeks without temperature control
Color: red ruby color
Aging: 38 months in French oak barrels (30 and 54 hl); minimum 6 months in bottles
Food match: cheeses, meat and game.
Tasting note: intense and complex bouquet, with nuances of ripe red fruit and spices like black pepper and liquorice. Lingering and luxuriant tannins with notes of ripe red fruit, vanilla and spices. Very long finish.

Italiano

Vitigno: 100% Sangiovese
Vigneto: Sangiovese non solo da un singolo vigneto, nord e nord-est Montalcino
Età vigneti: 30 anni
Altitudine: 180-500 metri
Terreno: prevalentemente argilloso
Esposizione: sud, sud-ovest
Resa Media: 50 ql/ha
Sistema di allevamento: cordone speronato unilaterale
Vendemmia: Settembre 2013
Tasso alcolico: 14% vol.
Bottiglie prodotte: 28,000 bottiglie
Vinificazione: in acciaio inox
Macerazione: 2 settimane di fermentazione naturale e spontanea
Colore: rosso rubino intenso
Invecchiamento: il vino viene travasato in botti grandi di rovere francese da 30 hl e 54 hl dove invecchierà per 38 mesi. Affinamento in bottiglia per minimo 6 mesi.
Abbinamenti: perfetto con formaggi, carni e selvaggina.
Note Degustative: al naso presenta sentori intensi e complessi di frutta rossa matura e di spezie quali pepe nero e liquirizia. In bocca presenta tannini persistenti ed avvolgenti con note di frutta rossa matura e aromi di vaniglia e spezie. Finale molto persistente.

POGGIO LANDI

Brunello di Montalcino Riserva DOCG 2012

酒精度 14.5% vol
產　量 12,000瓶

品種	100% Sangiovese
葡萄坡名	Montalcino 北部與東北部混坡
葡萄樹齡	30年
海拔	180-500公尺
土壤	黏土
面向	南、西南
平均產量	4,500公升/公頃
種植方式	短枝修剪
採收日期	2012年9月
釀造製程	置於不鏽鋼桶
浸漬溫度與時間	無溫控，2週
顏色	紅寶石色
陳年方式	第一階段48個月：於法國阿列省製大型橡木桶(5,400千公升)；第二階段1年以上：靜置於玻璃瓶
建議餐搭選擇	陳年起司、烤肉與野禽

品飲紀錄｜

融合成熟果香與巴薩米克醋清澈且馥郁的芳香。和諧、新清且濃郁的口感，持久且圓潤成熟的單寧，黑色莓果、辛香與淡淡的香草風味，餘韻悠長。

English

Grape Variety: 100% Sangiovese
Vineyard: north and northeast Montalcino
Vineyard age: 30 years
Altitude: 180-500 meters
Soil: mainly clay soil
Exposure: south, southwest
Average yield: 45 ql/ha
Growing system: spurred cordon
Harvest: September 2012
Alcohol degree: 14.5% vol.
Production number: 12,000 bottles
Vinification: in stainless-steel
Maceration: 2 weeks without temperature control
Color: red ruby color
Aging: 48 months in Allier natural French oak casks (54 hl); minimum 1 year in bottles.
Food match: mature cheeses, grilled meats and game.
Tasting note: clean, intense aromas with nuances of very ripe fruit and balsamic notes. Well-balanced, fresh and intense in the mouth. Persistent, well developed tannins. Black berries, spices and hints of soft vanilla. Intense finish.

Italiano

Vitigno: 100% Sangiovese
Vigneto: Sangiovese non solo da un singolo vigneto, nord e nord-est Montalcino
Età vigneti: 30 anni
Altitudine: 180-500 metri
Terreno: prevalentemente argilloso
Esposizione: sud, sud-ovest
Resa Media: 45 ql/ha
Sistema di allevamento: cordone speronato unilaterale.
Vendemmia: Settembre 2012
Tasso alcolico: 14.5% vol.
Bottiglie prodotte: 12,000 bottiglie
Vinificazione: in acciaio inox
Macerazione: 2 settimane di fermentazione naturale e spontanea
Colore: rosso rubino intenso
Invecchiamento: il vino viene invecchiato in botti di rovere francese di Allier da 54 hl per 48 mesi. Affinamento in bottiglia per minimo un anno.
Abbinamenti: perfetto con formaggi stagionati, carni e selvaggina.
Note Degustative: al naso si presenta pulito, intenso, con sentori di frutta molto matura e note balsamiche. In bocca è equilibrato, fresco ed intenso allo stesso tempo. Il tannino è persistente e ben maturo. Note di frutta nera e spezie accompagnano sentori di vaniglia.

20-1 *Tasting 1 | Degustazione 1*

CASTELLO ROMITORIO

Brunello di Montalcino DOCG 2013

酒精度	14% vol
產　量	37,833瓶

品種	100% Sangiovese
葡萄坡名	Montalcino西北部的Castello Romitorio坡；東南部的Poggio di Sopra坡
葡萄樹齡	20-30年
海拔	Castello Romitorio坡200-500公尺；Poggio di Sopra坡200-400公尺
土壤	Castello Romitorio坡為薄層岩黏土、黏土和砂土；Poggio di Sopra坡為富含鐵的紅色黏土和片岩
面向	Castello Romitorio坡面北；Poggio di Sopra坡面東南
平均產量	約5,000公升/公頃
種植方式	短枝修剪
採收日期	2013年10月
釀造製程	置於不鏽鋼桶，溫控
浸漬溫度與時間	最初的15-20小時，低於20°C的低溫；接下來20天，20-30°C
顏色	紅寶石色
陳年方式	第一階段約24個月：於橡木桶；第二階段約12個月：靜置於玻璃瓶中

品飲紀錄｜

一開始些微橡木與馬拉斯加櫻桃、紫羅蘭花及石榴果香，隨著陳放時間增加，其大地、鼠尾草和大豆的香氣將隨之出現。其酒體濃厚之橡木、結實卻細緻優雅之單寧，勾勒出其完整結構，其單寧如其骨架般地帶著果香、木香等香氣，當酒於杯中緩緩醒來，更顯其婀娜感性，其柔和澀味益發誘人。具陳年實力。

建議餐搭選擇

適合搭配燉煮肉類與野禽，亦推薦搭配陳年牛起司(Tome)或托斯卡尼羊起司(Pecorino)。

English

Grape Variety: 100% Sangiovese
Vineyard: Castello Romitorio, northwest Montalcino; Poggio di Sopra, southeast Montalcino
Vineyard age: 20-30 years
Altitude: Castello Romitorio 200-500 meters; Poggio di Sopra 200-400 meters
Soil: Castello Romitorio soil type is shale, clay and sand; Poggio di Sopra soil type is red clay and schist mixed with high content of iron
Exposure: north Castello Romitorio; southeast Pogio di Sopra
Average yield: about 50 ql/ha
Growing system: spurred cordon
Harvest: October 2013
Alcohol degree: 14% vol.
Production number: 37,833 bottles
Vinification: in temperature-controlled stainless steel tanks
Maceration: an initial short period of cold maceration (below 20°C) on the skins for about 15-20 hours; up to 20 days of maceration at 20-30°C
Color: ruby red
Aging: about 24 months in oak; about 12 months in bottles
Food match: stewed meats and game, excellent with cheeses such as aged Tome and Tuscan Pecorino.
Tasting note: a lifted note of oak with notions of cherry, violet and pomegranate. The intense nuances of soy and herbal show the characters and the acidity and dense body makes it possible to age. With time in the glass, it unfolds and become lively.

Italiano

Vitigno: 100% Sangiovese
Vigneto: Castello Romitorio, nord-ovest Montalcino; Poggio di Sopra, sud-est Montalcino
Età vigneti: 20-30 anni
Altitudine: Castello Romitorio 200-500 metri; Poggio di Sopra 200-400 metri
Terreno: Castello Romitorio, ricchi di scheletro con prevalenza di galestro e buona componente argillosa e sabbiosa; Poggio di Sopra, ricchi di scheletro con buona struttura argillosa e forte componente minerale (terra rossa)
Esposizione: nord Castello Romitorio; sud-est Poggio di Sopra
Resa Media: circa 50 ql/ha
Sistema di allevamento: cordone speronato
Vendemmia: Ottobre 2013
Tasso alcolico: 14% vol.
Bottiglie prodotte: 37,833 bottiglie
Vinificazione: in acciaio inossidabile
Macerazione: iniziale macerazione a freddo per circa 15/20 ore sotto i 20°C; successiva macerazione a temperature più alte per circa successivi 20 giorni (20-30°C)
Colore: osso rubino
Invecchiamento: circa 24 mesi in rovere; circa 12 mesi in bottiglia
Abbinamenti: si consigliano abbinamenti con piatti strutturati e compositi quali le carni rosse, la selvaggina da penna e da pelo, eventualmente accompagnate da funghi. Ottimo l'abbinamento con formaggi quali tome stagionate, pecorino toscano e formaggi strutturati.
Note Degustative: un'alta nota di quercia con alcuni accenni di ciliegia, viola e melograno. Le intense sfumature di soia ed erba ne evidenziano il carattere e l'acidità e l'intensa corposità ne rende possibile l'invecchiamento. Dopo un pò di tempo nel bicchiere, si apre e diventa vivace.

CASTELLO ROMITORIO

Brunello di Montalcino DOCG 2013 Filo di Seta

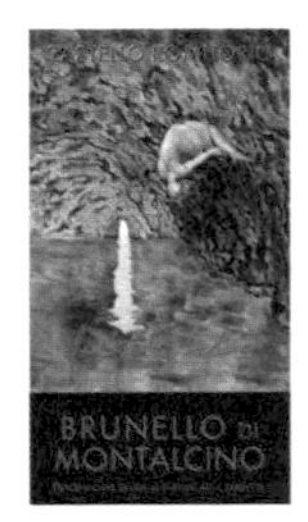

單一坡　Cru
酒精度　14.5% vol
產　量　6,666瓶

品種	100% Sangiovese
葡萄坡名	Montalcino西北部的Castello Romitorio單一坡
葡萄樹齡	約30年
海拔	350公尺
土壤	薄層岩黏土、黏土和砂土
面向	西北
平均產量	約5,000公升/公頃
種植方式	短枝修剪
採收日期	2013年10月
釀造製程	置於不鏽鋼桶，溫控
浸漬溫度與時間	最初的15-20小時，低於20°C的低溫；接下來20天，20-30°C
顏色	紅寶石色
陳年方式	第一階段約30個月：於橡木桶；第二階段約12個月：於玻璃瓶中
建議餐搭選擇	適合搭配燉煮肉類與野禽，亦推薦搭配陳年牛起司(Tome)或托斯卡尼羊起司(Pecorino)。

品飲紀錄｜

香氣

開瓶後約半小時後，其深色牡丹花瓣紫羅蘭之花香顯現，伴隨著新鮮櫻桃之果香與果乾之後韻。

口感

延續香氣，其櫻桃及花香細緻地與其單寧相互應襯，此款酒雖非天天出現在義大利人餐桌上之平日酒，然其芬芳香氣因聖爵維斯葡萄的經典酸度而更為明顯。

English

Grape Variety: 100% Sangiovese
Vineyard: Castello Romitorio, northwest Montalcino
Vineyard age: approximately 30 years
Altitude: 350 meters
Soil: shale, clay and sand
Exposure: northwest
Average yield: about 50 ql/ha
Growing system: spurred cordon
Harvest: October 2013
Alcohol degree: 14.5% vol.
Production number: 6,666 bottles
Vinification: in temperature-controlled stainless steel tanks
Maceration: an initial short period of cold maceration (below 20°C) on the skins for about 15-20 hours; up to 20 days of maceration at 20-30°C
Color: ruby red
Aging: about 30 months in oak; about 12 months in bottles
Food match: stewed meats and game, excellent with cheeses such as aged Tome and Tuscan Pecorino.
Tasting note: [Bouquet] flowery notes as fresh violet and petals mix with dried cherry and polished wood; [Taste] cherry and fragrant petals, taut tannin and fine acidity in balanced and it continues. Well-structured and elegant.

Italiano

Vitigno: 100% Sangiovese
Vigneto: Castello Romitorio, nord-ovest Montalcino
Età vigneti: circa 30 anni
Altitudine: 350 metri
Terreno: ricchi di scheletro con prevalenza di galestro e buona componente argillosa e sabbiosa
Esposizione: nord-ovest
Resa Media: circa 50 ql/ha
Sistema di allevamento: cordone speronato
Vendemmia: Ottobre 2013
Tasso alcolico: 14.5% vol.
Bottiglie prodotte: 6,666 bottiglie
Vinificazione: in acciaio inossidabile
Macerazione: iniziale macerazione a freddo per circa 15-20 ore sotto i 20°C; successiva macerazione a temperature più alte per circa successivi 20 giorni (dai 20°C ai 30°C)
Colore: rosso rubino
Invecchiamento: circa 30 mesi in rovere; circa 12 mesi in bottiglia
Abbinamenti: si consigliano abbinamenti con piatti strutturati e compositi quali le carni rosse, la selvaggina da penna e da pelo, eventualmente accompagnate da funghi. Ottimo l'abbinamento con formaggi quali tome stagionate, pecorino toscano e formaggi strutturati.
Note Degustative: [Profumo] un misto di petali e di fresca viola, con sentori di ciliegia e legno lucidato; [Gusto] ciliegia e petali fragranti, i tannini fini ma decisamente intensi e con L'acidità del Sangiovese. Una struttura composta e elegente.

20-3 *Tasting 7* | *Degustazione 7*

CASTELLO ROMITORIO

Brunello di Montalcino Riserva DOCG 2012

酒精度 14.5% vol

產　量 2,966瓶

品種	100% Sangiovese
葡萄坡名	Montalcino北部的Castello Romitorio坡；南部的Poggio di Sopra坡
葡萄樹齡	20-30年
海拔	Castello Romitorio坡200-500公尺；Poggio di Sopra坡200-400公尺
土壤	Castello Romitorio坡為薄層岩黏土、黏土和砂土；Poggio di Sopra坡為富含鐵的紅色黏土和片岩
面向	面北之Castello Romitorio坡；面東南之Poggio di Sopra坡
平均產量	約5,000公升/公頃
種植方式	短枝修剪
採收日期	2012年10月
釀造製程	置於不鏽鋼桶，溫控
浸漬溫度與時間	最初的15-20小時，低於20°C的低溫；接下來20天，20-30°C
顏色	紅寶石色
陳年方式	第一階段約36個月：於橡木桶；第二階段約12個月：靜置於玻璃瓶中

品飲紀錄 |

雖為Riserva，然其驚人的表現令人不覺為新上市之葡萄酒，它似乎已存放足夠時間，然其陳年實力更令人期待，此款酒中我們能感受到其風土，嚴峻的土壤、冰冷的冬天與溫暖的陽光，狂野而如史詩般地可被歌頌，強而有力的口感，緊接著溫暖的酒精使其酸度與單寧柔和但仍保有口感與風味，乾燥黑櫻桃風味綻放。

建議餐搭選擇

適合搭配燉煮肉類與野禽，亦推薦搭配陳年牛起司(Tome)或托斯卡尼羊起司(Pecorino)。

English

Grape Variety: 100% Sangiovese
Vineyard: Castello Romitorio in north Montalcino, Poggio di Sopra in south Montalcino
Altitude: Castello Romitorio 200-500 meters; Poggio di Sopra 200-400 meters
Soil: Castello Romitorio soil type is shale, clay and sand; Poggio di Sopra soil type is red clay and schist mixed with high content of Iron
Exposure: north Castello Romitorio; southeast Pogio di Sopra | **Average yield:** about 50 ql/ha
Growing system: spurred cordon
Harvest: October 2012
Alcohol degree: 14.5% vol.
Production number: 2,966 bottles
Vinification: in temperature-controlled stainless steel tanks
Maceration: an initial short period of cold maceration (below 20°C) on the skins for about 15-20 hours; up to 20 days of maceration at 20-30°C
Color: ruby red
Aging: about 36 months in oak; about 12 months in bottles
Food match: stewed meats and game, excellent with cheeses such as aged Tome and Tuscan Pecorino.
Tasting note: The intense, strong yet charming note of this Brunello riserva has the warm alcohol and soft tannin. Notes of dry cherry and fine acidity provides the elegance and potential to age.

Italiano

Vitigno: 100% Sangiovese
Vigneto: Castello Romitorio, nord Montalcino; Poggio di Sopra, sud Montalcino
Età vigneti: 20-30 anni
Altitudine: Castello Romitorio 200-500 metri; Poggio di Sopra 200-400 metri
Terreno: Castello Romitorio, ricchi di scheletro con prevalenza di galestro e buona componente argillosa e sabbiosa; Poggio di Sopra, ricchi di scheletro con buona struttura argillosa e forte componente minerale (terra rossa)
Esposizione: nord Castello Romitorio; sud-est Poggio di Sopra | **Resa Media:** circa 50 ql/ha
Sistema di allevamento: cordone speronato
Vendemmia: Ottobre 2012
Tasso alcolico: 14.5% vol.
Bottiglie prodotte: 2,966 bottiglie
Vinificazione: in acciaio inossidabile
Macerazione: breve periodo iniziale di macerazione a freddo (sotto i 20°C) con le bucce per circa 15-20 ore, seguita da una macerazione a temperatura controllata più elevata che può durare fino a 20 giorni (dai 20°C ai 30°C)
Colore: rosso rubino
Invecchiamento: il vino matura nel rovere per circa 36 mesi e dopo l'imbottigliamento viene fatto invecchiare nelle cantine a temperatura controllata di Castello Romitorio per circa 12 mesi
Abbinamenti: si consigliano abbinamenti con piatti strutturati e compositi quali le carni rosse, la selvaggina da penna e da pelo, eventualmente accompagnate da funghi. Ottimo l'abbinamento con formaggi quali tome stagionate, pecorino toscano e formaggi strutturati.
Note Degustative: La nota intensa, forte ma affascinante di questo Brunello riserva ha l'alcol caldo e il tannino morbido. Note di ciliegia secca e raffinata acidità forniscono l'eleganza e il potenziale per invecchiare.

21-1 *Tasting 1* | *Degustazione 1* **TOP 1**

SESTI

Brunello di Montalcino DOCG 2013

酒精度 14% vol
產　量 15,420瓶

品種	100% Sangiovese
葡萄坡名	Montalcino 南部混坡
葡萄樹齡	20年
海拔	350公尺
土壤	海洋沈積層
面向	南
平均產量	5,000公升/公頃
種植方式	短枝修剪
採收日期	2013年10月2日至28日
釀造製程	置於大型木桶(1千至3千公升)
浸漬溫度與時間	27-28°C, 22-30天
顏色	邊緣略帶橙色之成熟紅寶石色
陳年方式	第一階段36個月：於斯洛維尼亞製大型橡木桶(1千至3千公升)；第二階段12個月：靜置於玻璃瓶中
建議餐搭選擇	野禽、烤肉、陳年起司

品飲紀錄 |

香氣

開瓶時感其濃郁之果香，之後出現了些許麥芽香與熟櫻桃交替互疊，辛香味點綴其中，令人不禁想咬一口。

口感

結構完整、濃郁果香依舊，熟櫻桃轉為酒漬櫻桃及香桃果醬，木革與肉桂交錯之中，其優雅酸度顯現，完美平衡。

English

Grape Variety: 100% Sangiovese
Vineyard: southern slopes of Montalcino
Vineyard age: 20 years
Altitude: 350 meters
Soil: oceanic sediment
Exposure: south
Average yield: 50 ql/ha
Growing system: spurred cordon
Harvest: Oct. 2-28, 2013
Alcohol degree: 14% vol.
Production number: 15,420 bottles
Vinification: in barrels (10-30 hl)
Maceration: 27-28°C, 22-30 days
Color: mature mid ruby with orange rim

Aging: 36 months in Slovenian oak barrels (10-30 hl); 12 months in bottles
Food match: game, grilled and roasted meat, and vintage cheeses.
Tasting note: the first event after opening the bottle is its richness in fruitiness followed by hint of malt and mature cherry. The spice note urge for a zip of taste. Complete structure on the palate with full wipe fruit and liquor-made cherry and apricot jam. On the month there's also wood and slight leather which give contract to the elegant acidity. The ending is perfectly balanced.

Italiano

Vitigno: 100% Sangiovese
Vigneto: versante sud di Montalcino
Età vigneti: 20 anni
Altitudine: 350 metri
Terreno: sedimento oceanico
Esposizione: sud
Resa Media: 50 ql/ha
Sistema di allevamento: cordone speronato
Vendemmia: 2-28 Ott. 2013
Tasso alcolico: 14% vol.
Bottiglie prodotte: 15,420 bottiglie
Vinificazione: metodo tradizionale in botte da 10 hl a 30 hl
Macerazione: 27-28°C, 22-30 giorni
Colore: rubino medio con sfumature arancione

Invecchiamento: 36 mesi in botte in rovere di Slovenia e 12 mesi affinamento in bottiglia
Abbinamenti: si accompagna bene con selvaggina, carni alla griglia, arrosti e formaggi stagionati.
Note Degustative: ciò che apprezziamo all'apertura della bottiglia è la sua ricchezza di sentori fruttati, seguita da un pizzico di malto e ciliegia matura. Le note speziate richiedono un breve assaggio. Struttura completa al palato, ricca di pulite e evidenti note di frutta, liquore di ciliegia e marmellata di albicocche. Intensa la presenza del legno abbinato ad una leggera nota di cuoio che danno un tocco elegante all'acidità. Il finale è perfettamente bilanciato.

SESTI

Brunello di Montalcino Riserva DOCG 2012 Phenomena

單一坡	Cru
酒精度	14.5% vol
產　量	3,800瓶

品種	100% Sangiovese
葡萄坡名	Montalcino南部單一坡
葡萄樹齡	20年
海拔	350公尺
土壤	海洋沈積土
面向	南
平均產量	5,000公升/公頃
種植方式	短枝修剪
採收日期	2012年9月20日
釀造製程	置於大型木桶(1千至3千公升)
浸漬溫度與時間	27-28°C, 22天
顏色	透亮紅寶石色，杯央帶石榴色澤
陳年方式	第一階段52個月：於斯洛維尼亞製大型橡木桶；第二階段12個月：靜置於玻璃中
建議餐搭選擇	野禽、烤肉、陳年起司

品飲紀錄｜

香氣

開瓶時仍有些許酒精味，然消散後即散發黑莓與櫻桃芳香，帶著異國情調的香料與菸草香氣。

口感

口感濃郁，結構完整，櫻桃香十分明顯並帶有陽光照耀葡萄之新鮮感，辛香味隨之而來，木草味略明，與其酸度使其具陳年實力。此款酒標每年變化，具收藏價值。

English

Grape Variety: 100% Sangiovese
Vineyard: southern slopes of Montalcino
Vineyard age: 20 years
Altitude: 350 meters
Soil: oceanic sediment
Exposure: south
Average yield: 50 ql/ha
Growing system: spurred cordon
Harvest: Sep. 20, 2012
Alcohol degree: 14.5% vol.
Production number: 3,800 bottles
Vinification: in barrels (10-30 hl)
Maceration: 27-28°C, 22 days
Color: penetranting ruby with garnet core
Aging: 52 months in Slovenian oak barrels; 12 months in bottles
Food match: game, grilled and roasted meat, and vintage cheeses
Tasting note: though a bit of alcohol scent at the beginning, blackberry and cherry confit rise from the bouquet with exotic spice and tobacco in tow. Rich in month, complete structure with evidently cherry note and fresh grape under sunshine. Spicy and woody scent follow, yet with the acidity prove to be aged-potencial. This label change every year which may suit collectors.

Italiano

Vitigno: 100% Sangiovese
Vigneto: versante sud di Montalcino; e' un Cru' della selezione dell'annata.
Età vigneti: 20 anni
Altitudine: 350 metri
Terreno: sedimento oceanico
Esposizione: sud
Resa Media: 50 ql/ha
Sistema di allevamento: cordone speronato
Vendemmia: 20 Set. 2012
Tasso alcolico: 14.5% vol.
Bottiglie prodotte: 3,800 bottiglie
Vinificazione: metodo tradizionale in botte da 10 hl a 30 hl
Macerazione: 27-28°C, 22 giorni
Colore: un colore rubino penetrante
Invecchiamento: 52 mesi in botte in rovere di Slovenia medie e grandi e 12 mesi affinamento in bottiglia
Abbinamenti: si accompagna bene con selvaggina, carni alla griglia, arrosti e formaggi stagionati
Note Degustative: anche se un con una traccia di alcol all'inizio confettura di mora e ciliegia, a seguire il bouquet e' composto da spezie esotiche e tabacco. Molto ricco, struttura completa con un'evidente nota di ciliegia e di uva fresca riscaldata dai raggi del sole. Segue un profumo speziato e legnoso, ma con un' acidità che promette grandi qualità nel suo invecchiamento. Questa etichetta cambia ogni anno, particolarità che può soddisfare i collezionisti.

BANFI

Brunello di Montalcino DOCG 2013 Castello

酒精度	13.5% vol
產　量	580,000瓶

品種	100% Sangiovese
葡萄坡名	Montalcino南部混坡
葡萄樹齡	約15年
海拔	220公尺
土壤	黃棕色土壤，富含小圓石的石灰質沙土
面向	南
平均產量	6,500公升/公頃
種植方式	短枝修剪
採收日期	2013年9月中至10月中
釀造製程	置於不鏽鋼桶與木桶；溫控
浸漬溫度與時間	27-29°C, 10-12天
顏色	帶有石榴光澤的深紅寶石色
陳年方式	第一階段2年：於法製橡木桶(350公升)及斯拉夫尼亞製大型木桶(6千與1萬2千公升)；第二階段8-12個月：靜置於玻璃瓶
建議餐搭選擇	紅肉、野禽、陳年起司。

品飲紀錄｜

香氣

細緻飄逸、寬闊，散發清淡香草氣味。

口感

酒體飽滿，口感柔軟、濃郁如天鵝絨般滑順，帶有甘草、辛香與微微的瀝青味。

English

Grape Variety: 100% Sangiovese
Vineyard: south Montalcino
Vineyard age: about 15 years
Altitude: 220 meters
Soil: yellowish brown colour, calcareous sandy topsoil with abundant rounded stone.
Exposure: south
Average yield: 65 ql/ha
Growing system: spurred cordon
Harvest: mid September–mid October, 2013
Alcohol degree: 13.5% vol.
Production number: 580,000 bottles
Vinification: in horizon hybrid stainless steel and wood tanks, temperature control
Maceration: 27-29°C, 10-12 days
Color: intense ruby red with garnet reflections
Aging: 2 years in French oak barrels (350 l) and Slavonian barrels (60 and 120 hl); 8-12 months in bottles
Food match: red meat, game and aged cheeses.
Tasting note: [Bouquet] ethereal, wide, light vanilla; [Taste] full, soft, velvety and intense, with sensations of liquorice, spices and light goudron note.

Italiano

Vitigno: 100% Sangiovese proveniente da selezione interna
Vigneto: nella zona collinare del versante sud del comune di Montalcino.
Età vigneti: circa 15 anni
Altitudine: 220 metri
Terreno: colore bruno giallastro; tessitura franca sabbiosa, calcareo con abbondante scheletro arrotondato.
Esposizione: sud
Resa Media: 65 ql/ha
Sistema di allevamento: cordone speronato
Vendemmia: metà Settembre – metà Ottobre 2013
Tasso alcolico: 13.5% vol.
Bottiglie prodotte: 580,000 bottiglie
Vinificazione: a temperatura controllata in tini combinati in acciaio e legno horizon
Macerazione: 27-29°C, 10-12 giorni
Colore: rosso rubino intenso con riflessi granati
Invecchiamento: il vino matura per 2 anni per il 50% in botti di rovere francese (da 60-90 hl) e per il 50% in barriques di rovere francese (da 3.5 hl); in questo periodo si effettuano scrupolosi controlli, fino all'affinamento in bottiglia che si protrae per 8-12 mesi.
Abbinamenti: e'particolarmente adatto ad accompagnare carni rosse, cacciagione, formaggi stagionati.
Note Degustative: [Profumo] etereo, con ampio bouquet, leggermente vanigliato; [Gusto] pieno, morbido, vellutato e intenso, con sensazioni di liquirizia, spezie e leggero sentore di goudron.

BANFI

Brunello di Montalcino DOCG 2013 Poggio Alle Mura

單一坡	Cru
酒精度	14% vol
產　量	55,000瓶

品種	100% Sangiovese綜合克隆次品種
葡萄坡名	Montalcino西南部的Poggio alle Mura城堡周圍
葡萄樹齡	約15年
海拔	210-220公尺
土壤	黃棕色沙土，含鈣質之沙土，為上新世時期海洋沈積層，富含小圓石
面向	西南
平均產量	6,000公升/公頃
種植方式	短枝修剪
採收日期	2013年9月中至10月中
釀造製程	置於不鏽鋼桶與木桶；溫控
浸漬溫度與時間	27-29°C, 12-13天
顏色	深紫紅色
陳年方式	第一階段2年：90%於法製、10%於斯拉夫尼亞製橡木桶；第二階段12個月：靜置於玻璃瓶
建議餐搭選擇	紅肉、野禽、陳年起司

品飲紀錄｜

香氣

迷人而豐富的香氣，清新且甜美，可聞到梅子、櫻桃、黑莓及覆盆子果醬的香氣，夾帶淡雅巧克力、雪茄盒、香草及甘草。

口感

酒體飽滿結實，強勁中帶柔軟，單寧甘甜滑順，令人為之驚豔；一般學者可能都看過此酒莊最基礎之布雷諾紅酒，然此款為其單一坡特選酒，與一般常見款不同。

English

Grape Variety: 100% Sangiovese, combination of selected clones.
Vineyard: Poggio allc Mura Castle, southwest Montalcino
Vineyard age: about 15 years
Altitude: 210-220 meters
Soil: yellowish brown color, sandy topsoil, coarse, calcareous; substrate of sea sediment originating from the Pliocene age. Abundant rounded rocks.
Exposure: southwest | **Average yield:** 60 ql/ha
Growing system: spurred cordon
Harvest: mid September–mid October, 2013
Alcohol degree: 14% vol.
Production number: 55,000 bottles
Vinification: in hybrid stainless steel and wood tanks, temperature control
Maceration: 27-29°C, 12-13 days
Color: intense mauve red
Aging: 2 years 90% in French oak barriques and 10% Slavonian oak casks; 12 months in bottles
Food match: red meat, savory game, and aged cheeses.
Tasting note: [Bouquet] complex, but immediately captivating, fresh and sweet; with essences of plum, cherry, blackberry and raspberry jam combined with hints of chocolate, cigar box, vanilla and licorice; [Taste] muscular and toned, surprising combination of power and softness, with sweet and gentle tannins.

Italiano

Vitigno: 100% Sangiovese, proveniente dalla combinazione di cloni selezionati
Vigneto: vigneti specializzati localizzati attorno al Castello di Poggio alle Mura, sud-ovest Montalcino
Età vigneti: circa 15 anni
Altitudine: 210-220 metri
Terreno: colore bruno giallastro; tessitura franco sabbiosa, franco grossolana; calcareo; substrato di sedimenti sabbiosi di origine marina con livelli conglomeratici di Pliocene; abbondante scheletro arrotondato.
Esposizione: sud-ovest | **Resa Media:** 60 ql/ha
Sistema di allevamento: cordone speronato
Vendemmia: metà Settembre – metà Ottobre 2013
Tasso alcolico: 14% vol.
Bottiglie prodotte: 55,000 bottiglie
Vinificazione: alla raccolta delle uve segue fermentazione alcolica e macerazione in tini combinati di acciaio e legno horizon a temperatura controllata
Macerazione: 27-29°C, 12-13 giorni
Colore: intenso rosso malva
Invecchiamento: maturato per 2 anni per il 90% in barrique di rovere francese - realizzate secondo specifiche produttive aziendali - e per il restante 10% in botti di rovere di Slavonia, prima dell'immissione sul mercato il vino si affina in bottiglia per altri 12 mesi.
Abbinamenti: ideale accompagnamento di carni rosse e cacciagione saporite e formaggi stagionati.
Note Degustative: [Profumo] complesso ma immediatamente accattivante, fresco e dolce; prugna, ciliegia, confettura di more e lampone si uniscono a sentori di cioccolato, scatola di sigari, vaniglia e liquirizia; [Gusto] corpo muscoloso e tonico, stupefacente in potenza e morbidezza, tannini dolcissimi e gentili.

BANFI

Brunello di Montalcino Riserva DOCG 2012 Poggio Alle Mura

單一坡	Cru
酒精度	14% vol
產　量	16,000瓶

品種	100% Sangiovese 綜合克隆次品種
葡萄坡名	Montalcino西南部的Poggio alle Mura城堡周圍
葡萄樹齡	約15年
海拔	210-220公尺
土壤	黃棕色沙土，含鈣質之沙土，上新世時代海洋沈積層，富含小圓石
面向	西南
平均產量	6,000公升/公頃
種植方式	短枝修剪
採收日期	2012年9月底至10月中
釀造製程	置於不鏽鋼桶與木桶；溫控
浸漬溫度與時間	27-29°C, 12-14天
顏色	帶有石榴光澤的深紅寶石色
陳年方式	第一階段2年：90%於法製(350公升)、10%於斯拉夫尼亞製(6千與9千公升)橡木桶；第二階段24個月：靜置於玻璃瓶中
建議餐搭選擇	紅肉、野禽、陳年起司。適合慢慢品嚐

品飲紀錄｜

香氣

豐富濃郁的芳香，散發梅子醬、咖啡、可可及淡雅巴薩米克醋的香氣。

口感

酒體飽滿強勁，成熟且柔順的單寧有著天鵝絨般和諧的口感。

English

Grape Variety: 100% Sangiovese, combination of selected clones.
Vineyard: Poggio alle Mura Castle, southwest Montalcino
Vineyard age: about 15 years
Altitude: 210-220 meters
Soil: yellowish brown color, sandy topsoil, coarse, calcareous, substratum of sea sediment originating from the Pliocene. Abundant rounded rocks.
Exposure: southwest
Average yield: 60 ql/ha
Growing system: spurred cordon
Harvest: end September – mid October, 2012
Alcohol degree: 14% vol.
Production number: 16,000 bottles
Vinification: in horizon hybrid stainless steel and wood tanks, temperature control
Maceration: 27-29°C, 12-14 days
Color: deep ruby red with garnet reflections
Aging: 2 years 90% in French oak barriques (350 l) and10% in large casks (60 and 90 hl); 24 months in bottles
Food match: red meat, savory game and aged cheeses. Meditation wine.
Tasting note: [Bouquet] rich and ample, with hints of prune jam, coffee, cacao and a light balsamic note; [Taste] full and powerful, with ripe and gentle tannins making it velvety and harmonious.

Italiano

Vitigno: 100% Sangiovese, proveniente dalla combinazione di cloni selezionati internamente
Vigneto: vigneti specializzati localizzati attorno al Castello di Poggio alle Mura, sud-ovest Montalcino
Età vigneti: circa 15 anni
Altitudine: 210-220 metri
Terreno: colore bruno giallastro; tessitura franco sabbiosa, franco grossolana; calcareo; substrato di sedimenti sabbiosi di origine marina con livelli conglomeratici di Pliocene; abbondante scheletro arrotondato.
Esposizione: sud-ovest
Resa Media: 60 ql/ha
Sistema di allevamento: cordone speronato
Vendemmia: fine di Settembre – metà Ottobre 2012
Tasso alcolico: 14% vol.
Bottiglie prodotte: 16,000 bottiglie
Vinificazione: alla raccolta delle uve segue fermentazione alcolica e macerazione in tini combinati di acciaio e legno horizon a temperatura controllata
Macerazione: 27-29°C, 12-14 giorni
Colore: rosso profondo con sfumature granata
Invecchiamento: maturato per 2 anni per il 90% in barrique di rovere francese da 350 l e per il restante 10% in botti grandi da 90 e 60 hl, prima dell'immissione sul mercato il vino si affina in bottiglia per altri 24 mesi.
Abbinamenti: ideale accompagnamento di carni rosse, cacciagione saporite e formaggi stagionati. Vino da meditazione.
Note Degustative: [Profumo] ampio e ricco, con sentori di marmellata di prugne, caffè, cacao e una leggera nota balsamica; [Gusto] grande potenza e pienezza, con tannini maturi e gentili che lo rendono vellutato e armonico.

BANFI

Brunello di Montalcino Riserva DOCG 2012 Poggio all'Oro

單一坡	Cru
酒精度	14% vol
產　量	19,000瓶

品種	100% Sangiovese
葡萄坡名	Montalcino西部的 Poggio all'Oro單一坡
葡萄樹齡	約15年
海拔	250公尺
土壤	富含鈣與岩的細石灰土
面向	西
平均產量	4,000公升/公頃
種植方式	短枝修剪
採收日期	2012年10月上旬
釀造製程	置於不鏽鋼桶與木桶；溫控
浸漬溫度與時間	27-30°C, 12-14天
顏色	深紅寶石色，隨著陳放時間增加，石榴光澤將漸趨明顯
陳年方式	第一階段30個月：於木桶；第二階段12-18個月以上：靜置於玻璃瓶中
建議餐搭選擇	紅肉、野禽、陳年起司

品飲紀錄｜

香氣

馥郁，散發果香、菸草及巧克力辛香。

口感

酒體飽滿，微帶酸澀，單寧口感如天鵝絨般恰到好處；此單一坡之陳年精選等級布雷諾紅酒實在展現了2012年被評為五顆星好年的普遍實力。

English

Grape Variety: 100% Sangiovese, estate selection.
Vineyard: Poggio all'Oro, west Montalcino
Vineyard age: about 15 years
Altitude: 250 meters
Soil: fine lime topsoil, very calcareous and rocky.
Exposure: west
Average yield: 40 ql/ha
Growing system: spurred cordon
Harvest: first half of October, 2012
Alcohol degree: 14% vol.
Production number: 19,000 bottles
Vinification: in horizon hybrid stainless steel and wood tanks, temperature control
Maceration: 27-30°C, 12-14 days
Color: intense ruby red with garnet reflections, which show after long aging
Aging: 30 months in barriques; at least 12-18 months in bottles
Food match: red meats, game and aged cheeses
Tasting note: [Bouquet] intense, enveloping, fruity and spicy with tobacco and chocolate notes; [Taste] full, austere, velvety and appropriately tannic.

Italiano

Vitigno: 100% Sangiovese, proveniente da selezione interna
Vigneto: Poggio all'Oro, ovest Montalcino
Età vigneti: circa 15 anni
Altitudine: 250 metri
Terreno: tessitura franca limosa fine; molto calcareo e scheletrico
Esposizione: ovest
Resa Media: 40 ql/ha
Sistema di allevamento: cordone speronato
Vendemmia: prima metà di Ottobre 2012
Tasso alcolico: 14% vol.
Bottiglie prodotte: 19,000 bottiglie
Vinificazione: a temperatura controllata in tini combinati in acciaio e legno
Macerazione: 27-30°C, 12-14 giorni
Colore: rosso rubino intenso, con riflessi granati che subentrano dopo un lungo invecchiamento
Invecchiamento: maturato in barriques 2 anni e mezzo, prima dell'emissione sul mercato il vino si affina in bottiglia per almeno 12-18 mesi.
Abbinamenti: accompagna superbamente carni rosse, cacciagione e formaggi stagionati.
Note Degustative: [Profumo] intenso, avvolgente, fruttato e speziato con sentori di tabacco e cioccolato; [Gusto] pieno, austero, vellutato e giustamente tannico.

CASA RAIA

Brunello di Montalcino DOCG 2013

單一坡	Cru
酒精度	14.5% vol
產　量	3,000瓶

品種	100% Sangiovese Grosso
葡萄坡名	Montalcino西南部，位於Casa Raia的Scarnacuoia單一坡
葡萄樹齡	45年
海拔	365公尺
土壤	富含岩石碎塊，由當地岩石(特別是泥灰岩與類晶礦石)風化而成
面向	西南
平均產量	4,000-5,000公升/公頃
種植方式	二次短枝修剪
採收日期	2013年9月底
釀造製程	置於法製大型橡木桶
浸漬溫度與時間	24-27°C, 29天
顏色	深紅寶石色
陳年方式	4年於法製大型橡木桶
建議餐搭選擇	野禽

品飲紀錄｜

明顯果香，酒體飽滿且櫻桃與莓果香味馥郁醇厚；單寧如天鵝絨般滑順，餘韻美而多層次，具陳年實力。

English

Grape Variety: 100% Sangiovese Grosso
Vineyard: Scarnacuoia in Casa Raia, southwest Montalcino
Vineyard age: 45 years
Altitude: 365 metres
Soil: rich in rock fragments with the active layer formed by the erosion of the local rocks, particularly marl and dendrite.
Exposure: southwest
Average yield: 40-50 ql/ha
Growing system: cordon spur and double cordon
Harvest: end September, 2013
Alcohol degree: 14.5% vol.

Production number: 3,000 bottles
Vinification: in French oak barrels
Maceration: 24-27°C, 29 days
Color: intense ruby red
Aging: 4 years in French oak large barrels
Food match: wild gain
Tasting note: fruit forward, deep and intensity, cherry and berry characters is evident. The taste is full and velvety, flavorful finish. This wine is to be drunk in years.

Italiano

Vitigno: 100% Sangiovese Grosso
Vigneto: Scarnacuoia di Casa Raia, sud-ovest Montalcino
Età vigneti: 45 anni
Altitudine: 365 metri
Terreno: il Terreno è ricco di frammenti di roccia con il livello attivo formata dall'erosione delle rocce locali, in particolare marne e dendriti.
Esposizione: sud ovest
Resa Media: 40-50 ql/ha
Sistema di allevamento: cordone speronato e doppio cordone
Vendemmia: fine Settembre 2013
Tasso alcolico: 14.5% vol.

Bottiglie prodotte: 3,000 bottiglie
Vinificazione: botti di rovere francese
Macerazione: max 24-27°C, 29 giorni
Colore: rosso rubino intenso con riflessi granata
Invecchiamento: 4 anni in botte grande 30 hl legno francese
Abbinamenti: carne di caccia
Note Degustative: il vino è elegante, minerale, con una buona acidità che gli conferisce la freschezza che si richiede ad un Brunello. [Profumo] fruttato; [Gusto] risulta armonioso e ricco di profumi che vanno dal floreale ai piccoli frutti di bosco.

24-1 *Tasting 1 | Degustazione 1*

IL MARRONETO

Brunello di Montalcino DOCG 2013

酒精度 14.5% vol
產　量 15,082瓶

品種	100% Sangiovese
葡萄坡名	Montalcino北部的Il Marroneto坡
葡萄樹齡	35年
海拔	400公尺
土壤	混合多種礦物質的粗沙
面向	北
平均產量	6,000-7,000公升/公頃
種植方式	短枝修剪
採收日期	2013年10月9日至11日
釀造製程	首二日於不鏽鋼桶攪拌至33-34°C，停留5-6小時後止
浸漬溫度與時間	28°C內，11-12天
顏色	紅寶石色
陳年方式	第一階段39個月：於大型橡木桶(2,500公升)；第二階段10個月：靜置於玻璃中
建議餐搭選擇	白肉、燉飯或義大利麵

品飲紀錄｜

此款佳釀優雅且帶有礦物氣味，宜人的酸度使其口感乾淨新鮮，其特徵討人喜歡，為蒙達奇諾之布雷諾紅酒北區優雅之香氣。

香氣

濃郁果香

口感

和諧，其充滿花香與森林野莓之香氣循環、有層次。

Grape Variety: 100% Sangiovese
Vineyard: Il Marroneto, north Montalcino
Vineyard age: 35 years
Altitude: 400 meters
Soil: coarse sand and mixed with various minerals
Exposure: north
Average yield: 60-70 ql/ha
Growing system: spurred cordon
Harvest: Oct. 9-11, 2013
Alcohol degree: 14.5% vol.
Production number: 15,082 bottles
Vinification: in steel tanks constantly stirred for the first 2 days, the temperature rises till 33-34°C after 5-6 hours.
Maceration: 11-12 days
Color: red ruby
Aging: 39 months in oak barrels (25 quintals); 10 months in bottles
Food match: white meat and intens riso or pasta
Tasting note: the wine is elegant, mineral, with a good acidity that give to the wine the lovely expression of cleaning and fresh, that is tipical of a good north Brunello. [Bouquet] fruity; [Taste] in harmony and full of smels that go between the flowers and little forest fruit.

Italiano

Vitigno: 100% Sangiovese
Vigneto: Il Marroneto , nord Montalcino
Età vigneti: 35 anni
Altitudine: 400 metri
Terreno: sabbione di mare misto a minerali
Esposizione: nord
Resa Media: 60-70 ql/ha
Sistema di allevamento: cordone speronato
Vendemmia: 9-11 Ott. 2013
Tasso alcolico: 14.5% vol.
Bottiglie prodotte: 15,082 bottiglie
Vinificazione: in vasche d'acciaio con rimonta continua per i primi 2 giorni; sale in temperature in 5-6 ore a 33-34 grdadi.
Macerazione: 11-12 giorni
Colore: rosso rubino
Invecchiamento: invecchiato in botti di rovere da 25 quintali per 39 mesi. Diviene Brunello dopo 5 anni, considerando anche 10 mesi di affinamento in bottiglia.
Abbinamenti: carni bianche e primi intensi
Note Degustative: il vino è elegante, minerale, con una buona acidità che gli conferisce la freschezza che si richiede ad un buono Brunello. [Profumo] fruttato; [Gusto] risulta armonioso e ricco di profumi che vanno dal floreale ai piccoli frutti di bosco.

IL MARRONETO

Brunello di Montalcino
DOCG 2013
Selezione Madonna delle Grazie

單一坡	Cru
酒精度	14.5% vol
產　量	5,993瓶

品種	100% Sangiovese
葡萄坡名	Montalcino 北部的Madonna delle Grazie單一坡
葡萄樹齡	41年
海拔	400公尺
土壤	混合多種礦物質的粗沙
面向	北
平均產量	5,500-6,000公升/公頃
種植方式	短枝修剪
採收日期	2013年10月12日至13日
釀造製程	首二日靜置於法國阿列省製大型橡木桶，約5天後至30℃
浸漬溫度與時間	28℃內，20-22天
顏色	紅寶石色
陳年方式	第一階段41個月：於大型橡木桶(2,500公升)；第二階段10個月：靜置於玻璃瓶中
建議餐搭選擇	各式紅肉與烤野肉

品飲紀錄｜

香氣

明顯果香，帶著覆盆子與紫羅蘭香氣

口感

強勁有爆發力，結構完整、層次分明，其芳香、酸度與單寧和諧，堪稱傳統經典之作。

Grape Variety: 100% Sangiovese
Vineyard: Madonna delle Grazie, north Montalcino
Vineyard age: 41 years
Altitude: 400 meters
Soil: coarse sand and mixed with various minerals
Exposure: north
Average yield: 55-60 ql/ha
Growing system: spurred cordon
Harvest: Oct. 12-13, 2013
Alcohol degree: 14.5% vol.
Production number: 5,993 bottles
Vinification: in Allier oak barrels remaining totally untouched for the first 2 days, the temperature rises to 30°C after about 5 days
Maceration: 20-22 days
Color: red ruby - pigeon blad
Aging: 41 months in oak barrels (25 ql); 10 months in bottles
Food match: red meat in every his tipe and wild meat rosted
Tasting note: [Bouquet] fruity prevalent blue raspberry and violets; [Taste] the power of the totality is explosive. Structure, perfumes, acidity, harmony make together an extraordinary wine

Italiano

Vitigno: 100% Sangiovese
Vigneto: Madonna delle Grazie, nord Montalcino
Età vigneti: 41 anni
Altitudine: 400 metri
Terreno: sabbione di mare misto a minerali
Esposizione: nord
Resa Media: 55-60 ql/ha
Sistema di allevamento: cordone speronato
Vendemmia: 12-13 Ott. 2013
Tasso alcolico: 14.5% vol.
Bottiglie prodotte: 5,993 bottiglie
Vinificazione: in tini di rovere di Allier rimanendo completamente fermo per i primi 2 giorni; sale in temperatura molto piano per arrivare ai 30 gradi dopo circa 5 giorni.
Macerazione: 20-22 giorni
Colore: rosso intenso
Invecchiamento: invecchiato in botti di rovere da 25 quintali per 41 mesi.; diviene Brunello dopo 5 anni, considerando anche 10 mesi di affinamento in bottiglia.
Abbinamenti: carne rossa e carni selvatiche
Note Degustative: [Profumo] fruttato prevale la mora e le viole; [Gusto] la potenza dell'insieme è esplosiva. Struttura, profumi, acidità, armonia ne fanno un vino strordinario

SassodiSole

Brunello di Montalcino DOCG 2013

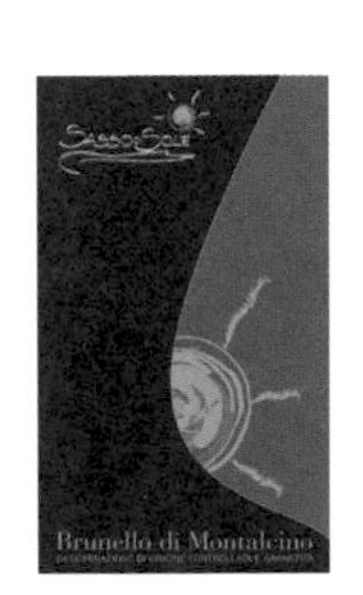

單一坡	Cru
酒精度	14% vol
產　量	11,866瓶

品種	100% Sangiovese Grosso
葡萄坡名	Montalcino 東北部的 SassodiSole 單一坡
葡萄樹齡	35年
海拔	280-320公尺
土壤	岩石
面向	西南
平均產量	6,000公升/公頃
種植方式	低手法短枝修剪
採收日期	2013年9月最後一週
釀造製程	置於大型不鏽鋼桶 ，溫控
浸漬溫度與時間	22°C, 22-25天
顏色	帶有石榴光澤的深紅寶石色
陳年方式	第一階段12個月：於不鏽鋼桶；第二階段36個月：於斯拉夫尼亞製大型橡木桶
建議餐搭選擇	紅肉 、野禽 、陳年起司

品飲紀錄｜

味蕾感受其柔順溫暖、回甘，清爽柔和，酒體飽滿，單寧與其各層次之濃郁口感平衡著，餘韻悠長細緻，感覺得到其來自蒙達奇諾產區北部風土環境之優雅。

English

Grape Variety: 100% Sangiovese Grosso
Vineyard: SassodiSole, northeast Montalcino
Vineyard age: 35 years
Altitude: 280-320 meters
Soil: stony
Exposure: southwest
Average yield: 60 ql/ha
Growing system: low spurred cordon
Harvest: last week of September, 2013
Alcohol degree: 14 % vol.
Production number: 11,866 bottles
Vinification: in steel barrels, temperature control
Maceration: 22°C, 22-25 days
Color: intense ruby red with garnet reflections
Aging: 12 months in stainless steel tanks; 36 months in large Slavonian oak barrels.
Food match: red meats, game, and seasoned cheeses
Tasting note: [Bouquet] intense, persistent, fine, flowery, fruity, spicy; [Taste] dry, warm, soft, quite fresh, tannic, sapid, with body, balanced, intense, persistent, fine.

Italiano

Vitigno: 100% Sangiovese Grosso
Vigneto: SassodiSole, nord-est Montalcino
Età vigneti: 35 anni
Altitudine: 280-320 metri
Terreno: medio impasto con presenza di scheletro
Esposizione: sud ovest
Resa Media: 60 ql/ha
Sistema di allevamento: cordone basso speronato
Vendemmia: ultima settimana di Settembre 2013
Tasso alcolico: 14 % vol.
Bottiglie prodotte: 11,866 bottiglie
Vinificazione: vasche di acciaio a temperatura controllata
Macerazione: 22°C, 22-25 giorni
Colore: rosso rubino intenso con riflessi granati
Invecchiamento: 12 mesi in acciaio, 36 mesi in botte grande di rovere di Slavonia.
Abbinamenti: carni rosse, selvaggina, formaggi stagionati.
Note Degustative: [Profumo] intenso, persistente, fine, floreale, fruttato, speziato; [Gusto] secco, caldo, morbido, abbastanza fresco, tannico, sapido, di corpo, equilibrato, intenso, persistente, fine.

SassodiSole

Brunello di Montalcino Riserva DOCG 2012

單一坡 Cru
酒精度 14.5% vol
產　量 2,933瓶

品種	100% Sangiovese Grosso
葡萄坡名	Montalcino東北部的SassodiSole單一坡
葡萄樹齡	35年
海拔	280-320公尺
土壤	岩石
面向	西南
平均產量	6,000公升/公頃
種植方式	低手法短枝修剪
採收日期	2012年9月最後一週
釀造製程	置於大型不鏽鋼桶，溫控
浸漬溫度與時間	22°C, 22-25天
顏色	帶有石榴光澤的深紅寶石色
陳年方式	第一階段12 個月：於不鏽鋼桶；第二階段48個月：於斯拉夫尼亞製大型橡木桶(3.5千與5千公升)
建議餐搭選擇	紅肉、野禽、陳年起司與燉煮的佳餚

品飲紀錄｜

味蕾感受其柔順溫暖、回甘，柔順之口感中帶有新鮮，酒體飽滿，單寧和諧，味道濃郁、餘韻悠長細緻，微帶酸澀，其酸度顯示較有陳年實力。

English

Grape Variety: 100% Sangiovese Grosso
Vineyard: SassodiSole, northeast Montalcino
Vineyard age: 35 years
Altitude: 280-320 meters
Soil: stony
Exposure: southwest
Average yield: 60 ql/ha
Growing system: low spurred cordon
Harvest: last week of September, 2012
Alcohol degree: 14.5% vol.
Production number: 2,933 bottles
Vinification: in steel barrels, temperature control
Maceration: 22°C, 22-25 days
Color: intense ruby red with garnet reflections
Aging: 12 months in stainless steel tanks; 48 months in large Slavonian oak barrels (35 and 50 hl).
Food match: red meats, game, seasoned cheeses and braised
Tasting note: [Bouquet] intense, persistent, fine, flowery, fruity, spicy and full; [Taste] dry, warm, soft, quite fresh, tannic, sapid, with body, balanced, intense, persistent, fine and grave.

Italiano

Vitigno: 100% Sangiovese Grosso
Vigneto: SassodiSole, nord-est Montalcino
Età vigneti: 35 anni
Altitudine: 280-320 metri
Terreno: medio impasto con presenza di scheletro
Esposizione: sud ovest
Resa Media: 60 ql/ha
Sistema di allevamento: cordone basso speronato
Vendemmia: ultima settimana di Settembre 2012
Tasso alcolico: 14.5% vol.
Bottiglie prodotte: 2,933 bottiglie
Vinificazione: vasche di acciaio a temperatura controllata
Macerazione: 22°C, 22-25 giorni
Colore: rosso rubino intenso con riflessi granati
Invecchiamento: 12 mesi in acciaio, 48 mesi in botte grande di rovere di Slavonia da 35 e 50 hl.
Abbinamenti: carni rosse, selvaggina, formaggi stagionati e brasati
Note Degustative: [Profumo] intenso, persistente, fine, floreale, fruttato speziato, ampio; [Gusto] secco, caldo, morbido, fresco, tannico, sapido, di corpo equilibrato, intenso, persistente, fine, austero.

26-1

COL D'ORCIA

Brunello di Montalcino DOCG 2013

酒精度 14.5% vol
產　量 230,000瓶

品種	100% Sangiovese
葡萄坡名	Montalcino南南西部的Sant'Angelo山丘
葡萄樹齡	25至30年
海拔	300公尺
土壤	源自始新世時期之黏土與鈣質土壤
面向	南至西南
平均產量	4,600公升/公頃
種植方式	短枝修剪
採收日期	2013年9月下旬
釀造製程	置於不鏽鋼桶(1萬5千公升)
浸漬溫度與時間	低於28°C, 18-20天
顏色	帶有紫羅蘭色調的紅寶石色
陳年方式	第一階段4年：於斯拉夫尼亞製與法國阿列省製橡木桶(2.5-5千公升與7.5千公升)；第二階段12個月以上：靜置於玻璃瓶中
建議餐搭選擇	托斯卡尼蔬菜湯、烤野禽如燉山豬肉

品飲紀錄｜

香氣
豐富優雅，濃郁的紅莓果香與來自橡木的辛香彼此平衡。

口感
酒體結構極佳且飽滿，柔軟成熟的單寧順口且持久，尾韻帶有愉悅的果香。

English

Grape Variety: 100% Sangiovese
Vineyard: Sant'Angelo hill, south-southwest Montalcino
Vineyard age: 25-30 years
Altitude: 300 meters
Soil: clayish and calcareous. Eocene period origin.
Exposure: south-southwest
Average yield: 46 ql/ha
Growing system: spurred cordon
Harvest: second half of September, 2013
Alcohol degree: 14.5% vol.
Production number: 230,000 bottles
Vinification: in stainless steel tanks (150 hl)
Maceration: below 28°C, 18-20 days
Color: ruby red with violet hues
Aging: 4 years in Slavonia and Allier oak casks (25-50 hl and 75 hl); at least 12 months in bottles
Food match: ribollita soup, roasted game meats (stewed wild boar)
Tasting note: [Bouquet] complex and elegant. The huge fruity notes as the red berry, are perfectly balanced with the spice from the oak; [Taste] wine of excellent structure, full and persistent with soft ripe tannins. The aftertaste is sapid and pleasantly fruity.

Italiano

Vitigno: 100% Sangiovese
Vigneto: Collina di Sant'Angelo, sud-sud-ovest Montalcino
Età vigneti: 25-30 anni
Altitudine: 300 metri
Terreno: limo/argillosi; origine Eocenica.
Esposizione: sud - sudovest
Resa Media: 46 ql/ha
Sistema di allevamento: cordone speronato
Vendemmia: la vendemmia è iniziata nella seconda metà di Settembre 2013
Tasso alcolico: 14.5% vol.
Bottiglie prodotte: 230,000 bottiglie
Vinificazione: in vasche di acciaio da 150 hl basse e larghe
Macerazione: inferiore ai 28°C, 18-20 giorni
Colore: rosso rubino, con riflessi granati
Invecchiamento: 4 anni di cui 3 in botti di rovere di Allier e di Slavonia della capacità di 25-50 e 75 hl e successivo affinamento in bottiglia di almeno 12 mesi in locali a temperatura controllata.
Abbinamenti: ribollita, cacciagione arrosto (cinghiale in scottiglia)
Note Degustative: [Profumo] complesso ed elegante. Le intense note fruttate, quali la mora, si integrano con le spezie donate dal rovere; [Gusto] vino di ottima struttura, pieno e persistente con tannini morbidi e maturi. Presenta un retrogusto sapido e piacevolmente fruttato.

26-2 *Tasting 5 | Degustazione 5* TOP 2

COL D'ORCIA

Brunello di Montalcino DOCG 2013 Nastagio Vintage

有　機	BIO
單一坡	Cru
酒精度	14.5% vol
產　量	9,120瓶

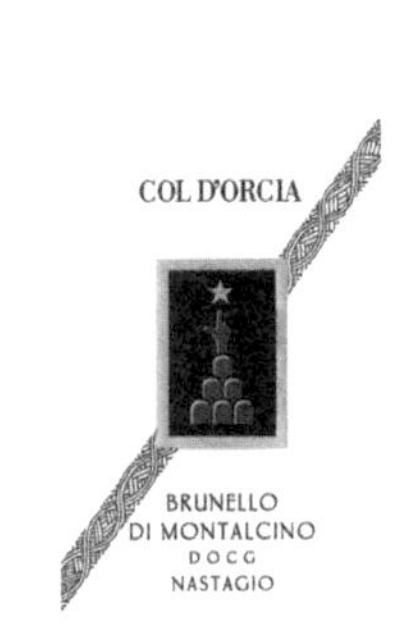

品種	100% Sangiovese
葡萄坡名	Montalcino南南西部的Orcia河盆地之沖積平台
葡萄樹齡	7年
海拔	200公尺
土壤	40%黏土(上新世時期；其岩屑土使排水良好)；39%壤土 (ph 8.2，鹼性而富含石灰岩)；21%沙土
面向	西南
平均產量	4,600公升/公頃
種植方式	長枝修剪與短枝修剪
採收日期	2013年9月下旬
釀造製程	置於不鏽鋼桶(1萬公升)
浸漬溫度與時間	低於28°C, 18-20天
顏色	帶有紫羅蘭色調的紅寶石色
陳年方式	第一階段1年：於法製中型橡木圓桶(5百公升)；第二階段2年：於大型橡木桶；第三階段12個月：靜置於玻璃瓶中
建議餐搭選擇	青椒牛腰、烤托斯卡尼T字丁骨大牛排

品飲紀錄｜

香氣

帶有成熟紅色果香，馥郁優雅，青櫻桃融合香草與烘烤香氣，為其陳年於大型木桶之影響。

口感

具有結構且易飲，單寧柔軟成熟順口，果香明顯，尾韻悠長而持久。

English

Grape Variety: 100% Sangiovese
Vineyard: alluvial terrace in the upper part of the Orcia river basin, south-southwest Montalcino
Vineyard age: 7 years
Altitude: 200 meters
Soil: clayish, Pliocene origin with good skeleton and drainage. Alkaline and very rich in limestone. (40% clay, 39% loam, 21% sand – ph 8.2)
Exposure: southwest
Average yield: 46 ql/ha
Growing system: guyot and spurred cordon
Harvest: second half of September, 2013
Alcohol degree: 14.5% vol.
Production number: 9,120 bottles
Vinification: in stainless steel tanks (100 hl)
Maceration: below 28°C, 18-20 days
Color: ruby red with violet hues
Aging: 1 year in tonneaux (5 hl) French oak casks; 2 years in large oak barrels ; 12 months in the bottles
Food match: beef loin with green pepper, "Fiorentina" T-bone steak
Tasting note: [Bouquet] intense elegant and fruity with clear hints of ripe red fruits, above all the sour cherry, combined with vanilla aromas and toasting notes given the ageing in large barrels; [Taste] pleasant wine provided with a great structure, the tannins are soft and ripe. The fruity notes are evident and the aftertaste is full long, soft and persistent.

Italiano

Vitigno: 100% Sangiovese
Vigneto: terrazza fluviale alta del bacino del fiume Orcia, sud-sud-ovest Montalcino
Età vigneti: 7 anni
Altitudine: 200 metri
Terreno: franco argilloso di origine pliocenica con buono scheletro e drenaggio. Alcalino e tra i più ricchi di calcare attivo della tenuta Col d'Orcia. (40% argilla, 39% limo, 21% sabbia – ph 8.2)
Esposizione: sud ovest
Resa Media: 46 ql/ha
Sistema di allevamento: guyot e cordone speronato
Vendemmia: la vendemmia è iniziata nella seconda metà di Settembre 2013
Tasso alcolico: 14.5% vol
Bottiglie prodotte: 9,120 bottiglie
Vinificazione: in vasche di acciaio da 100 hl basse e larghe
Macerazione: inferiore ai 28°C, 18-20 giorni
Colore: rosso rubino, con riflessi granati.
Invecchiamento: primo anno in tonneaux di rovere francese da 5 hl, secondo e terzo in botte di rovere. Successivo affinamento in bottiglia di almeno 12 mesi.
Abbinamenti: filetto al pepe verde, bistecca alla Fiorentina
Note Degustative: [Profumo] intenso, elegante e fruttato, con evidenti note di frutta matura, tra cui spicca la marasca, integrate ai sentori di vaniglia e tostatura donate dall'affinamento in tonneaux e botte grande; [Gusto] vino piacevole ma dotato di grande struttura, presenta tannini morbidi e maturi. Al palato si ripropongono le note fruttate ed un retrogusto pieno, lungo e persistente.

COL D'ORCIA

Brunello di Montalcino Riserva DOCG 2012 Poggio al Vento

單一坡	Cru
酒精度	14.5% vol
產 量	17,403瓶

品種	100% Sangiovese
葡萄坡名	Montalcino 西南部的 Poggio al Vento 單一坡部
葡萄樹齡	38 年
海拔	350 公尺
土壤	始新世時期，微量黏土，富含岩屑土及石灰岩之泥灰土 (鈣質沈積)
面向	南至西南
平均產量	4,000 公升 / 公頃
種植方式	短枝修剪
採收日期	2012年9月中旬
釀造製程	置於不鏽鋼桶(5千與6千公升)
浸漬溫度與時間	28°C, 20-25 天
顏色	深紅寶石色
陳年方式	第一階段3年：於斯拉夫尼亞製與法國阿列省製大型橡木桶(2.5-7.5 千公升)；第二階段24個月：靜置於玻璃瓶中
建議餐搭選擇	烤羊排、不同口味之Pecorino羊起司

品飲紀錄 |

香氣

個性鮮明獨特、馥郁芳香圍繞。典型聖爵維斯葡萄品種水果香如黑醋栗、覆盆子與長置大型橡木桶中之辛香味。

口感

強勁、平衡而富有層次， 單寧柔和、成熟順口、酒體飽滿而酸度舒適相互融合； 尾韻悠長綿延。

English

Grape Variety: 100% Sangiovese
Vineyard: Poggio al Vento, southwest Montalcino
Vineyard age: 38 years
Altitude: 350 meters
Soil: Eocene origins, poor in clay, rich in skeleton and inert materials of "alberese" type. Marly limestone with calcareous sediments.
Exposure: south-southwest
Average yield: 40 ql/ha
Growing system: cordon spur
Harvest: 2nd to 3rd week of September, 2012
Alcohol degree: 14.5 % vol.
Production number: 17,403 bottles
Vinification: in stainless steel tanks (50 and 60 hl)
Maceration: 28°C, 20-25 days
Color: deep ruby red
Aging: 3 years in Slavonian and Allier oak barrels (25-75 hl); 24 months in bottles
Food match: roasted lamb chop, fine seasoned pecorino cheeses
Tasting note: [Bouquet] wine of great personality, intense and enveloping. The typical fruity aromas of the great Sangiovese, as currant and raspberry blend together with the spicy notes originating from the long ageing in barrel; [Taste] powerful and balanced wine, gifted of an exceptional structure. Tannins are soft, ripe and well combined with the enveloping body and with the pleasant acidity. Full, persistent and sapid aftertaste.

Italiano

Vitigno: 100% Sangiovese
Vigneto: Poggio al Vento, sud-ovest Montalcino
Età vigneti: 38 anni
Altitudine: 350 metri
Terreno: di origine eocenica, scarsamente argilloso, ricco di scheletro, di roccia tipo alberese, calcareo.
Esposizione: sud- sudovest
Resa Media: 40 ql/ha
Sistema di allevamento: cordone speronato
Vendemmia: 2-3 settimana Settembre 2012
Tasso alcolico: 14.5% vol.
Bottiglie prodotte: 17,403 bottiglie
Vinificazione: in tini di acciaio da 50 e 60 hl
Macerazione: 28°C, 20-25 giorni
Colore: rosso rubino intenso
Invecchiamento: affinamento per 3 anni in botti di rovere di Allier e di Slavonia da 25 e 75 hl. All'imbottigliamento sono seguiti circa 2 anni di affinamento in bottiglia in ambienti condizionati.
Abbinamenti: stinco di agnello arrosto, pregiati formaggi stagionati (pecorino)
Note Degustative: [Profumo] vino di grande personalità, intenso ed avvolgente. Le tipiche note fruttate del grande Sangiovese, quali ribes e lampone, si alternano con le spezie donate dal lungo affinamento in rovere; [Gusto] potente ed equilibrato, dotato di grandissima struttura. Presenta tannini morbidi e maturi ben integrati al corpo avvolgente e alla piacevole acidità. Retrogusto pieno, persistente e sapido.

IL POGGIOLO - E. ROBERTO COSIMI

Brunello di Montalcino DOCG 2013 Bionasega Life Style

單一坡	Cru
酒精度	14% vol
產　量	2,300瓶

品種	100% Sangiovese Grosso
葡萄坡名	Montalcino西南部的Il Poggiolo單一坡
葡萄樹齡	25年
海拔	450公尺
土壤	泥灰土
面向	西南
平均產量	6,000公升/公頃
種植方式	短枝修剪
採收日期	2013年9月15日至10月15日
釀造製程	置於中型木桶(5百公升)
浸漬溫度與時間	20-25天，溫控
顏色	偏石榴色調的紅寶石色
陳年方式	2年於三種不同木頭的法製中型橡木桶
建議餐搭選擇	十分適合搭配陳年起司與味道多層次之佳餚如燉肉與野禽

品飲紀錄｜

香氣

優雅而充滿不同層次的清淡果香，漸轉為細緻的辛香

口感

酒體飽滿圓潤，新鮮的口感與其濃厚之單寧平衡間，果香芬芳宜人。

English

Grape Variety: 100% Sangiovese Grosso
Vineyard: Il Poggiolo, southwest Montalcino
Vineyard age: 25 years
Exposure: southwest
Altitude: 450 meters
Soil: galestroso
Average yield: 60 ql/ha
Growing system: spurred cordon
Harvest: Sep. 15 – Oct. 15, 2013
Alcohol degree: 14% vol.
Production number: 2,300 bottles
Vinification: in tonneau (500 l)
Maceration: 20-25 days, temperature control
Aging: 2 years in French oak tonneau of 3 different types of woods

Color: ruby red tending to garnet
Food match: excellent with aged cheese and dishes with intense flavours e.g. braised meats and wild game.
Tasting note: extremely elegant with fruity notes of delicate composition recalls ethereal and spicy in progression. Taste full and round, remarkable freshness and tannins intense, fruity and pleasant.

Italiano

Vitigno: 100% Sangiovese Grosso
Vigneto: Il Poggiolo, sud-ovest Montalcino
Età vigneti: 25 anni
Altitudine: 450 metri
Terreno: galestroso
Esposizione: sud-ovest
Resa Media: 60 ql/ha
Sistema di allevamento: cordone speronato
Vendemmia: 15 Set. – 15 Ott. 2013
Tasso alcolico: 14% vol.
Bottiglie prodotte: 2,300 bottiglie
Vinificazione: in tonneau da 500 lt con follatura manuale (senza l'utilizzo della pompa)
Macerazione: 20-25 giorni a temperatura controllata

Colore: rosso rubino tendente al granato
Invecchiamento: per 2 anni in tounneau da 500 lt di rovere francese di 3 tipi differenti di legno
Abbinamenti: formaggi, selvaggina
Note Degustative: sentori di vaniglia, frutti di bosco, tabacco, molto complesso.

IL POGGIOLO - E. ROBERTO COSIMI

Brunello di Montalcino DOCG 2013 Il Poggiolo

酒精度	14% vol
產　量	8,000瓶

品種	100% Sangiovese Grosso
葡萄坡名	Montalcino 西南部的Il Poggiolo混坡
葡萄樹齡	30和40年
海拔	450公尺
土壤	表層泥土，下含黏土與碎石
面向	西南
平均產量	6,000公升/公頃
種植方式	短枝修剪
採收日期	2013年9月15日至10月15日
釀造製程	置於不鏽鋼桶；溫控
浸漬溫度與時間	21-25天，溫控
顏色	鮮艷深紅寶石色，且長年陳放後顏色趨向石榴紅色
陳年方式	第一階段2年：於大型橡木桶；第二階段8個月：靜置於玻璃瓶中
建議餐搭選擇	十分適合搭配陳年起司與味道多層次之佳餚如燉肉與野禽

品飲紀錄｜

香氣

縈繞不絕的果香，醇厚且散發淡淡甘草與木頭香。

口感

酒體飽滿，餘韻悠長，單寧柔和且優雅。此酒為該酒莊之招牌酒。

English

Grape Variety: 100% Sangiovese Grosso
Vineyard: Il Poggiolo, southwest Montalcino
Vineyard age: 30 and 40 years
Altitude: 450 meters
Soil: sandy topsoil with clay and friable rocks
Exposure: southwest
Average yield: 60 ql/ha
Growing system: spurred cordon
Harvest: Sep. 15 – Oct. 15, 2013
Alcohol degree: 14% vol.
Production number: 8,000 bottles
Vinification: in stainless steel tanks, temperature control
Maceration: 21-25 days, temperature control
Color: dark brilliant ruby red with a tendency to garnet with age
Aging: 2 years in big oaks; 8 months in bottles
Food match: excellent with aged cheese and dishes with intense flavours e.g. braised meats and wild game.
Tasting note: [Bouquet] extremely persistent, full and with hints of and fruit of the woods; [Taste] full, persisntent, with soft and elegant tannins.

Italiano

Vitigno: 100% Sangiovese Grosso
Vigneto: Il Poggiolo, sud-ovest Montalcino
Età vigneti: 30 e 40 anni
Altitudine: 450 metri
Terreno: terreno con tessitura franca sabbiosa, con argille e abbondante scheletro galestroso
Esposizione: sud-ovest
Resa Media: 60 ql/ha
Sistema di allevamento: cordone speronato
Vendemmia: 15 Set. – 15 Ott. 2013
Tasso alcolico: 14% vol.
Bottiglie prodotte: 8,000 bottiglie
Vinificazione: in vasche d'acciaio a temperatura controllata
Macerazione: 21-25 giorni a temperatura controllata
Colore: rosso rubino scuro e brillante con tendenze al granato con l'invecchiamento.
Invecchiamento: 2 anni in grandi botti di rovere; in bottiglia per 8 mesi
Abbinamenti: ottimo con formaggi stagionati e con pietanze di sapore intenso come brasati e cacciagioni.
Note Degustative: [Profumo] molto persistente, ampio, ricorda la liquirizia e i frutti di bosco; [Gusto] pieno, persistente, con tannini morbidi ed eleganti.

IL POGGIOLO - E. ROBERTO COSIMI

Brunello di Montalcino Riserva DOCG 2012 Il Poggiolo

酒精度 14% vol
產　量 4,000瓶

品種	100% Sangiovese Grosso
葡萄坡名	Montalcino西南部的Il Poggiolo混坡
葡萄樹齡	40年
海拔	450公尺
土壤	表層泥土，下含黏土與碎石
面向	西南
平均產量	6,000公升/公頃
種植方式	短枝修剪
採收日期	2012年9月15日至10月15日
釀造製程	置於不鏽鋼桶；溫控
浸漬溫度與時間	21-25天，溫控
顏色	鮮艷深紅寶石色，且隨著陳放時間增加漸趨石榴紅色
陳年方式	第一階段2年：於法製大型橡木桶；第二階段1年：於法製中型橡木桶(5百公升)；第三階段8個月：靜置於玻璃瓶中
建議餐搭選擇	十分適合搭配陳年起司與味道多層次之佳餚如燉肉與野禽

品飲紀錄｜

香氣
縈繞不絕的果香，醇厚且散發淡淡甘草與木頭香。

口感
酒體飽滿，餘韻悠長，單寧柔和且優雅。此款酒除了來自於該酒莊之招牌葡萄坡，亦具陳年實力。

English

Grape Variety: 100% Sangiovcse Grosso
Vineyard: Il Poggiolo, southwest Montalcino
Vineyard age: 40 years
Altitude: 450 meters
Soil: sandy topsoil with clay and friable rocks
Exposure: southwest
Average yield: 60 ql/ha
Growing system: spurred cordon
Harvest: Sep. 15 – Oct. 15, 2012
Alcohol degree: 14% vol.
Production number: 4,000 bottles
Vinification: in stainless steel tanks, temperature control
Maceration: 21-25 days, temperature control
Color: dark brilliant ruby red with a tendency to garnet with age
Aging: 2 years in large Franch oak barrels; 1 year in Franch oak tonneau (500 l); 8 months in bottles
Food match: excellent with aged cheese and dishes with intense flavours e.g. braised meats and wild game.
Tasting note: [Bouquet] extremely persistent, full and with hints of liquorice and fruit of the woods; [Taste] full, persisntent, with soft and elegant tannins.

Italiano

Vitigno: 100% Sangiovese Grosso
Vigneto: Il Poggiolo, sud-ovest Montalcino
Età vigneti: 40 anni
Altitudine: 450 metri
Terreno: terreno con tessitura franca sabbiosa, con argille e abbondante scheletro galestroso
Esposizione: sud-ovest
Resa Media: 60 ql/ha
Sistema di allevamento: cordone speronato
Vendemmia: 15 Set. – 15 Ott. 2012
Tasso alcolico: 14% vol.
Bottiglie prodotte: 4,000 bottiglie
Vinificazione: in vasche d'acciaio a temperatura controllata
Macerazione: 21-25 giorni a temperatura controllata
Colore: rosso rubino scuro e brillante con tendenze al granato con l'invecchiamento.
Invecchiamento: 2 anni in botti grandi di rovere Francese e 1 anno in tonneau da 500 lt di rovere francese; affinamento in bottiglia per 8 mesi
Abbinamenti: ottimo con formaggi stagionati e con pietanze di sapore intenso come brasati e cacciagioni.
Note Degustative: [Profumo] molto persistente, ampio, ricorda la liquirizia e i frutti di bosco; [Gusto] pieno, persistente, con tannini morbidi ed eleganti.

27-4 *Tasting 3* | *Degustazione 3* **TOP 6**

IL POGGIOLO - E. ROBERTO COSIMI

Brunello di Montalcino DOCG 2013 Terra Rossa

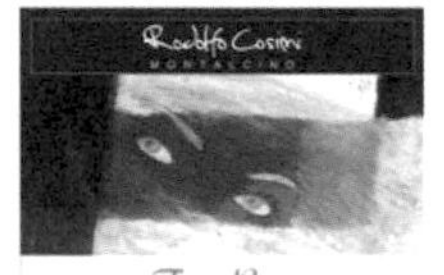

單一坡	Cru
酒精度	13.5% vol
產　量	4,800瓶

品種	100% Sangiovese Grosso
葡萄坡名	Montalcino西南部的Terra Rossa單一坡
葡萄樹齡	30年
海拔	450公尺
土壤	泥灰岩
面向	西南
平均產量	6,000公升/公頃
種植方式	短枝修剪
採收日期	2013年9月15日至10月15日
釀造製程	置於木桶；溫控
浸漬溫度與時間	21-25天，溫控
顏色	鮮艷深紅寶石色，且隨著陳放時間增加漸趨石榴紅色
陳年方式	第一階段2年：於中型橡木桶(5百公升)與美製、法製橡木桶混合交替(225公升)；第二階段8個月：靜置於玻璃瓶中
建議餐搭選擇	十分適合搭配陳年起司與味道多層次之佳餚如燉肉與野禽

品飲紀錄 |

香氣

香十分持久醇厚並散發淡淡甘草及木頭香，極具魅力的多層次果香。

口感

酒體飽滿，餘韻悠長，單寧柔和且優雅。此款酒來自該酒莊之單一坡，令人驚艷。

English

Grape Variety: 100% Sangiovese Grosso
Vineyard: Terra Rossa, southwest Montalcino
Vineyard age: 30 years
Altitude: 450 meters
Soil: galestroso
Exposure: southwest
Average yield: 60 ql/ha
Growing system: spurred cordon
Harvest: Sep. 15 – Oct. 15, 2013
Alcohol degree: 13.5% vol.
Production number: 4,800 bottles
Vinification: in wood tanks, temperature control
Maceration: 21-25 days, temperature control
Color: dark brilliant ruby red with a tendency to garnet with age
Aging: 2 years in oak tonneau (500 l) and in French and American oak barriques (225 l); 8 months in bottles
Food match: excellent with aged cheese and dishes with intense flavours e.g. braised meats and wild game.
Tasting note: [Bouquet] extremely persistent, full and with hints of liquorice and fruit of the woods; [Taste] full, persisntent, with soft and elegant tannins.

Italiano

Vitigno: 100% Sangiovese Grosso
Vigneto: Terra Rossa, sud-ovest Montalcino
Età vigneti: 30 anni
Altitudine: 450 metri
Terreno: galestroso
Esposizione: sud-ovest
Resa Media: 60 ql/ha
Sistema di allevamento: cordone speronato
Vendemmia: 15 Set. – 15 Ott. 2013
Tasso alcolico: 13.5% vol.
Bottiglie prodotte: 4,800 bottiglie
Vinificazione: in tini di legno a temperatura controllata
Macerazione: 21-25 giorni a temperatura controllata
Colore: rosso rubino scuro e brillante con tendenze al granato con l'invecchiamento.
Invecchiamento: 2 anni in tonneau da 500 l di rovere e in barriques di rovere francese e americano da 225 l in percentuali diverse secondo la qualità dell'annata. In bottiglia per 8 mesi
Abbinamenti: ottimo con formaggi stagionati e con pietanze di sapore intenso come brasati e cacciagioni.
Note Degustative: [Profumo] molto persistente, ampio, ricorda la liquirizia e i frutti di bosco e minerali; [Gusto] pieno, persistente, con tannini morbidi ed eleganti.

27-5 *Tasting 6 | Degustazione 6* **TOP 4**

Il Poggiolo - E. Roberto Cosimi

Brunello di Montalcino
Riserva DOCG 2012
Terra Rossa

單一坡	Cru
酒精度	14% vol
產　量	4,000瓶

品種	100% Sangiovese Grosso
葡萄坡名	Montalcino西南部的Terra Rossa單一坡
葡萄樹齡	30年
海拔	450公尺
土壤	泥灰岩
面向	西南
平均產量	6,000公升/公頃
種植方式	短枝修剪
採收日期	2012年9月15日至10月15日
釀造製程	置於不鏽鋼桶；溫控
浸漬溫度與時間	大約15-20天，溫控
顏色	深紅寶石色
陳年方式	第一階段3年：於法製與美製橡木桶(5百公升與255公升)；第二階段4個月：靜置於玻璃瓶中
建議餐搭選擇	所有肉類與中等陳年的起司

品飲紀錄｜

香氣

散發濃郁覆盆子、香草、野花的馥郁醇厚香氣。

口感

單寧富有層次、十分均衡，口感柔和且帶有礦物質的味道

English

Grape Variety: 100% Sangiovese Grosso
Vineyard: Terra Rossa, southwest Montalcino
Vineyard age: 30 years
Altitude: 450 meters
Soil: galestroso
Exposure: southwest
Average yield: 60 ql/ha
Growing system: spurred cordon
Harvest: Sep.15 – Oct.15, 2012
Alcohol degree: 14% vol.
Production number: 4,000 bottles
Vinification: in stainless steel tanks, temperature control
Maceration: approximately 15-20 days, temperature control
Color: intense ruby red
Aging: 3 years in tonneau (500 l) and French and American oak barriques (255 lt); 4 months in bottles
Food match: all meets and slightly aged cheeses
Tasting note: [Bouquet] very fruity with intense hints of raspberry, vanilla and wild flowers; [Taste] soft and mineral taste with a good structure and well-balanced tannins.

Italiano

Vitigno: 100% Sangiovese Grosso
Vigneto: Terra Rossa, sud-ovest Montalcino
Età vigneti: 30 anni
Altitudine: 450 metri
Terreno: galestroso
Esposizione: sud ovest
Resa Media: 60 ql/ha
Sistema di allevamento: cordone speronato
Vendemmia: 15 Set. – 15 Ott. 2012
Tasso alcolico: 14% vol.
Bottiglie prodotte: 4,000 bottiglie
Vinificazione: tini di legno senza controlla della temperratura
Macerazione: 15-20 giorni a temperatura controllata
Colore: rosso rubino intenso
Invecchiamento: 3 anni in tonneau da 500 lt e barriques da 225 lt di rovere francese e americano; in bottiglia per 4 mesi
Abbinamenti: carni e formaggi di prima stagionatura
Note Degustative: [Profumo] molto fruttato, con intense sfumature di lampone, vaniglia e fiori di campo; [Gusto] morbido e minerale, di buona struttura con tannini bilanciati

27-6 *Tasting 7 | Degustazione 7*

IL POGGIOLO - E. ROBERTO COSIMI

Brunello di Montalcino
Riserva DOCG 2012
Beato

單一坡	Cru
酒精度	14% vol
產　量	2,000瓶

品種	100% Sangiovese Grosso
葡萄坡名	Montalcino 西南部，位於 Località Il Poggiolo 的 Beato 單一坡
葡萄樹齡	40年
海拔	450公尺
土壤	表層泥土，下含黏土與碎石
面向	西南
平均產量	5,000公升/公頃
種植方式	短枝修剪
採收日期	2012年9月15日至10月15日
釀造製程	置於圓木桶(5百公升)
浸漬溫度與時間	大約21-25天，溫控
顏色	深紅寶石色
陳年方式	第一階段3年：於中型法國阿列省製橡木圓桶(5百公升)；第二階段8個月：靜置於玻璃瓶中
建議餐搭選擇	此款酒適合慢慢單飲

品飲紀錄｜

香氣

非常持久，充滿甘草與樹林裡的果香。

口感

酒體飽滿且持久，單寧柔軟且優。

English

Grape Variety: 100% Sangiovese Grosso
Vineyard: Beato in Località Il Poggiolo, southwest Montalcino
Vineyard age: 40 years
Altitude: 450 meters
Soil: sandy topsoil with clay and friable rocks
Exposure: southwest
Average yield: 50 ql/ha
Growing system: spurred cordon
Harvest: Sep. 15 – Oct. 15, 2012
Alcohol degree: 14% vol.
Production number: 2,000 bottles
Vinification: in tonneau (500 l) with manual filling
Maceration: approximately 21-25 days, temperature control
Aging: 3 years in new Franch Allier oak tonneau (500 l); 8 months in bottles
Color: deep ruby red
Food match: meditation wine
Tasting note: [Bouquet] extremely persistent, full and with hints of liquorice and fruit of the woods; [Taste] full, persisntent, with soft and elegant tannins

Italiano

Vitigno: 100% Sangiovese Grosso
Vigneto: Beato di Località Il Poggiolo, sud-ovest Montalcino
Età vigneti: 40 anni
Altitudine: 450 metri
Terreno: terreno con tessitura franca sabbiosa, con argille e abbondante scheletro galestroso
Esposizione: sud-ovest
Resa Media: 50 ql/ha
Sistema di allevamento: cordone speronato
Vendemmia: 15 Set. – 15 Ott. 2012
Tasso alcolico: 14% vol.
Bottiglie prodotte: 2,000 bottiglie
Vinificazione: in tonneau da 500 l con follattura manuale
Macerazione: circa 21-25 giorni a temperatura controllata
Colore: rosso rubino carico
Invecchiamento: 3 anni in tonneau nuovi da 500 lt di rovere Francese Allier; 8 mesi in bottiglia
Abbinamenti: vino da meditazione
Note Degustative: [Profumo] molto persistente, ampio, ricorda la liquirizia e i frutti di bosco; [Gusto] pieno, persistente, con tannini morbidi ed eleganti

CARPINETO

Brunello di Montalcino DOCG 2013

單一坡	Cru
酒精度	14.5% vol
產　量	18,000瓶

品種	100% Sangiovese Grosso
葡萄坡名	Montalcino城鎮之西部
葡萄樹齡	20年
海拔	500公尺
土壤	泥灰岩，源自始新世的沈積層
面向	北
平均產量	5,000公升/公頃
種植方式	雙向平行葡萄枝
採收日期	2013年9月中
釀造製程	置於不鏽鋼桶；溫控
浸漬溫度與時間	25-28°C, 20-25天
顏色	略帶石榴光澤的深紅寶石色
陳年方式	第一階段3年：於斯拉夫尼亞製大型橡木桶；第二階段6個月以上：靜置於玻璃瓶中
建議餐搭選擇	烤肉、野禽、半熟T字丁骨牛排，亦適合單獨享用、慢慢品嚐冥想。

品飲紀錄 |

香氣

明確而細緻的口感，滿盈口鼻且持久的香氣，帶有絲絲香草、櫻桃、覆盆子及甘草芳香。

口感

味蕾感受其柔順溫暖、回甘，柔軟且結構完整，餘韻綿延。

English

Grape Variety: 100% Sangiovese Grosso
Vineyard: west of the township of Montalcino
Vineyard age: 20 years
Altitude: 500 meters
Soil: a galestro frame with clay accumulations dated from the Eocene era
Exposure: north
Average yield: 50 ql/ha
Growing system: bilateral cordon
Harvest: mid September, 2013
Alcohol degree: 14.5% vol.
Production number: 18,000 bottles
Vinification: in stainless steel tanks, temperature control
Maceration: 25-28°C, 20-25 days
Color: intense ruby red, with pale pomegranate highlights
Aging: 3 years in Slavonian oak barrels; at least 6 months in bottles
Food match: roasts, grilled meats, wild game, and elaborate dishes, as well as rare T-bone steaks. It can also be served alone, as a "reflection" wine
Tasting note: [Bouquet] decisive, fine, broad and lingering with hints of vanilla, cherry, raspberry, and licorice; [Taste] dry, warm, smooth, well textured and lingering on the palate.

Italiano

Vitigno: 100% Sangiovese Grosso
Vigneto: ovest del territorio comunale di Montalcino
Età vigneti: 20 anni
Altitudine: 500 metri
Terreno: il suolo è di natura sedimentaria con uno scheletro di galestro sotto accumulazioni argillose di epoca pliocenica
Esposizione: nord
Resa Media: 50 ql/ha
Sistema di allevamento: cordone bilaterale
Vendemmia: metà Settembre 2013
Tasso alcolico: 14.5% vol.
Bottiglie prodotte: 18,000 bottiglie
Vinificazione: fermentazione a temperatura controllata, in serbatoi di acciaio
Macerazione: 25-28°C, 20-25 giorni
Colore: rosso rubino intenso, con leggeri riflessi granata
Invecchiamento: tre anni in botti di rovere di Slavonia di diversa capacità, quindi sei mesi ed oltre di conservazione in bottiglia, in locali a temperatura costante.
Abbinamenti: grande vino da arrosti, carni alla griglia, selvaggina e piatti di grande impegno, indispensabile con la bistecca alla fiorentina cotta al sangue, può essere consumato anche dopo i pasti, come vino da "riflessione", in special modo le annate più vecchie.
Note Degustative: [Profumo] netto, fine, ampio e persistente. Sentore di vaniglia, ciliegia, lampone e liquirizia; [Gusto] asciutto, caldo, morbido e di grande struttura, persistente.

CORDELLA

Brunello di Montalcino DOCG 2013

有機	BIO
酒精度	14.5% vol
產量	100,000瓶

品種	100% Sangiovese Grosso
葡萄坡名	Montalcino東南部混坡
葡萄樹齡	20年
海拔	280-350公尺
土壤	上新世沈積物之原生混合土，含軟石、黏土與沙土
面向	東南
平均產量	6,000公升/公頃
種植方式	短枝修剪
採收日期	2013年9月下旬至10月初
釀造製程	置於大型不鏽鋼桶(1萬公升)
浸漬溫度與時間	30°C, 15天
顏色	深紅寶石色
陳年方式	第一階段24個月以上：於法國阿列省製大型橡木桶(2,500公升)；第二階段6個月以上：靜置於玻璃瓶中
建議餐搭選擇	適合搭配義式沙拉米冷肉切片、陳年起司、肉醬義大利麵、野禽與紅肉

品飲紀錄｜

具獨特的草本植物蒸釀之利口酒香氣，其鼻聞香氣與口味覺迥異，入口時感受其酒體飽滿，單寧豐富且成熟，令人為之驚訝，尾韻悠長且柔軟，今年即飲或陳放多年後再享用皆適宜。

English

Grape Variety: 100% Sangiovese Grosso
Vineyard: southeast Montalcino
Vineyard age: 20 years
Altitude: 280-350 meters
Soil: soft stone, clay, sandy, Pliocene sediments belonging to the Neoautochthon complex
Exposure: southeast
Average yield: 60 ql/ha
Growing system: spurred cordon
Harvest: late September to beginning October, 2013
Alcohol degree: 14.5% vol.
Production number: 100,000 bottles
Vinification: in stainless steel vats (100 hl)
Maceration: 30°C, 15 days
Color: deep ruby red
Aging: minimum 24 months in Allier oak barrels (25 hl); at least 6 months in bottles
Food match: perfect with salami, aged cheese, pasta with ragù sauce, game and red meats
Tasting note: deep nose of herbal liqueur, then surprisingly full body, richness and full ripe tannins for this vintage. The long finish is surprisingly supple already. Drink or hold.

Italiano

Vitigno: 100% Sangiovese Grosso
Vigneto: sud-est Montalcino
Età vigneti: 20 anni
Altitudine: da 280 a 350 metri
Terreno: le quali hanno evidenziato la natura del terreno composto da sedimenti argillosi – sabbiosi plioceni appartenenti al complesso Neoautoctono.
Esposizione: sud-est
Resa Media: 60 ql/ha
Sistema di allevamento: cordone speronato
Vendemmia: da fine Settembre a inizio Ottobre 2013
Tasso alcolico: 14.5% vol.
Bottiglie prodotte: 100,000 botiglie
Vinificazione: in 100 hl inox tini
Macerazione: 30°C, 15 giorni
Colore: rosso rubino intenso
Invecchiamento: minimo 24 mesi in botti da 25 hl; almeno 6 mesi in bottiglia
Abbinamenti: si accompagna bene a salumi e formaggi stagionati, piatti a base di pasta con ragù di came selvaggina e carni rosse.
Note Degustative: profondo sentore di salsa di soia e liquore alle erbe, poi sorprendentemente grande corpo, ricchezza e tannini maturi per questa annata. Il finale lungo è già abbastanza morbido. Bere o mantenere.

CORDELLA

Brunello di Montalcino Riserva DOCG 2012

有　機	BIO
酒精度	14.5% vol
產　量	30,000瓶

品種	100% Sangiovese Grosso
葡萄坡名	Montalcino東南部混坡
葡萄樹齡	20年
海拔	280-350公尺
土壤	上新世沈積物之原生混合土，含軟石、黏土與沙土
面向	東南
平均產量	6,000公升/公頃
種植方式	短枝修剪
採收日期	2012年9月下旬至10月初
釀造製程	置於大型不鏽鋼桶(1萬公升)
浸漬溫度與時間	30°C, 15天
顏色	深紅寶石色
陳年方式	36個月於法製大型橡木桶(2,500公升)
建議餐搭選擇	野豬、燉煮餐點、陳年起司

品飲紀錄｜

具獨特的草本植物蒸釀之利口酒香氣，其鼻聞香氣與口味覺迥異，入口時感受其酒體飽滿，單寧豐富且成熟，令人為之驚訝，與29-1相較多增添木桶與菸草香氣，於其中略感其優雅酸度及少許可可香氣點綴，建議此款酒於五年後飲用。

English

Grape Variety: 100% Sangiovese Grosso
Vineyard: southeast Montalcino
Vineyard age: 20 years
Altitude: 280-350 meters
Soil: clay sandy Pliocene sediments belonging to the Neoautochthon complex
Exposure: southeast
Average yield: 60 ql/ha
Growing system: spurred cordon
Harvest: late September to beginning October, 2012
Alcohol degree: 14.5% vol.
Production number: 30,000 bottles
Vinification: in stainless steel vats (100 hl)
Maceration: 30°C, 15 days
Aging: 36 months in French oak barrels (25 hl)
Color: deep ruby red
Food match: pairing with wildboard stew very aged cheeses
Tasting note: deep nose of soy sauce and herbal liqueur, then surprisingly big body, richness and full ripe tannis for this vintage. In comparison to 29-1 (Brunello 2013 of same winery), it has more tabacco and wood scent, the elegant and coco hint follow.

Italiano

Vitigno: 100% Sangiovese Grosso
Vigneto: sud-est Montalcino
Età vigneti: 20 anni
Altitudine: da 280 a 350 metri
Terreno: le quali hanno evidenziato la natura del terreno composto da sedimenti argillosi – sabbiosi plioceni appartenenti al complesso Neoautoctono.
Esposizione: sud-est
Resa Media: 60 ql/ha
Sistema di allevamento: cordone speronato
Vendemmia: da fine Settembre a inizio Ottobre 2012
Tasso alcolico: 14.5% vol.
Bottiglie prodotte: 30,000 bottiglie
Vinificazione: in 100 hl inox tini
Macerazione: 30°C, 15 giorni
Invecchiamento: 36 mesi in botti di rovere francese (25 hl)
Colore: rosso rubino intenso
Abbinamenti: abbinamenti con lo spezzatino di cinghiale formaggi molto stagionati
Note Degustative: profondo sentore di salsa di soia e liquore alle erbe, poi sorprendentemente grande corpo, ricchezza e tannini maturi per questa annata. Il finale lungo è già abbastanza morbido. Rispetto al 29-1 (Brunello del 2013 della stessa cantina), in questo vino sono più presenti note di tabacco e legno seguite dal sentore elegante del cocco.

ARMILLA

Brunello di Montalcino DOCG 2013

單一坡	Cru
酒精度	14.5% vol
產　量	8,500瓶

品種	100% Sangiovese Grosso
葡萄坡名	Montalcino西南部，位於Tavernelle的Silverio單一坡
葡萄樹齡	31年
海拔	250公尺
土壤	黏土 – 鈣質泥灰岩與火山散灰岩
面向	西南
平均產量	6,500公升/公頃
種植方式	短枝修剪
採收日期	2013年9月中旬
釀造製程	置於不鏽鋼桶
浸漬溫度與時間	26-28°C, 2週
顏色	帶有淡淡石榴色調的紅寶石色
陳年方式	第一階段28 個月：於法國阿列省製大型橡木桶(2,500公升)；第二階段10個月以上：靜置於玻璃瓶中
建議餐搭選擇	烤紅肉與燉紅肉

品飲紀錄｜

濃郁明顯之紅色果香如梅子與黑醋栗等，散發出些許草本植些與菸草味；其口感優雅，單寧如天鵝絨般柔滑，尾韻細緻綿延。

English

Grape Variety: 100% Sangiovese
Vineyard: Silverio in Tavernelle, southwest Montalcino, single vineyard
Vineyard age: 31 years
Altitude: 250 meters
Soil: mainly clay – calcareous with marl and tuff.
Exposure: southwest
Average yield: 65 ql/ha
Growing system: cordon spur
Harvest: second half of September 2013
Alcohol degree: 14.5% vol.
Production number: 8,500 bottles
Vinification: in steel tanks
Maceration: 26-28°C, 2 weeks
Color: ruby red color with light garnet
Aging: 28 months in Allier oak barrels (25 hl); at least 10 months in bottles
Food match: roasted and stewed red meats
Tasting note: intense aroma of red fruits – plum and black currant. Hints of herbs and tobacco. Elegant palate with velvety tannins. Long and fine percistency.

Italiano

Vitigno: 100% Sangiovese
Vigneto: Silverio di Tavernelle, sud-ovest Montalcino
Età vigneti: 31 anni
Altitudine: 250 metri
Terreno: prevalentemente argilloso – calcareo con presenza di galestro e tufo.
Esposizione: sud-ovest
Resa Media: 65 ql/ha
Sistema di allevamento: cordone speronato
Vendemmia: seconda metà di Settembre 2013
Tasso alcolico: 14.5% vol.
Bottiglie prodotte: 8,500 bottiglie
Vinificazione: in vasche d'acciaio per circa tre settimane, a temperatura controllata
Macerazione: 26-28°C,14 giorni
Colore: colore intenso
Invecchiamento: dopo un affinamento di trenta mesi in botti di roverc di Slavonia e Allier da 25 hl, il Brunello Armilla continua ad affinarsi in bottiglia per circa 10 mesi.
Abbinamenti: carni arrosto e brasate
Note Degustative: aroma complesso di frutti rossi (prugne e ribes), sentore di tabacco e cuoio. Struttura elegante con tannini maturi ma molto evidenti, caratteristica del terreno da cui deriva.

31-1 *Tasting 5 | Degustazione 5*

La Rasina

Brunello di Montalcino DOCG 2013

酒精度 14.5% vol

產　量 27,000瓶

品種	100% Sangiovese
葡萄坡名	Montalcino東部的La Rasina混坡
葡萄樹齡	15-20年
海拔	350公尺
土壤	黏土、沙土混合(含石灰石)
面向	東至東北
平均產量	6,500-7,000公升/公頃
種植方式	短枝修剪
採收日期	2013年9月25日至10月15日
釀造製程	置於不鏽鋼桶，溫控
浸漬溫度與時間	低於30°C, 7-10天
顏色	紅寶石色
陳年方式	第一階段24個月：於大小不同之木桶；第二階段4個月：靜置於玻璃瓶中
建議餐搭選擇	紅肉、野禽、烤肉、義大利沙拉米冷肉和陳年起司

品飲紀錄 |

香氣

此款酒為經典布雷諾紅酒，明顯的果香與辛香。

口感

入口感口感結實，果香及木香伴隨著酸度，綿延之成熟櫻桃香。

English

Grape Variety: 100% Sangiovese
Vineyard: La Rasina, east Montalcino
Vineyard age: 10-25 years
Altitude: 350 meters
Soil: clay and sandy mix with presence of calcareous stones
Exposure: east-northeast
Average yield: 65-70 ql/ha
Growing system: spurred cordon
Harvest: Sep. 25 – Oct. 15, 2013
Alcohol degree: 14.5% vol.
Production number: 27,000 bottles
Vinification: in stainless steel tank, temperature control
Maceration: below 30°C, approx. 7-10 days
Color: ruby red
Aging: 24 months in different barrel sizes; 4 months in bottles
Food match: red meat, game, roast, salumi and aged cheeses
Tasting note: [Bouquet] fruit and spices; [Taste] robust and persistent

Italiano

Vitigno: 100% Sangiovese
Vigneto: La Rasina, est Montalcino
Età vigneti: 10-25 anni
Altitudine: 350 metri
Terreno: argillo/ sabbioso con presenza di scheletro
Esposizione: est - nord est
Resa Media: 65-70 ql/ha
Sistema di allevamento: cordone speronato
Vendemmia: 25 Set. -15 Ott. 2013
Tasso alcolico: 14.5% vol
Bottiglie prodotte: 27,000 bottiglie
Vinificazione: in appositi contenitori in acciao con gestione temperatura, movimentazione delle vinacce, e ripetuti rimontaggi
Macerazione: al disotto dei 30°C, circa di 7/10 giorni
Colore: rosso rubino
Invecchiamento: 24 mesi in contenitori di legno di varia capacità; 4 mesi in bottiglia
Abbinamenti: carni rosse, cacciagione, arrosti, salumi e formaggi stagionati
Note Degustative: [Profumo] frutta e spezie; [Gusto] robusto e persistente

La Rasina

Brunello di Montalcino Riserva DOCG 2012 Il DiVasco

單一坡	Cru
酒精度	14.5% vol
產　量	5,200瓶

品種	100% Sangiovese
葡萄坡名	Montalcino東部的La Rasina單一坡
葡萄樹齡	28年
海拔	350公尺
土壤	黏土、沙土混合(含石灰石)
面向	東至東北
平均產量	6,000公升/公頃
種植方式	短枝修剪
採收日期	2012年10月10日
釀造製程	置於不鏽鋼桶，溫控
浸漬溫度與時間	低於30°C, 約7-10天
顏色	鮮明的紅寶石色
陳年方式	第一階段30個月：於大小不同之木桶；第二階段6個月：靜置於玻璃瓶中
建議餐搭選擇	紅肉、野禽、烤肉、義大利沙拉米冷肉和陳年起司

品飲紀錄｜

香氣

此款酒為經典布雷諾紅酒，明顯的果香與辛香。

口感

入口感口感結實，果香及木香伴隨著酸度，綿延之成熟櫻桃香，尾韻優雅辛香。

English

Grape Variety: 100% Sangiovese
Vineyard: La Rasina, east Montalcino
Vineyard age: 28 years
Altitude: 350 meters
Soil: clay and sandy mix with presence of calcareous stones
Exposure: east-northeast
Average yield: 60 ql/ha
Growing system: cordone speronato
Harvest: Oct. 10, 2012
Alcohol degree: 14.5% vol.
Production number: 5,200 bottles
Vinification: in stainless steel tanks, temperature control
Maceration: below 30°C, approx. 7-10 days
Color: vivid ruby red
Aging: 30 months in different barrel sizes; 6 months in bottles
Food match: red meat, game, roast, salumi and aged cheeses
Tasting note: [Bouquet] fresh fruit and spices; [Taste] robust and persistent

Italiano

Vitigno: 100% Sangiovese
Vigneto: La Rasina, est Montalcino
Età vigneti: 28 anni
Altitudine: 350 metri
Terreno: argillo/ sabbioso con presenza di scheletro
Esposizione: est - nord est
Resa Media: 60 ql/ha
Sistema di allevamento: cordone speronato
Vendemmia: 10 Ott. 2012
Tasso alcolico: 14.5% vol.
Bottiglie prodotte: 5,200 bottiglie
Vinificazione: in appositi contenitori in acciaio con gestione temperatura, movimentazione delle vinacce, e ripetuti rimontaggi
Macerazione: al disotto dei 30°C, circa di 7/10 giorni
Colore: rosso rubino intenso
Invecchiamento: 30 mesi in contenitori di legno di varia capacità; 6 mesi in bottiglia
Abbinamenti: carni rosse, cacciagione, arrosti, salumi e formaggi stagionati
Note Degustative: [Profumo] frutta e spezie fresche; [Gusto] robusto e persistente

32-1 *Tasting 3 | Degustazione 3*

TALENTI

Brunello di Montalcino DOCG 2013

酒精度	14% vol
產　量	30,000瓶

品種	100% Sangiovese
葡萄坡名	Montalcino 南部山丘
葡萄樹齡	20年
海拔	220-400公尺
土壤	沙土，含黏土與鬆散岩石
面向	東南、西南
平均產量	約5,500公升/公頃
種植方式	短枝修剪
採收日期	2013年9月18日
釀造製程	置於不鏽鋼桶
浸漬溫度與時間	24°C -26°C, 20-25天
顏色	略帶橘色光澤之深紅寶石色
陳年方式	第一階段30個月：60%於法製中型橡木圓桶(5百公升)，其餘40%於斯拉夫尼亞製橡木桶(1.5-2.5千公升)；第二階段12個月：靜置於玻璃瓶中
建議餐搭選擇	特別適合搭配紅肉、野禽、冷肉(如生火腿)與陳年起司

品飲紀錄｜

酒香溢鼻，略帶辛香味；口感厚實、卻也柔軟如絲絨般，濃郁芬芳，單寧優雅而甜美。

English

Grape Variety: 100% Sangiovese
Vineyard: mixed vineyards on the southern hills of Montalcino
Vineyard age: 20 years
Altitude: 220-400 meters
Soil: sandy topsoil with clay and friable rocks
Exposure: southeast and southwest
Average yield: about 55 ql/ha
Growing system: spurred cordon
Harvest: Sep. 18, 2013
Alcohol degree: 14% vol.
Production number: 30,000 bottles
Vinification: in stainless steel tanks
Maceration: 24-26°C, 20-25 days
Color: ruby red and intense colour with orange shimmers.
Aging: 30 months 60% in French oak tonneaux (500 l) and the remaining 40% in Slavonian oak barrel (15-25 hl); 12 months in bottles
Food match: particularly suited to accompany red meat, game, cold meat and aged-cheese.
Tasting note: a wide bouquet slightly spicy. His taste is full, soft, velvety and intense. The tannins are elegant and sweet.

Italiano

Vitigno: 100% Sangiovese
Vigneto: Montalcino, il brunello nasce da un mix di più vigneti
Età vigneti: 20 anni
Altitudine: 220-400 metri
Terreno: terreno con tessitura franca sabbiosa, con argille e abbondante scheletro galestroso.
Esposizione: sud-est e sud- ovest
Resa Media: circa 55 ql/ha
Sistema di allevamento: cordone speronato
Vendemmia: 18 Set. 2013
Tasso alcolico: 14% vol.
Bottiglie prodotte: 30,000 bottiglie
Vinificazione: in tini d'acciaio
Macerazione: 24 -26°C, 20-25 giorni
Colore: colore rosso rubino intenso con riflessi granati
Invecchiamento: maturato 30 mesi per il 60% in tonneau di rovere francese(500 l), e per il restate 40% in botti di rovere di Slavonia (15-25 hl), a cui segue un affinamento in bottiglia per almeno 12 mesi.
Abbinamenti: ottimo con carni rosse selvaggina, salumi e formaggi stagionati temperatura di servizio consigliata 18 gradi
Note Degustative: ampio bouquet al naso, leggermente speziato. In bocca è pieno, morbido vellutato e intenso. I tannini sono eleganti e dolci.

TALENTI

Brunello di Montalcino
Riserva DOCG 2012
Pian di Conte

單一坡	Cru
酒精度	14% vol
產　量	6,600瓶

品種	100% Sangiovese
葡萄坡名	Montalcino南部的Paretaio坡
葡萄樹齡	20年
海拔	400公尺
土壤	富含岩石之沙土
面向	東南
平均產量	約5,500公升/公頃
種植方式	短枝修剪
採收日期	2012年9月24日
釀造製程	置於不鏽鋼桶
浸漬溫度與時間	24-26°C, 20-25天
顏色	深紅色
陳年方式	第一階段36個月：50%於法製中型橡木圓桶(5百公升)，其餘50%於斯拉夫尼亞製大型橡木桶(1.5-2.5千公升)；第二階段12個月以上：靜置於玻璃瓶中
建議餐搭選擇	紅肉、野禽、肉醬類料理與山豬肉

品飲紀錄｜

豐富清新的香氣，帶有李子、櫻桃、黑莓和覆盆子的香氣，後有巧克力、菸草與甘草；口感強勁且酒體飽滿，平衡且柔和，單寧甜美優雅綿延。

English

Grape Variety: 100% Sangiovese
Vineyard: Paretaio, south Montalcino
Vineyard age: 20 years
Altitude: 400 meters
Soil: sandy topsoil with abundant rocks
Exposure: southeast
Average yield: about 55 ql/ha
Growing system: spurred cordon
Harvest: Sep. 24, 2012
Alcohol degree: 14% vol.
Production number: 6,600 bottles
Vinification: in stainless steel tanks
Maceration: 24-26°C, 20-25 days
Color: red and intense colour
Aging: 36 months 50% of the wine in French oak tonneaux (500 l) and the rest 50% in Slavonian oak barrel (15-25 hl); at least 12 months in bottles
Food match: superb accompaniment to red meats, game, meat sauce and wildboar.
Tasting note: a complex and fresh bouquet with hints of plum, cherry, blackberry and raspberry combined with notes of chocolate, tobacco and liquorice. Powerful and full body with great balance and softness, the tannin is sweet with elegant finish.

Italiano

Vitigno: 100% Sangiovese
Vigneto: Paretaio, sud Montalcino
Età vigneti: 20 anni
Altitudine: 400 metri
Terreno: tessitura franco-sabbiosa con abbondante scheletro
Esposizione: sud-est
Resa Media: circa 55 ql/ha
Sistema di allevamento: cordone speronato
Vendemmia: 24 Set. 2012
Tasso alcolico: 14% vol.
Bottiglie prodotte: 6,600 bottiglie
Vinificazione: in tini d'acciaio
Macerazione: 24-26°C, 20-25 giorni
Colore: colore rosso intenso
Invecchiamento: maturato 36 mesi per il 50% in tonneau di rovere francese (500 l), e per il restate 50% in botti di rovere di Slavonia (15-25 hl), a cui segue un affinamento in bottiglia per almeno 12 mesi.
Abbinamenti: si abbina egregiamente a carni rosse, selvaggina. ragù di carne e cinghiale.
Note Degustative: profumo complesso fresco e ricco di sentori di frutta rossa matura, prugna, ciliegia more e lamponi, che si uniscono alle spezie di affinamento quali cioccolato, tabacco e liquirizia. Corpo potente e tonico al palato con un buon equilibrio e morbidezza, infine i tannini sono dolci ed eleganti.

Beatesca

Brunello di Montalcino DOCG 2013

單一坡	Cru
酒精度	14% vol
產　量	1,959瓶

品種	100% Sangiovese
葡萄坡名	Montalcino 東北部單一坡
葡萄樹齡	16年
海拔	400公尺
土壤	夾帶砂礫之結構
面向	東北
平均產量	4,000 公升/公頃
種植方式	短枝修剪
採收日期	2013年9月
釀造製程	置於不鏽鋼桶
浸漬溫度與時間	24-26°C，14天
顏色	帶有石榴色調的深紅寶石色
陳年方式	第一階段2年：於法製大型橡木圓桶；第二階段2年：靜置於玻璃瓶中
建議餐搭選擇	適合搭配野禽、烤肉類、烤鴿肉、烤托斯卡尼T字丁骨大牛排、托斯卡尼香腸和豆類或義大利寬麵(pappardelle)佐野豬(cinghiale)或野兔(leper)肉醬，陳年羊起司(pecorino)或帕馬森起司

品飲紀錄 |

香氣

開瓶時明顯辛香味，游移在香甜菸草與似百里香的清新，接著出現紅莓果醬的果香甜味

口感

入口感其活力十足、礦物質與酸度於果香和單寧間躍著，具陳年實力。

English

Grape Variety: 100% Sangiovese
Vineyard: northeast Montalcino
Vineyard age: 16 years
Altitude: 400 meters
Soil: clay texture, gravelly soil
Exposure: north-east
Average yield: 40 ql/ha
Growing system: spurred cordon
Harvest: September 2013
Alcohol degree: 14% vol.
Production number: 1,959 bottles
Vinification: in steel
Maceration: 24-26°C, 14 days
Color: a deep ruby red color with garnet hues
Aging: 2 years in French oak barrels; 2 years in bottles
Food match: with game, grilled meat, roast squab, bistecca alla fiorentina, more rustic dishes such as Tuscan sausages and beans or pappardelle with wild boar (cinghiale) or hare (lepre) sauce, cheese with older vintages, such as pecorino or parmesan.
Tasting note: the wine with spicy olfactory notes that prevail and sensations that oscillate between the notes of sweet tobacco and fresher ones, similar to thyme. This is followed by the fruity expression of red berry jam. On the palate, it offers vibrant and mineral notes, with good persistence and supported by sweet tannins.

Italiano

Vitigno: 100% Sangiovese
Vigneto: nord-est Montalcion
Età vigneti: 16 anni
Altitudine: 400 metri
Terreno: tessitura franco-argillosa ricca di scheletro
Esposizione: nord-est
Resa Media: 40 ql/ha
Sistema di allevamento: cordone speronato
Vendemmia: Settembre 2013
Tasso alcolico: 14% vol.
Bottiglie prodotte: 1,959 bottiglie
Vinificazione: in acciaio
Macerazione: 24 – 26°C per due settimane
Colore: di colore rosso rubino con riflesso granato
Invecchiamento: in tonneaux di rovere francese (50% di primo passaggio e 50% di secondo passaggio) per 2 anni; in bottiglia per altri 2 anni
Abbinamenti: carne rossa, carne alla griglia, cacciagione. Piatti di pasta con sughi di carne. Formaggi stagionati pecorino e parmigiano
Note Degustative: il vino è al naso subito speziato, con sensazioni che oscillano tra le note di tabacco dolce e quelle, più fresche, simili al timo. Subentrano poi le espressioni fruttate, di confettura di frutta a bacca rossa. Al centro bocca, offre note vibrate e minerali, responsabili anche della buona persistenza, sostenuta dal tannino dolce.

VILLA POGGIO SALVI

Brunello di Montalcino DOCG 2013

酒精度	14% vol
產　量	40,000瓶

品種	100% Sangiovese Grosso
葡萄坡名	Montalcino南部的Villa Poggio Salvi混坡
葡萄樹齡	15-35年
海拔	350 - 500公尺
土壤	泥灰岩
面向	西南
平均產量	6,000公升/公頃
種植方式	短枝修剪
採收日期	2013年9月底
釀造製程	置於不鏽鋼桶；溫控
浸漬溫度與時間	第一階段：12°C, 8天 第二階段：28°C, 10天
顏色	深紅寶石色
陳年方式	第一階段30個月：於斯拉夫尼亞製大型橡木桶(3千至6千至1萬公升)；第二階段4個月以上：靜置於玻璃瓶中
建議餐搭選擇	紅肉、烤肉、陳年起司與松露

品飲紀錄｜

香氣
細緻濃郁紅色果香，帶有葡萄花開與薰衣草芳香。

口感
回甘且柔和，酒體飽滿，單寧如天鵝絨般，持久悠長，越陳越香醇。

English

Grape Variety: 100% Sangiovese Grosso
Vineyard: Villa Poggio Salvi mix vineyards, south Montalcino
Vineyard age: 15-35 years
Altitude: 350-500 metres
Exposure: south-west
Soil: galestro (marl)
Average yield: 60 ql/ha
Production number: 40,000 bottles
Growing system: spurred cordon
Harvest: end September, 2013
Alcohol degree: 14% vol.
Vinification: in steel tanks, temperature control
Maceration: pre-maceration at 12°C (53°F) for 8 days; fermentation at 28°C (82°F) for 10 days in temperature controlled steel tanks
Color: intense ruby red
Aging: 30 months in Slavonian oak barrels (30-60 to 100 hl); at least 4 months in bottles
Food match: red, roasted meat, seasoned cheese and truffles
Tasting note: [Bouquet] fine, ample, red fruits with notes of flowering grapes, and lavender; [Taste] dry but soft, full bodied, velvety tannins, very persistent and capable for a long ageing.

Italiano

Vitigno: 100% Sangiovese Grosso
Vigneto: sud Montalcino (E' un mix derivante dalla totalita' dei nosteri ettari aziendali)
Età vigneti: 15-35 anni
Altitudine: tra i 350 ed i 500 metri
Esposizione: sud-ovest
Terreno: galestro a larga tessitura
Resa Media: 60 ql/ha
Bottiglie prodotte: 40,000 bottiglie
Sistema di allevamento: cordone speronato
Vendemmia: fine Settembre 2013
Tasso alcolico: 14% vol.
Vinificazione: vasche di acciaio termo condizionate
Macerazione: pre macerazione a 12°C per 8 giorni e fermentazione a 28°C per 10 giorni in vasche di acciaio termo condizionate
Colore: rosso rubino
Invecchiamento: 30 mesi in botti di rovere di Slavonia da 30-60-100 hl; minimo 4 mesi in bottiglia
Abbinamenti: carni alla griglia, cacciagione, formaggi stagionati e tartufo,vino da meditazione.
Note Degustative: [Profumo] fine ed intenso, note di frutta rossa molto marcate che si fondono con sfumature floreali; [Gusto] corpo molto pieno accompagnato da tannini di grande eleganze che ne favoriscono una lunga persistenza al palato ed il lungo invecchiamento.

34-2 *Tasting 1 | Degustazione 1* **TOP 2**

VILLA POGGIO SALVI

Brunello di Montalcino Cru DOCG 2013 Pomona

單一坡	Cru
酒精度	14% vol
產　量	2,013瓶

品種	100% Sangiovese Grosso
葡萄坡名	Montalcino南部的Pomona單一坡
葡萄樹齡	20年
海拔	450公尺
土壤	泥灰岩
面向	西南
平均產量	4,500公升/公頃
種植方式	短枝修剪
採收日期	2013年9月底
釀造製程	置於不鏽鋼桶；溫控
浸漬溫度與時間	第一階段：12°C, 8天 第二階段：28°C, 10天
顏色	鮮豔紅寶石色
陳年方式	第一階段30個月：於斯拉夫尼亞製大型橡木桶(3千公升)；第二階段4個月以上：靜置於玻璃瓶中
建議餐搭選擇	烤紅肉、野禽、陳年起司與松露

品飲紀錄｜

香氣

和諧濃郁，帶有紅色莓果芳香與辛香味。

口感

陳年佳釀形成的優雅單寧口感，風情萬種，十分迷人。

English

Grape Variety: 100% Sangiovese Grosso
Vineyard: Pomona, south Montalcino
Vineyard age: 20 years
Altitude: 450 metres
Exposure: southwest
Soil: galestro (marl)
Average yield: 45 ql/ha
Production number: 2,013 bottles
Growing system: spurred cordon
Harvest: end September, 2013
Alcohol degree: 14% vol.
Vinification: in steel tanks, temperature control
Maceration: pre-maceration at 12°C (53°F) for 8 days; fermentation at 28°C (82°F) for 10 days in temperature controlled steel tanks
Color: brilliant ruby red
Aging: 30 months in Slavonian oak barrels (30 hl); at least 4 months in bottles
Food match: red roasted meat, game, seasoned cheeses and truffles.
Tasting note: [Bouquet] harmonic, intense, with red fruits notes and spices; [Taste] complex and captivating with elegant tannins which guarantee a very long ageing.

Italiano

Vitigno: 100% Sangiovese Grosso
Vigneto: Pomona, sud Montalcino
Età vigneti: 20 anni
Altitudine: 450 metri
Esposizione: sud-ovest
Terreno: galestro a larga tessitura
Resa Media: 45 ql/ha
Bottiglie prodotte: 2,013 bottiglie
Sistema di allevamento: cordone speronato
Vendemmia: fine Settembre 2013
Tasso alcolico: 14% vol.
Vinificazione: in vasche di acciaio termo condizionate
Macerazione: pre macerazione a 12°C per 8 giorni e fermentazione a 28°C per 10 giorni in vasche di acciaio termo condizionate
Colore: rosso rubino brillante
Invecchiamento: 30 mesi in botti di rovere di Slavonia da 30 hl; minimo 4 mesi in bottiglia
Abbinamenti: carni alla griglia, cacciagione, formaggi stagionati e tartufo, vino da meditazione
Note Degustative: [Profumo] armonico, intenso con sfumature di frutta rossa e spezie; [Gusto] complesso ed avvolgente con tannini eleganti ben presenti che ne garantiscono il lungo invecchiamento

34-3 *Tasting 7 | Degustazione 7* **TOP 3**

VILLA POGGIO SALVI

Brunello di Montalcino Cru Riserva DOCG 2012

單一坡	Cru
酒精度	14.5% vol
產　量	2,666瓶

品種	100% Sangiovese Grosso
葡萄坡名	Montalcino南部單一且最古老的葡萄坡
葡萄樹齡	20-35年
海拔	350-500公尺
土壤	岩石
面向	西南
平均產量	4,500公升/公頃
種植方式	短枝修剪
採收日期	2012年9月底和10月初
釀造製程	置於不鏽鋼桶；溫控
浸漬溫度與時間	第一階段：12°C, 8天 第二階段：28°C, 10天
顏色	帶有石榴色調的深紅寶石色
陳年方式	第一階段40個月：於斯拉夫尼亞製大型橡木桶(3千至6千至1萬公升)；第二階段6個月以上：靜置於玻璃瓶中
建議餐搭選擇	烤紅肉、陳年起司、松露

品飲紀錄 |

香氣

濃郁豐富，散發櫻桃果香與甜甜菸草、甘草、巧克力和咖啡芳香。

口感

清新、飽滿、鮮明，結構完整，單寧成熟且柔和順口。

English

Grape Variety: 100% Sangiovese Grosso
Vineyard: the oldest one in south Montalcino
Vineyard age: 20-35 years
Altitude: 350-500 metres
Exposure: southwest
Soil: rock
Average yield: 45 ql/ha
Production number: 2,666 bottles
Growing system: spurred cordon
Harvest: end Semptember - beginning October, 2012
Alcohol degree: 14.5% vol.
Vinification: in steel tanks, temperature control
Maceration: pre-maceration at 12°C (53°F) for 8 days; fermentation at 28°C (82°F) for 10 days in temperature controlled steel tanks
Color: intense ruby red with garnet tones
Aging: 40 months in Slavonian oak barrels (30-60 to 100 hl); at least 6 months in bottles
Food match: red roasted meat, seasoned cheese, truffles
Tasting note: [Bouquet] ample and complex, notes of cherries, sweet tobacco, licorice, chocolate and coffee; [Taste] sapid, full with a distinct freshness, well structured, evolving tannins

Italiano

Vitigno: 100% Sangiovese Grosso
Vigneto: il più antica di sud Montalcino
Età vigneti: 20-35 anni
Altitudine: tra i 350 ed i 500 metri
Esposizione: sud-ovest
Terreno: galestro a larga tessitura
Resa Media: 45 ql/ha
Bottiglie prodotte: 2,666 bottiglie
Sistema di allevamento: cordone speronato
Vendemmia: fine Settembre /primi di Oottobre a mano in cassette 2012
Tasso alcolico: 14.5% vol.
Vinificazione: in vasche di acciaio termo condizionate
Macerazione: pre macerazione a 12°C per 8 giorni e fermentazione a 28°C per 10 giorni in vasche di acciaio termo condizionate
Colore: rosso rubino intenso con riflesso granato
Invecchiamento: 40 mesi in botti di rovere di Slavonia da 30-60-100 hl; minimo 6 mesi in bottiglia
Abbinamenti: carni alla griglia, cacciagione, formaggi stagionati e tartufo, vino da meditazione
Note Degustative: [Profumo] ampio e complesso, si percepiscono note di frutta matura quasi sotto spirito, profumi terziari in lenta ma continua evoluzione come liquirizia, cacao e caffè; [Gusto] sapido, pieno, distinta freschezza. Piacevoli note di frutta rossa. Tannini morbidi ben presenti, la piacevole acidità e la persistenza al palato fanno capire la longevità di evoluzione che avrà il vino.

35-1 *Tasting 1 | Degustazione 1* **TOP 3**

FATTORIA POGGIO DI SOTTO

Brunello di Montalcino DOCG 2013

酒精度 13.5% vol
產　量 15,000瓶

品種	100% Sangiovese Grosso
葡萄坡名	Montalcino南部的Castelnuovo dell'Abate坡
葡萄樹齡	15-40年
海拔	200、300及450公尺
土壤	黏土與石灰岩，多岩石且貧瘠
面向	南至西南
平均產量	3,000公升/公頃
種植方式	短枝修剪
採收日期	2013年9月18日至28日
釀造製程	置於橡木桶
浸漬溫度與時間	低溫，約4週(依葡萄園與葡萄皮狀態不同有略異)
顏色	漸趨於石榴色調的紅寶石色
陳年方式	42個月於斯拉夫尼亞製橡木桶（3千公升）
建議餐搭選擇	烤紅肉與燉煮紅肉、野禽及陳年起司

品飲紀錄｜

香氣濃厚香醇且清新，活潑果香伴隨濃郁辛香，味道醇厚鮮美，口感柔和順口且持久，單寧和諧均衡。

English

Grape Variety: 100% Sangiovese
Vineyard: Castelnuovo dell'Abate, south Montalcino
Vineyard age: 15-40 years
Altitude: 200, 300 and 450 meters
Exposure: south- southwest
Soil: poor and rocky, mainly composed by clay and limestone
Average yield: 30 ql/ha
Production number: 15,000 bottles
Growing system: cordon spur
Harvest: Sep 18-28, 2013
Alcohol degree: 13.5% vol.
Vinification: in oak vats
Maceration: low temperature, around 4 weeks (depends on the single vintages and the status of the skin)
Color: ruby red tending to garnet red of Sangiovese
Aging: 42 months in Slavonian oak casks (30 hl)
Food match: roast and braised red meats, game and aged cheese
Tasting note: very intense fragrances and freshness. The lively fruit notes unfold the intense spicy aroma. Austere and hot tempered taste, savory finish, soft, long lasting and well balance tannins will accompany this vintage for decades to come.

Italiano

Vitigno: 100% Sangiovese
Vigneto: Castelnuovo dell'Abate, sud Montalcino
Età vigneti: 15-40 anni
Altitudine: 200, 300 e 450 metri
Esposizione: sud-sud ovest
Terreno: su terreni ricchi di scheletro e molto poveri
Resa Media: 30 ql/ha
Bottiglie prodotte: 15,000 bottiglie
Sistema di allevamento: cordone speronato
Vendemmia: 18-28 Set. 2013
Tasso alcolico: 13.5% vol.
Vinificazione: in tini di legno
Macerazione: basse temperatura, circa 4 settimane i tempi dipendono anche dalla vendemmia e dallo stato delle bucce
Colore: rosso rubino tendente al granato del Sangiovese
Invecchiamento: affinato in botti di rovere da 30 hl per 42 mesi.
Abbinamenti: abbinamenti gastronomici con carni rosse arrosto e brasate, cacciagione e formaggi stagionati.
Note Degustative: profumi di grande intensità e freschezza. Alle vivide note fruttate segue in profondità una intensa speziatura. Gusto austero e sanguigno, di notevole sapidità, con tannini morbidi dolci e durevoli per questo millesimo.

35-2 *Tasting 2* | *Degustazione 2* **TOP 6**

FATTORIA POGGIO DI SOTTO

Brunello di Montalcino DOCG 2013 Ugolforte

酒精度 13.5% vol

產　量 15,000瓶

品種	100% Sangiovese
葡萄坡名	Montalcino南部混坡
葡萄樹齡	15-20年
海拔	250-400公尺
土壤	黏土與火山散灰岩層
面向	南至東南
平均產量	3,000公升/公頃
種植方式	短枝修剪
採收日期	2013年9月底至10月初
釀造製程	置於不鏽鋼桶
浸漬溫度與時間	約21-28天，溫控
顏色	漸趨於石榴色調的紅寶石色
陳年方式	第一階段12個月：於法製大型木桶(30%新木桶，70%舊木桶)；第二階段28個月：於斯拉夫尼亞製橡木桶(3千與5千公升)；第三階段12個月以上：靜置於玻璃瓶中
建議餐搭選擇	鹿肉與野禽、在地風味的山豬肉、燉煮紅肉、半熟硬起司

品飲紀錄｜

溫暖且濃郁複雜，巴薩米克醋與辛香融合覆盆子果香、櫻桃與成熟梅子的芬芳，味道鮮美，單寧細緻優雅帶有清新的酸味，完美呈現聖爵維斯葡萄特色。

English

Grape Variety: 100% Sangiovese
Vineyard: south Montalcino
Vineyard age: 15-20 years
Altitude: 250-400 meters
Exposure: south-southeast
Soil: clay with big portion of tufaceus outcrop
Average yield: 30 ql/ha
Production number: 15,000 bottles
Growing system: spurred cordon
Harvest: end September and beginning October 2013
Alcohol degree: 13.5% vol.
Vinification: in stainless steel tanks
Maceration: about 21-28 days, temperature control
Color: ruby red tending to garnet
Aging: 12 months in French barrels (30% new, 70% 2nd and 3rd passage); 28 months in Slavonian oak casks (30 and 50 hl); at least 12 months in bottles
Food match: well paired with venison and game, fits perfectly with the local preparations of wild boar, moist braised red meat, excellent with hard cheese of medium seasoning.
Tasting note: the nose impact is warm and complex of great intensity. Spicy and balsamic notes merge with the fruity raspberry, cherry and ripe plum aromas. The savory taste, introduces the remarkable refined and enveloping tannins, anticipating the pleasant and grand character of a big Sangiovese.

Italiano

Vitigno: 100% Sangiovese
Vigneto: sud Montalcino
Età vigneti: 15-20 anni
Altitudine: 250-400 metri
Esposizione: sud- sud est
Terreno: ricchi di scheletro, marcata presenza di argille e affioramenti tufacei
Resa Media: 30 ql/ha
Bottiglie prodotte: 15,000 bottiglie
Sistema di allevamento: cordone speronato
Vendemmia: fine Settembre primi di Ottobre 2013
Tasso alcolico: 13.5% vol.
Vinificazione: acciaio
Macerazione: 21-28 circa giorni a temperatura controllata
Colore: rosso rubino con riflessi granati
Invecchiamento: barrique di primo passaggio (30%) e 2 e 3 passaggio (70%) per i primi 12 mesi poi 28 mesi in botti di rovere di slavonia
Abbinamenti: cacciagine e selvaggina, brasati umidi di carne rossa formaggi di media stagionatura
Note Degustative: tannini eleganti mantiene una fresca vena acidica, impatto olfattivo complesso e caldo, con speziature di note balsamiche. In bocca è sapito con tannini eleganti.

MASTROJANNI

Brunello di Montalcino DOCG 2013

酒精度 14% vol
產　量 50,000瓶

品種	100% Sangiovese
葡萄坡名	Montalcino東南部混坡
葡萄樹齡	20年
海拔	280-440公尺
土壤	黏土、火山散灰岩、岩石
面向	東南、西南
平均產量	5,500公升/公頃
種植方式	短枝修剪、長枝修剪
採收日期	2013年9月最後一週
釀造製程	置於水泥材質之容器
浸漬溫度與時間	27 °C, 20-30 天
顏色	略帶石榴色調的清澈明亮紅色
陳年方式	第一階段36個月：於法國阿列省製大型橡木桶(1.6-3.3-5.4千公升)；第二階段6個月以上：靜置於玻璃瓶中
建議餐搭選擇	野禽、羊肉、炙燒紅肉與陳年起司

品飲紀錄｜

香氣

水果芳香與辛香料香氣形成甜感香氣交錯於菸草香中，是愉悅宜人新鮮感。

口感

入口簡單而強勁的酒體飽滿濃郁，優雅成熟的單寧包覆口腔之味覺，其中依舊能感受莓果及尾韻酸度之優雅與持久；這是一款具陳年實力之酒款。

English

Grape Variety: 100% Sangiovese
Vineyard: mixed, southeast Montalcino
Vineyard age: 20 years
Altitude: 280-440 meters
Soil: argil, tuff, rock
Exposure: southeast, southwest
Average yield: 55 ql/ha
Growing system: cordon spur, guyot
Harvest: last week of September, 2013
Alcohol degree: 14% vol.
Production number: 50,000 bottles.
Vinification: in cement
Maceration: 27 °C, 20-30 days
Color: clear red, tinged with some pomegranate hues
Aging: 36 months in Allier oak barrels (16-33-54 hl); at least 6 months in bottles
Food match: game, lamb, grilled red meats and mature cheeses
Tasting note: [Bouquet] fruits and spices run after each other in a sweet conjunction conveyed by tobacco notes; [Taste] frank and potent, at the same time strong and full-bodied, it ends with a lingering sapidity.

Italiano

Vitigno: 100% Sangiovese
Vigneto: mescolato, sud-est Montalcino
Età vigneti: 20 anni
Altitudine: 280-440 metri
Terreno: argilla, scheletro, tufo
Esposizione: sud-est, sud-ovest
Resa Media: 55 ql/ha
Sistema di allevamento: cordone speronato, guyot
Vendemmia: ultima settimana di Settembre 2013
Tasso alcolico: 14% vol.
Bottiglie prodotte: 50,000 bottiglie
Vinificazione: cemento
Macerazione: 27 °C, 20-30 giorni
Colore: brillante rosso rubino con bagliori porpora, di bella intensità e vivacità.
Invecchiamento: 36 mesi in botti di rovere di Allier da 16-33-54 hl; presso le nostre cantine a partire da 6 mesi in bottigila.
Abbinamenti: cacciagione, agnello, carni rosse alla griglia e formaggi maturi.
Note Degustative: [Profumo] naso intrigante nella sua giovane classicità, risalta di ciliegia visciola fragrante e succosa; [Gusto] ingresso intenso, termina piacevolmente tannico e sapido al palato.

MASTROJANNI

Brunello di Montalcino DOCG 2013 Vigna Loreto

單一坡	Cru
酒精度	15% vol
產　量	7,000瓶

品種	100% Sangiovese
葡萄坡名	Montalcino南部，位於Castelnuovo dell'Abate的Loreto單一坡
葡萄樹齡	18年
海拔	400公尺
土壤	鵝卵石及火山散灰岩之混合土
面向	東
平均產量	5,000公升/公頃
種植方式	短枝修剪
採收日期	2013年9月最後一週
釀造製程	置於水泥材質之容器
浸漬溫度與時間	27 °C, 20-30 天
顏色	明亮深紅寶石色
陳年方式	第一階段36個月：於法國阿列省製大型橡木桶(1.6-2.5-3.3千公升)；第二階段6-8個月：靜置於玻璃瓶中
建議餐搭選擇	任何佳餚皆能與此款佳釀優雅搭配起舞

品飲紀錄｜

香氣

印度辛香料與新鮮菸草葉中更能彰顯其成熟紅色果香

口感

寬闊而曖曖內含光之強勁酒體，成熟單寧包覆口腔之味覺，尾韻源源不絕之柔滑優雅口感；此款酒一向為布雷諾紅酒的代表作之一。

English

Grape Variety: 100% Sangiovese
Vineyard: Loreto in Castelnuovo dell'Abate, south Montalcino
Vineyard age: 18 years
Altitude: 400 meters
Soil: pebble and tuff
Exposure: east
Average yield: 50 ql/ha
Growing system: cordon spur
Harvest: last week of September, 2013
Alcohol degree: 15% vol.
Production number: 7,000 bottles
Vinification: in cement
Maceration: 27 °C, 20-30 days
Color: bright and deep ruby red
Aging: 36 months in Allier oak barrels (16-25-33 hl); 6-8 months in bottles
Food match: fully appreciate its elegance with good company
Tasting note: [Bouquet] the oriental spices and the fresh tobacco leave enhance its ripe red fruit notes; [Taste] broad and enveloping entry, supported by a potent and ripe tannin, to conclude with a silky and elegant ending.

Italiano

Vitigno: 100% Sangiovese
Vigneto: Loreto di Castelnuovo dell'Abate, sud Montalcino
Età vigneti: 18 anni
Altitudine: 400 metri
Terreno: di ciottolo e tufo
Esposizione: est
Resa Media: 50 ql/ha
Sistema di allevamento: cordone speronato
Vendemmia: ultima settimana di Settembre 2013
Tasso alcolico: 15% vol.
Bottiglie prodotte: 7,000 bottiglie
Vinificazione: cemento
Macerazione: 27 °C, 20-30 giorni
Colore: rosso rubino profondo e brillante
Invecchiamento: 36 mesi in botti di rovere di Allier da 16-25-33 hl; 6-8 mesi in bottiglia
Abbinamenti: in buona compagnia, per apprezzare a pieno la sua eleganza.
Note Degustative: [Profumo] note di frutta rossa matura, impreziosite dall'abbraccio delle spezie orientali e dalla foglia di tabacco fresco; [Gusto] attacco ampio e avvolgente, sostenuto da un tannino potente e maturo, progredisce in un finale setoso ed elegante.

CASTELGIOCONDO (FRESCOBALDI)

Brunello di Montalcino DOCG 2013 CastelGiocondo Brunello

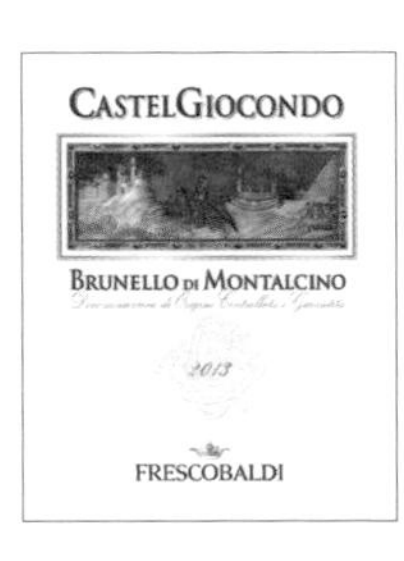

酒精度 14.5% vol

產　量 330,000瓶

品種	100% Sangiovese
葡萄坡名	Montalcino西南部的Tenuta CastelGiocondo混坡
葡萄樹齡	15-25年
海拔	300公尺
土壤	泥灰岩
面向	西南
平均產量	4,000公升/公頃
種植方式	短枝修剪與長枝修剪
採收日期	2013年10月第一週
釀造製程	置於不鏽鋼桶，8至10天，溫度控制於28-30°C
浸漬溫度與時間	28-30°C, 30天
顏色	深紅寶石色
陳年方式	第一階段2年以上：於斯拉夫尼亞製與法製大型橡木桶；第二階段4個月：靜置於玻璃瓶中
建議餐搭選擇	燉牛肉、燴肉、陳年起司

品飲紀錄｜

香氣

散發清晰鮮明的覆盆子與夏日紅色莓果香氣，接著圍繞著優雅的紫羅蘭花香，優雅而強勁之香氣

口感

和諧清新，單寧優雅，礦物質氣味持久，餘韻悠長綿延，是一款簡單的布雷諾酒款。

English

Grape Variety: 100% Sangiovese
Vineyard: Tenuta CastelGiocondo, southwest Montalcino
Vineyard age: 15-25 years
Altitude: 300 meters
Soil: schist (galestro)
Exposure: southwest
Average yield: 40 ql/ha
Growing system: cordon pruning and guyot pruning
Harvest: first week of October, 2013
Alcohol degree: 14.5%
Production number: 330,000 bottles
Vinification: in stanless steel tanks during 8-10 days at 28-30°C
Maceration: 28-30°C, 30 days
Color: intense ruby red
Aging: at least 2 years in Slavonian oak casks and French oak barrels; 4 months in bottles
Food match: beef stews, braised meats and aged cheeses
Tasting note: the wine expresses clearly defined aromas of raspberry and red summer fruits, further enriched by elegant floral violet notes. On the palate CastelGiocondo Brunello 2013 is harmonious and well-defined wine with elegant tannins and a sapid and mineral persistence. The wine has a long, lingering finish.

Italiano

Vitigno: 100% Sangiovese
Vigneto: Tenuta CastelGiocondo, sud-ovest Montalcino
Età vigneti: 15-25 anni
Altitudine: 300 metri
Terreno: scisto (galestro)
Esposizione: sud-ovest
Resa Media: 40 ql/ha
Sistema di allevamento: cordone speronato e guyot
Vendemmia: prima settimana di Ottobre 2013
Tasso alcolico: 14.5%
Bottiglie prodotte: 330,000 bottiglie
Vinificazione: fermentazione in acciaio per 8-10 giorni, a 28- 30 °C
Macerazione: 28-30°C, 30 giorni
Colore: rosso rubino intenso
Invecchiamento: dalla vendemmia al 1 gennaio 2018, dopo aver trascorso 2 anni in legno e 4 mesi in bottiglia
Abbinamenti: brasato, filetto di manzo, formaggi stagionati.
Note Degustative: al naso si esprime con netti aromi di lampone e frutti rossi arricchito da eleganti note di violetta. In bocca avvolgente ed armonico si articola con una elegante trama tannica ed una lunga sensazione sapida e minerale.

CastelGiocondo (Frescobaldi)

Brunello di Montalcino Riserva DOCG 2012 Ripe al Convento di CastelGiocondo

單一坡	Cru
酒精度	14.5% vol
產 量	13,000瓶

品種	100% Sangiovese
葡萄坡名	Montalcino西南部的Tenuta CastelGiocondo單一坡
葡萄樹齡	25年以上
海拔	350-450公尺
土壤	黑色土，泥灰岩，富含黏土、鈣質與其他礦物，屬於鹹性至偏鹹性土壤
面向	南、西南
平均產量	3,500公升/公頃
種植方式	短枝修剪
採收日期	2012年10月上旬
釀造製程	置於不鏽鋼桶，8至10天，溫度控制於28-30°C
浸漬溫度與時間	24-26°C, 33天
顏色	明亮深紅寶石色
陳年方式	第一階段2年以上：於大型斯拉尼亞與法製橡木桶；第二階段6個月：靜置於玻璃瓶中
建議餐搭選擇	慢燉之肉類餐點及陳年起司

品飲紀錄｜

香氣

豐富濃郁，紅、黑色莓果如梅子與黑醋栗，緩緩交替出現，最後是辛香的礦物風味

口感

豐富、和諧，富有酸度平衡、風味絕佳的優雅柔順單寧，餘韻芳香，其果香悠長綿延。此款酒雖來自布雷諾紅酒三大廠之一，然其品質良好，值得收藏。

English

Grape Variety: 100% Sangiovese
Vineyard: Tenuta CastelGiocondo, southwest Montalcino
Vineyard age: more than 25 years old
Altitude: 350-450 metres
Soil: dark, schisty Galestro soils, rich in clay, calcium, and other minerals; alkaline to sub-alkaline
Exposure: south and southwest
Average yield: 35 ql/ha
Growing system: low-trained spurred cordon
Harvest: first 10 days of October, 2012
Alcohol degree: 14.5%
Production number: 13,000 bottles
Vinification: in stainless steel tanks during 8-10 days, at 28-30°C
Maceration: 24-26°C, 33 days
Color: intense and brilliant ruby red
Aging: minimum of 2 years in large Slavonian oak ovals and French oak barrels; 6 months in bottles
Food match: stews, slow-cooked meat dishes, and aged cheeses
Tasting note: the wine is complex and intense on the nose, aromatic expression is of alternating notes of red and black fruits, damson and blackcurrant, before giving way to mineral notes of spice and incense. On the palate Ripe al Convento is opulent, enveloping, harmonious and rich with elegant tannins balanced by excellent flavour and acidity. The finish is persistent, lingering and aromatic. This is one of the biggest producer in Brunello di Montalcino, yet the quality is worth of collecting and aging.

Italiano

Vitigno: 100% Sangiovese
Vigneto: Tenuta CastelGiocondo, sud-ovest Montalcino
Età vigneti: oltre 25 anni
Altitudine: 350-450 metri
Terreno: terreni galestrosi, ricchi di argilla e ben dotati di calcio. Terreni "scuri". Ricchi di elementi minerali. PH alcalino/sub alcalino
Esposizione: sud, sud-ovest
Resa Media: 35 ql/ha
Sistema di allevamento: cordone speronato basso
Vendemmia: prima decade di Ottobre 2012
Tasso alcolico: 14.5%
Bottiglie prodotte: 13,000 bottiglie
Vinificazione: fermentazione in acciaio per 10-12 giorni, a 28- 30°C
Macerazione: 24-26°C, 33 giorni
Colore: alla vista presenta un bel colore rosso rubino profondo e brillante.
Invecchiamento: dalla vendemmia al 1 gennaio del sesto anno successivo, dopo aver trascorso minimo 2 anni in legno e 6 mesi in bottiglia
Abbinamenti: stufati, piatti di carne a lunga cottura e formaggi stagionati
Note Degustative: al naso è intenso e complesso dove ogni nota aromatica si alterna in una lenta successione inizialmente con sentori di piccoli frutti a bacca rossa e nera come prugna, mora e ribes nero per poi rivelare note iodate, di spezie e incenso. In bocca è opulento, avvolgente ed equilibrato, ricco di tannini setosi ben bilanciati da acidità e sapidità. Finale di lunghissima persistenza aromatica.

LUCE DELLA VITE

Brunello di Montalcino DOCG 2013 Luce

單一坡	Cru
酒精度	15% vol
產　量	25,000瓶

品種	100% Sangiovese
葡萄坡名	Montalcino西南部的Madonnino單一坡
葡萄樹齡	19年
海拔	420公尺
土壤	片岩
面向	西南
平均產量	3,400公升/公頃
種植方式	簡單長枝修剪
採收日期	2013年9月
釀造製程	置於不鏽鋼桶，12天，溫控
浸漬溫度與時間	28-30°C, 4星期
顏色	明亮紅寶石色
陳年方式	24個月部份於大型木桶(90%第一代木桶，10% 新木桶)，部份於斯拉夫尼亞製橡木桶
建議餐搭選擇	肉醬義大利麵(tagliatelle)、烤肉、野禽、陳年起司

品飲紀錄｜

濃郁的香氣展現陳年醋香及清雅菸草氣味，之後轉為巧克力及可可芳香；隨之而來可感受到成熟黑色水果香氣，如櫻桃果醬並如初倒櫻桃白蘭地，暖杯後之利口酒香；口感持久且平衡，成熟優雅的單寧，散發鮮明且活潑的清新與迷人魅力；最後，沈浸於甜美溫和的菸草氣味、黑醋栗果醬之餘韻悠長。此款酒於今日適飲亦具陳年實力，實具珍藏投潛力，此外，此款酒亦為布雷諾酒款中最具知名度，極受好評，其2013年更是不可錯過的佳釀。

English

Grape Variety: 100% Sangiovese
Vineyard: Madonnino, southwest Montalcino
Vineyard age: 19 years
Altitude: 420 meters
Soil: schist
Exposure: southwest
Average yield: 34 ql/ha
Growing system: simple guyot
Harvest: September, 2013
Alcohol degree: 15% vol.
Production number: 25,000 bottles
Vinification: in stainless steel, 12 days with indigenous yeast, temperature controlled
Maceration: 28-30°C, 4 weeks
Color: brilliant ruby color
Aging: 24 months in wood, part in barrels (90% first passage, 10% new) and part in Slavonian oak casks
Food match: tagliatelle with meat souce, roasted and braised meats, game, BBQ, old cheeses
Tasting note: [Bouquet] intense which reveals scents of balsam, hints of light tobacco, evolving towards cocoa notes. Then we discover ripe black fruit aromas, like jammy cherries, reminiscent of kirsh. [Taste] continues with well balanced, ripe and elegant tannins, sustained by a good freshness, the liveliness, the vivacity and the attractive sapidity. Finally we enjoy sweet mild tobacco hints and jammed black currant flavours with a lingering finish. A wine which is enjoyable to drink in its youth but which lose none of their ability to age a long time.

Italiano

Vitigno: 100% Sangiovese
Vigneto: un vigneto dedicato detto "Madonnino" , sud-ovest Montalcino
Età vigneti: 19 anni
Altitudine: 420 metri
Terreno: schistoso
Esposizione: sud ovest
Resa Media: 34 ql/ha
Sistema di allevamento: guyot semplice
Vendemmia: Settembre 2013
Tasso alcolico: 15% vol.
Bottiglie prodotte: 25,000 bottiglie
Vinificazione: 12 giorni con lieviti indigeni
Macerazione: 28-30°C, lunga (4 settimane)
Colore: rubino brillante
Invecchiamento: 24 mesi in legno, parte in barriques (90% di primo passaggio, 10% nuove) e patre in boti di rovere di Slavonia
Abbinamenti: tagliatelle con ragù, carni alla brace, arrosti e brasati, selvaggina, formaggi invecchiati.
Note Degustative: il naso introduce note balsamiche, di macchia mediterranea, tabacco biondo e cacao. In seguito, si svelano le note di frutta nera matura, di ciliegia sotto spirito. La bocca esprime tannini precisi, eleganti ed equilibrati, sorretta da una stimolante sapidità e freschezza. Il finale ci regala una bella persistenza, dolci note di tabacco e di marmellata di ribes nero. Un vino che già si esprime a pieno e che potrà destinarsi ad un lungo nvecchiamento.

39-1 *Tasting 3* | *Degustazione 3*

ARGIANO

Brunello di Montalcino DOCG 2013

酒精度 14% vol

產　量 132,000瓶

品種	100% Sangiovese
葡萄坡名	Montalcino西南部混坡
葡萄樹齡	10至50年
海拔	280-310公尺
土壤	泥灰土與黏土
面向	南至西南
平均產量	6,100公升/公頃
種植方式	短枝修剪
採收日期	2013年9月中下旬
釀造製程	置於不鏽鋼桶；溫控
浸漬溫度與時間	20-25°C，21天
顏色	深紅寶石色
陳年方式	第一階段24個月以上：於法製橡木桶(1千至5千公升)；第二階段4個月：靜置於玻璃瓶中
建議餐搭選擇	紅肉、波隆納肉醬義大利麵、中陳年起司

品飲紀錄｜

櫻桃、紅色莓果香氣、巴薩米克醋香與辛香味，這是一款簡單的布雷諾紅酒。

English

Grape Variety: 100% Sangiovese
Vineyard: mixed, southwest Montalcino
Vineyard age: 10-50 years
Altitude: 280-310 meters
Soil: loam – marl and clay
Exposure: south-southwest
Average yield: 61 ql/ha
Growing system: spurred cordon
Harvest: mid-end September, 2013
Alcohol degree: 14% vol.
Production number: 132,000 bottles
Vinification: in stainless steel tanks, temperature control
Maceration: 20-25°C, 21 days
Color: intense ruby red color
Aging: at least 24 months in French oak casks (10-50 hl); 4 months in the bottle
Food match: red meats, pasta with Bolognese ragu sauce, medium-aged cheese
Tasting note: cherry, red berry aroma with balsamic and spicy flavor.

Italiano

Vitigno: 100% Sangiovese
Vigneto: misto, sud-ovest Montalcino
Età vigneti: 10-50 anni
Altitudine: 280-310 metri
Terreno: terra argillosa - marna e argilla
Esposizione: sud a sud-ovest
Resa Media: 61 ql/ha
Sistema di allevamento: cordone speronato
Vendemmia: metà Settembre 2013
Tasso alcolico: 14% vol.
Bottiglie prodotte: 132,000 bottiglie
Vinificazione: in vasche di acciaio a temperatura controllata
Macerazione: 20-25°C, 3 settimane
Colore: colore rosso rubino intenso
Invecchiamento: almeno 24 mesi in botti di rovere francese (10-50 hl); 4 mesi in bottiglia
Abbinamenti: carni rosse, pasta con ragù bolognese, formaggi di media stagionatura
Note Degustative: ciliegia, aroma di frutta a bacca rossa, sentori balsamici, speziato

ARGIANO

Brunello di Montalcino Riserva DOCG 2012

酒精度 14.5% vol
產　量 4,000瓶

品種	100% Sangiovese
葡萄坡名	Montalcino西南部混坡
葡萄樹齡	12至60年
海拔	280-310公尺
土壤	泥灰與黏質壤土
面向	南至西南
平均產量	5,200公升/公頃
種植方式	短枝修剪
採收日期	2012年9月中下旬
釀造製程	置於不鏽鋼桶；溫控
浸漬溫度與時間	20-25°C, 3週以上
顏色	深紅寶石色
陳年方式	第一階段24個月以上：於斯拉夫尼亞製橡木桶；第二階段2年：靜置於玻璃瓶中
建議餐搭選擇	紅肉、波隆納肉醬義大利麵、中陳年起司

品飲紀錄｜

酒體飽滿、柔軟的單寧、口感優雅且鮮明。

English

Grape Variety: 100% Sangiovese
Vineyard: mixed, southwest Montalcino
Vineyard age: 12-60 years
Altitude: 280-310 meters
Soil: loam - marl/clay, limestone
Exposure: south-southwest
Average yield: 52 ql/ha
Growing system: spurred cordon
Harvest: mid-end September, 2012
Alcohol degree: 14.5% vol.
Production number: 4,000 bottles
Vinification: in stainless steel tanks, temperature control
Maceration: 20-25°C, more than 3 weeks
Color: deep ruby red color
Aging: at least 24 months in Slavonian oak casks; 2 years in bottles
Food match: red meats, pasta with wild board sauce, medium-aged cheese
Tasting note: full bodied with silky tannis, elegant and vibrant.

Italiano

Vitigno: 100% Sangiovese
Vigneto: misto, sud-ovest Montalcino
Età vigneti: 12-60 anni
Altitudine: 280-310 metri
Terreno: terra argillosa - marna / argillo-calcareae
Esposizione: sud a sud-ovest
Resa Media: 52 ql/ha
Sistema di allevamento: cordone speronato
Vendemmia: metà Settembre 2012
Tasso alcolico: 14.5% vol.
Bottiglie prodotte: 4,000 bottiglie
Vinificazione: in vasca di acciaio inox a temperatura controllata
Macerazione: 20-25°C, più di 3 settimane
Colore: colore rosso rubino intenso
Invecchiamento: almeno 24 mesi in botti di rovere di Slavonia; 2 anni in bottiglia
Abbinamenti: carni rossc, pasta con ragù bolognese, formaggi di media stagionatura
Note Degustative: corposo, vino di grande struttura, elegante e vibrante, tannini setosi

ALTESINO

Brunello di Montalcino DOCG 2013

酒精度 14% vol

產　量 120,000瓶

品種	100% Sangiovese
葡萄坡名	Montalcino 北部的 Altesino 混坡
葡萄樹齡	12-25 年
海拔	200 公尺
土壤	石灰岩與泥灰土
面向	南
平均產量	6,000 公升 / 公頃
種植方式	短枝修剪
採收日期	2013 年 9 月
釀造製程	置於不鏽鋼桶
浸漬溫度與時間	傳統製程，溫控
顏色	紅寶石色，隨著保存年份的增加逐漸轉為石榴紅色
陳年方式	第一階段 2 年以上：於大型橡木桶；第二階段 4 個月以上：靜置於玻璃瓶中
建議餐搭選擇	紅肉與烤肉類，野禽與陳年起司

品飲紀錄｜

香氣

濃郁多層次的香味伴隨紫羅蘭花香與令人愉悅的灌木叢芳香及新鮮果香

口感

味蕾感受其柔順溫暖、回甘、口感輕柔優雅且豐厚

English

Grape Variety: 100% Sangiovese
Vineyard: Altesino, north Montalcino
Vineyard age: 12-25 years
Altitude: 200 meters
Soil: limestone and marlstones
Exposure: south
Average yield: 60 ql/ha
Growing system: spurred cordon
Harvest: September 2013
Alcohol degree: 14% vol.
Production number: 120,000 bottles
Vinification: in vats
Maceration: tradizionale a temperatura controllata
Color: ruby red color, tending to a garnet brick red with ageing
Aging: minimum of 2 years in oak barrels; minimum of 4 months in bottles
Food match: red and roasted meat, noble game and aged cheese
Tasting note: [Bouquet] broad, intense compound with violet hints and pleasant underbrush notes; [Taste] dry, warm and velvety. Opulent but with extraordinary elegance and fine breed.

Italiano

Vitigno: 100% Sangiovese
Vigneto: Altesino, nord Montalcino
Età vigneti: 12-25 anni
Altitudine: 200 metri
Terreno: tufaceo e alberese
Esposizione: sud
Resa Media: 60 ql/ha
Sistema di allevamento: cordone speronato
Vendemmia: Settembre 2013
Tasso alcolico: 14% vol.
Bottiglie prodotte: 120,000 bottiglie
Vinificazione: in vasche acciaio
Macerazione: tradizionale a temperatura controllata
Colore: rosso rubino tendente al granato con l'invecchiamento
Invecchiamento: minimo 2 anni nelle botti di rovere; minimo 4 mesi in bottiglia
Abbinamenti: carni rosse, arrosti, cacciagione e formaggi stagionati
Note Degustative: [Profumo] bouquet ampio ed intendo con sentori di viola mammola e piacevoli ricordi di sottobosco; [Gusto] secco, caldo e vellutato. Opulento ma di straordinaria eleganza

40-2 *Tasting 1 | Degustazione 1*

ALTESINO

Brunello di Montalcino DOCG 2013 Montosoli

單一坡	Cru
酒精度	14% vol
產　量	15,000瓶

品種	100% Sangiovese
葡萄坡名	Montalcino 北部的 Montosoli 單一坡
葡萄樹齡	10-25年
海拔	320公尺
土壤	泥灰岩
面向	東北
平均產量	5,000公升/公頃
種植方式	短枝修剪
採收日期	2013年10月
釀造製程	置於不鏽鋼桶
浸漬溫度與時間	傳統製程，溫控
顏色	紅寶石色，隨著保存年份的增加逐漸轉為石榴紅色
陳年方式	第一階段2年以上：於大型橡木桶；第二階段4個月以上：靜置於玻璃瓶中
建議餐搭選擇	紅肉與烤肉類，野禽與陳年起司

品飲紀錄｜

香氣

多層次且豐富的香氣濃郁，帶有天然花香與黑莓果香，粉紅胡椒與巴薩米克醋的香芬且不失優雅的果香。

口感

味蕾感受其柔順溫暖、回甘且細緻，豐富而優雅的單寧與適度之酸度，表現其貴氣之尾韻。

English

Grape Variety: 100% Sangiovese
Vineyard: Montosoli, north Montalcino
Altitude: 320 meters
Vineyard age: 10-25 years
Soil: marlstone
Exposure: northeast
Average yield: 50 ql/ha
Growing system: spurred cordon
Harvest: October 2013
Production number: 15,000 bottles
Alcohol degree: 14% vol.
Vinification: in vats
Maceration: traditional method with temperature control
Color: ruby red color, tending to a garnet brick red with ageing
Aging: minimum of 2 years in oak barrels; minimum of 4 months in bottles
Food match: red and roasted meat, noble game and aged cheese
Tasting note: [Bouquet] rich, heavenly compound with floral and blackberry notes, pink pepper and balsamic hints; [Taste] dry, warm and delicate. Rich tannic texture which offer a long aristocratic finish.

Italiano

Vitigno: 100% Sangiovese
Vigneto: Montosoli, nord Montalcino
Altitudine: 320 metri
Età vigneti: 10-25 anni
Terreno: galestro
Esposizione: nord-est
Resa Media: 50 ql/ha
Sistema di allevamento: cordone speronato
Vendemmia: Ottobre 2013
Bottiglie prodotte: 15,000 bottiglie
Tasso alcolico: 14% vol.
Vinificazione: in vasche acciaio
Macerazione: tradizionale a temperatura controllata
Colore: rosso rubino tendente al granato con l'invecchiamento
Invecchiamento: minimo 2 anni nelle botti di rovere; minimo 4 mesi in bottiglia
Abbinamenti: carni rosse, arrosti, cacciagione e formaggi stagionati
Note Degustative: [Profumo] bouquet ricco e persistente con gradevoli aromi floreali e note di mora, pepe rosa e accenni balsamici; [Gusto] secco, caldo ed equilibrato. Trama tannica che offre un lungo finale aristocratic.

ALTESINO

Brunello di Montalcino Riserva DOCG 2012

酒精度	15% vol
產　量	9,000瓶

品種	100% Sangiovese
葡萄坡名	Montalcino 北部的Altesino混坡
葡萄樹齡	12-25年
海拔	200公尺
土壤	石灰岩與泥灰土
面向	南
平均產量	5,000公升/公頃
種植方式	短枝修剪
採收日期	2012年10月
釀造製程	置於不鏽鋼桶
浸漬溫度與時間	傳統製程，溫控
顏色	石榴紅色
陳年方式	第一階段2年以上：於大型橡木桶；第二階段6個月以上：靜置於玻璃瓶中
建議餐搭選擇	紅肉與烤肉類，野禽與陳年起司

品飲紀錄 |

香氣
濃郁芳香帶著清雅成熟果香

口感
結構鮮明且口感豐富，屬於中規中矩之陳年布雷諾紅酒。

English

Grape Variety: 100% Sangiovese
Vineyard: Altesino, north Montalcino
Vineyard age: 12-25 years
Altitude: 200 meters
Soil: limestone and marlstones
Exposure: south
Average yield: 50 ql/ha
Growing system: spurred cordon
Harvest: October 2012
Alcohol degree: 15% vol.
Production number: 9,000 bottles
Vinification: in vats
Maceration: traditional method with temperature control
Color: garnet red
Aging: minimum of 2 years in oak barrels; minimum of 6 months in bottles
Food match: red and roasted meat, noble game and aged cheese
Tasting note: [Bouquet] intense bouquet, vaguely ethereal with ripe fruits notes; [Taste] remarkable taste structure and outstanding breadth

Italiano

Vitigno: 100% Sangiovese
Vigneto: Altesino, nord Montalcino
Età vigneti: 12-25 anni
Altitudine: 200 metri
Terreno: tufaceo e alberese
Esposizione: sud
Resa Media: 50 ql/ha
Sistema di allevamento: cordone speronato
Vendemmia: Ottobre 2012
Tasso alcolico: 15% vol.
Bottiglie prodotte: 9,000 bottiglie
Vinificazione: in vasche acciaio
Macerazione: tradizionale a temperatura controllata
Colore: rosso rubino tendente al granato con l'invecchiamento
Invecchiamento: minimo 2 anni nelle botti di rovere; minimo 6 mesi in bottiglia
Abbinamenti: carni rosse, arrosti e cacciagione
Note Degustative: [Profumo] intenso, velatamente etereo con note di frutta matura; [Gusto] vino di grande struttura gustativa e notevole ampiezza.

41-1 *Tasting 1 | Degustazione 1*

CAMPOGIOVANNI

Brunello di Montalcino DOCG 2013

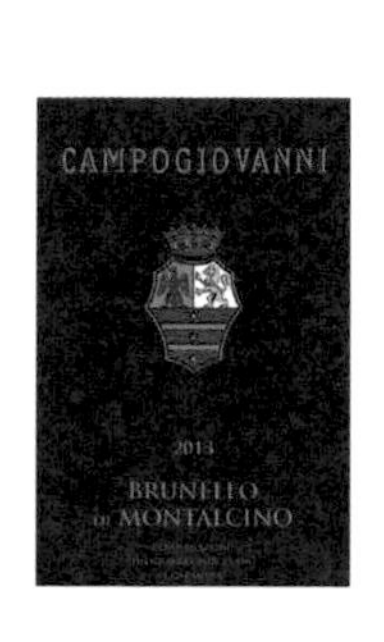

酒精度 15% vol
產　量 85,000瓶

品種	100% Sangiovese
葡萄坡名	Montalcino南部，位於Sant'Angelo in Colle的Campogiovanni坡
葡萄樹齡	20年
海拔	350公尺
土壤	質地中等，含泥沙、黏土、砂岩與石灰土
面向	南
平均產量	6,500公升/公頃
種植方式	短枝修剪
採收日期	2013年9月第四週
釀造製程	置於不鏽鋼桶
浸漬溫度與時間	28-30°C, 20天
顏色	深紅寶石色
陳年方式	第一階段36個月：於斯拉夫尼亞製大型橡木桶(6千公升)，部份於法製中型橡木圓桶(5百公升)；第二階段12個月：靜置於玻璃瓶中
建議餐搭選擇	可搭配的餐點種類很多，特別是野禽與山豬肉、羊起司(Pecorino)

品飲紀錄|

熟透的野莓果香、黑莓果醬、菸葉與皮革香氣。口感醇厚且豐富，柔順且綿延，帶有水果風味的酒。

English

Grape Variety: 100% Sangiovese
Vineyard: Campogiovanni, Sant'Angelo in Colle, south Montalcino
Vineyard age: 20 years
Altitude: 350 meters
Soil: medium textured, largely silt-sand with some clay, on sandstone and calcareous marl.
Exposure: south
Average yield: 65 ql/ha
Growing system: spur–pruned cordon
Harvest: fourth week of September 2013
Alcohol degree: 15% vol.
Production number: 85,000 bottles
Vinification: in steel tanks
Maceration: 28-30°C, 20 days
Color: deep ruby red
Aging: 36 months in Slavonian oak casks (60 hl), which of a part in French tonneaux (500 l). 12 months in bottles.
Food match: a wide range of meats, particularly game and boar, and with aged Pecorino cheese.
Tasting note: offers up aromas of well-ripened wild berry fruit, blackberry preserves, tobacco leaf and tanned leather. An expansive, generous palate displays rich mouth feel, developing into a lengthy finale marked by fruit liqueur.

Italiano

Vitigno: 100% Sangiovese
Vigneto: Campogiovanni di Sant'Angelo in Colle, sud Montalcino
Età vigneti: 20 anni
Altitudine: 350 metri
Terreno: medio impasto con componente argillosa prevalente su limo e sabbia, riposanti su basi di arenarie e di marne calcaree
Esposizione: sud
Resa Media: 65 ql/ha
Sistema di allevamento: cordone speronato
Vendemmia: quarta settimana di Settembre 2013
Tasso alcolico: 15% vol.
Bottiglie prodotte: 85,000 bottiglie
Vinificazione: in vasche di acciaio
Macerazione: 28-30°C, 20 giorni
Colore: rosso rubino intenso
Invecchiamento: maturazione in botti di rovere di Slavonia da 60 hl, di cui una parte in tonneaux da 500 l, per 36 mesi. Affinamento in bottiglia per 12 mesi.
Abbinamenti: carni rosse in genere, selvaggina, piatti a base di cinghiale, pecorini stagionati.
Note Degustative: profumi di frutti maturi di bosco, confettura di more e note di tabacco e cuoio. Al palato è ampio, morbido, persistente, chiusura con note di frutta sotto spirito

CAMPOGIOVANNI

Brunello di Montalcino Riserva DOCG 2011 Il Quercione

單一坡	Cru
酒精度	15.5% vol
產　量	7,000瓶

品種	100% Sangiovese
葡萄坡名	Montalcino南部，位於Sant'Angelo in Colle的Il Quercione單一坡
葡萄樹齡	37年
海拔	350公尺
土壤	富質地中等，含泥沙、黏土、砂岩與石灰土
面向	南
平均產量	6,500公升/公頃
種植方式	短枝修剪
採收日期	2011年9月第四週
釀造製程	置於法製中型橡木圓桶(5百公升)
浸漬溫度與時間	30°C, 25天
顏色	深紅寶石色
陳年方式	第一階段24個月：於法製中型橡木圓桶(5百公升)；第二階段36個月：靜置於玻璃瓶中
建議餐搭選擇	綜合烤肉、磨菇或松露佳餚、陳年起司

品飲紀錄｜

散發濃郁成熟莓果香、辛香、可可粉、與鞣製皮革香氣。口感極為飽滿且細膩，味蕾感受其柔順溫暖酒香與成熟多汁的單寧風味。

English

Grape Variety: 100% Sangiovese
Vineyard: Il Quercione vineyard of Campogiovanni, Sant'Angelo in Colle, south Montalcino
Vineyard age: 37 years
Altitude: 350 meters
Soil: medium textured, largely silt and sand with some clay, resting on sandstone and calcareous marl
Exposure: south
Average yield: 65 ql/ha
Growing system: spur–pruned cordon
Harvest: fourth week of September, 2011
Alcohol degree: 15.5% vol.
Production number: 7,000 bottles
Vinification: in French oak tonneaux (500 l)
Maceration: 30°C, 25 days
Color: very deep ruby
Aging: 24 months in French oak tonneaux (500 l); 36 months in bottles
Food match: mixed grills, game, dishes with mushrooms or truffles, and aged cheeses.
Tasting note: releases remarkably emphatic fragrances of ripe berry fruit, spice, cocoa powder, and tanned leather. Very full in the mouth, lean in character but with warm alcohol and ripe, juicy tannins.

Italiano

Vitigno: 100% Sangiovese
Vigneto: Il Quercione nella tenuta di Campogiovanni a Sant'Angelo in Colle, sud Montalcino
Età vigneti: 37 anni
Altitudine: 350 metri
Terreno: medio impasto con componente argillosa prevalente su limo e sabbia, riposanti su basi di arenarie e di marne calcaree
Esposizione: sud
Resa Media: 65 ql/ha
Sistema di allevamento: cordone speronato
Vendemmia: quarta settimana di Settembre 2011
Tasso alcolico: 15.5% vol.
Bottiglie prodotte: 7,000 bottiglie
Vinificazione: in vasche di acciaio
Macerazione: 30°C, 25 giorni
Colore: rosso rubino molto intenso
Invecchiamento: maturazione in botti di rovere francese da 500 l (tonneaux) per 24 mesi. Affinamento in bottiglia per 36 mesi.
Abbinamenti: ideale con grigliate miste, cacciagione, piatti a base di funghi o tartufo, formaggi stagionati.
Note Degustative: il profumo risulta molto penetrante, di frutti maturi spezie, cacao e cuoio. Sapore pieno, austero, dai tannini dolci e succosi.

SIRO PACENTI

Brunello di Montalcino DOCG 2013 Pelagrilli

酒精度 14.5% vol

產　量 20,000瓶

品種	100% Sangiovese
葡萄坡名	70%來自Montalcino北部的Pelagrilli坡；30%來自Montalcino南部的Piancornello坡
葡萄樹齡	25年以上
海拔	350公尺
土壤	黏土與沙土
面向	南
平均產量	3,000公升/公頃
種植方式	短枝修剪
採收日期	2013年9月底
釀造製程	置於不鏽鋼桶；溫控
浸漬溫度與時間	27°C, 18-20天
顏色	紅寶石色
陳年方式	第一階段24個月：於法製橡木桶(225公升)；第二階段：靜置於玻璃瓶中；未過濾
建議餐搭選擇	肉醬義大利麵、野禽、紅肉、中陳年起司

品飲紀錄｜

結構平衡、清新且極為優雅；除了有布雷諾紅酒經典之濃郁果香外，更添了分法國勃根地紅酒之靈魂，此款酒被視為新式布雷諾紅酒代表之一。

English

Grape Variety: 100% Sangiovese
Vineyard: 70% from Pelagrilli, north Montalcino; 30% from Piancornello; south Montalcino
Vineyard age: over 25 years
Altitude: 350 meters
Soil: clay and sand
Exposure: south
Average yield: 30 ql/ha
Growing system: spurred cordon
Harvest: end September 2013
Alcohol degree: 14.5% vol.
Production number: 20,000 bottles
Vinification: in steel, temperature control
Maceration: 27°C, 18-20 days
Color: ruby red
Aging: 24 months in french oak (225 l), then in bottles; no filtering
Food match: pasta with meat sauce, game and red meat, semi-seasoned cheeses
Tasting note: balanced, fresh and a very elegant structure.

Italiano

Vitigno: 100% Sangiovese
Vigneto: 70% Pelagrilli, nord Montalcino; 30% Piancornello; sud Montalcino
Età vigneti: oltre 25 anni
Altitudine: 350 metri
Terreno: argilla e sabbia
Esposizione: sud
Resa Media: 30 ql/ha
Sistema di allevamento: cordone speronato
Vendemmia: fine Settembre 2013
Tasso alcolico: 14.5% vol.
Bottiglie prodotte: 20,000 bottiglie
Vinificazione: inox a temperatura controllata
Macerazione: la temperatura durante la macerazione si mantiene sui 27° e tra la pre e post macerazione, il tempo trascorso è di 18-20 giorni
Colore: rosso rubino
Invecchiamento: rovere francese da 225 lt per 24 mesi e poi in bottiglia; non filtrato
Abbinamenti: pasta al ragu' di carne, selvaggina e carne rossa in generale. Formaggi semi stagionati
Note Degustative: equilibrato, fresco ed ha una struttura molto fine.

SIRO PACENTI

Brunello di Montalcino
DOCG 2013
Vecchie Vigne

酒精度 14% vol
產　量 27,000瓶

品種	100% Sangiovese
葡萄坡名	Montalcino北部的Pelagrilli坡和南部的Piancornello坡
葡萄樹齡	45-50年
海拔	350公尺
土壤	富含礦物質的黏土與石灰土
面向	北和南
平均產量	2,500公升/公頃
種植方式	短枝修剪
採收日期	2013年9月底
釀造製程	置於不鏽鋼桶；溫控
浸漬溫度與時間	27°C, 18-20天
顏色	深紅寶石色
陳年方式	第一階段24個月：於法製橡木桶(225公升)；第二階段：靜置於玻璃瓶中；未過濾
建議餐搭選擇	紅肉、野禽、野豬

品飲紀錄 |

富有層次且優雅，單寧如絲絨般滑順且餘韻綿延；此款酒初開瓶時並不令人驚艷，其果香雖濃郁，然口齒間缺乏了布雷諾紅酒之傳統口感；然其完整之香氣與聖爵維斯葡萄之濃郁口感依舊吸引人；等待多時，其極為勃根地紅酒之特徵完全顯現，結構完整，果香與酸度完美稱襯，堪稱新式布雷之代表作。

English

Grape Variety: 100% Sangiovese
Vineyard: Pelagrilli, north Montalcino; Piancornello, south Montalcino
Vineyard age: 45-50 years
Altitude: 350 meters
Soil: clay and limestone, rich in mineralty
Exposure: north and south
Average yield: 25 ql/ha
Growing system: spurred cordon
Harvest: end September, 2013
Alcohol degree: 14% vol.
Production number: 27,000 bottles

Vinification: in steel, temperature control
Maceration: 27°C, 18-20 days
Color: intense ruby red
Aging: 24 months in French oak (225 l) then in bottles; no filtering
Food match: red meat, pheasant, game, wild boar
Tasting note: structured and elegant, with silky tannins and a long finish.

Italiano

Vitigno: 100% Sangiovese
Vigneto: Pelagrilli, nord Montalcino; Piancornello sud Montalcino
Età vigneti: 45-50 anni
Altitudine: 350 metri
Terreno: terreni argillo, sbbiosi, ricchi in Sali minerali
Esposizione: nord e sud
Resa Media: 25 ql/ha
Sistema di allevamento: cordone speronato
Vendemmia: fine Settembre 2013
Tasso alcolico: 14% vol.
Bottiglie prodotte: 27,000 bottiglie

Vinificazione: inox a temperatura controllata
Macerazione: la temperatura durante la macerazione si mantiene sui 27° e tra la pre e post macerazione, il tempo trascorso è di 18-20 giorni
Colore: rosso rubino intense
Invecchiamento: rovere francese da 225 lt per 24 mesi e poi in bottiglia; non filtrato
Abbinamenti: selvaggina, carne rossa, cinghiale
Note Degustative: È strutturato, elegante, con tannini finissimi ed una grande complessità.

43-1 *Tasting 2 | Degustazione 2* TOP 5

SAN POLO

Brunello di Montalcino DOCG 2013

酒精度 14% vol
產　量 50,000瓶

品種	100% Sangiovese
葡萄坡名	Montalcino東南部的San Polo與Montluc雙坡
葡萄樹齡	Montluc坡20年，San Polo坡30年
海拔	450公尺
土壤	鈣質與黏土
面向	南至西南
平均產量	3,400公升/公頃
種植方式	短枝修剪
採收日期	2013年9月底
釀造製程	置於水泥材質之大型容器
浸漬溫度與時間	28-30°C, 20-22天
顏色	帶有石榴色調的深紅寶石色，清澈有光澤
陳年方式	第一階段24個月：於中型圓木桶（5百公升，部份新桶，部份二次使用）；第二階段6個月以上：靜置於玻璃瓶中
建議餐搭選擇	結構完整之佳餚如紅肉與野禽、菌菇類與松露、陳年帕馬森起司(Parmigiano Reggiano)與羊起司(Tuscan pecorino)

品飲紀錄｜

香氣

散發紫羅蘭與小紅莓的經典芳香、森林中短灌木叢之木頭香氣、淡雅香草與綜合果醬香味，緊接著咖啡香氣。

口感

此款酒口感濃郁寬闊且持久；酒體醇厚飽滿，味蕾感受此佳釀之柔順溫暖，緊密細緻且結實，單寧圓潤柔滑，餘韻綿延且持久。

English

Grape Variety: 100% Sangiovese
Vineyard: San Polo and Montluc, southeast Montalcino
Vineyard age: Montluc vineyard 20 years, San Polo vineyard 30 years
Altitude: 450 metres
Soil: rich in calcium and clay
Exposure: south-southwest
Average yield: 34 ql/ha
Growing system: spurred cordon
Harvest: end September 2013
Alcohol degree: 14% vol.
Production number: 50,000 bottles
Vinification: in concrete tanks
Maceration: 28-30°C, 20-22 days
Color: intense ruby red in colour with garnet hues, clear and glossy
Aging: 24 months in medium toasted tonneaux (500 l), some new and some second use; at least 6 months in bottles
Food match: highly-structured cuisine such as red meats and game, as well as with mushrooms and truffles. It is ideal with matured cheeses such as Parmigiano Reggiano and Tuscan pecorino.
Tasting note: [Bouquet] exhibits typical aromas of violets and small red berries. Subtle nuances of forest undergrowth, aromatic wood, a touch of vanilla and jammy mixed fruit then give way to subtle hints of coffee; [Taste] intense, persistent, broad and heady. Full-bodied and warm on the palate, with a densely-woven texture and robust body, it has a persistent finish with well-rounded tannins.

Italiano

Vitigno: 100% Sangiovese
Vigneto: San Polo e Montluc, sud-est Montalcino
Età vigneti: 20 anni di vigneto Montluc, 30 anni di vigna San Polo
Altitudine: 450 metri
Terreno: ricco di calcio ed argille
Esposizione: sud/sud-ovest
Resa Media: 34 ql/ha
Sistema di allevamento: cordone speronato
Vendemmia: fine di Settembre 2013
Tasso alcolico: 14% vol.
Bottiglie prodotte: 50,000 bottiglie
Vinificazione: in vasche di cemento
Macerazione: 28-30°C, 20-22 giorni
Colore: di colore rosso rubino intenso con riflessi granati, limpido e brillante.
Invecchiamento: 24 mesi in tonneaux da 500l di rovere francese a media tostatura, in parte nuovi e in parte di secondo passaggio. Segue un affinamento di almeno 6 mesi in bottiglia, prima della messa in commercio
Abbinamenti: l'eleganza e il corpo armonico del vino consentono abbinamenti con piatti molto strutturati quali carni rosse, selvaggina da penna e da pelo, eventualmente accompagnate da funghi e tartufi. Ottimo con formaggi quali tome stagionate, Parmigiano reggiano e pecorino toscano.
Note Degustative: al naso esprime i tipici aromi di violetta e piccoli frutti rossi. Si riconoscono sentori di sottobosco, legno aromatico, leggera vaniglia e confettura composita seguiti da sottili note di caffè intenso, persistente, ampio ed etereo. É un vino caldo in bocca, di trama densa e corposa. Il finale è lungo, con tannini ben definiti.

43-2 *Tasting 7* | *Degustazione 7* **TOP 4**

SAN POLO

Brunello di Montalcino Riserva DOCG 2012

單一坡	Cru
酒精度	14% vol
產　量	7,000瓶

品種	100% Sangiovese
葡萄坡名	Montalcino東南部的San Polo單一坡
葡萄樹齡	30 年
海拔	450公尺
土壤	鈣質與黏土
面向	南至西南
平均產量	3,400公升/公頃
種植方式	短枝修剪
採收日期	2012年9月16日
釀造製程	置於水泥材質之大型容器
浸漬溫度與時間	28-30°C, 20-22天
顏色	帶有石榴光澤的深紅寶石色
陳年方式	第一階段36個月：於中型新圓木桶(5百公升)；第二階段8個月：靜置於玻璃瓶中
建議餐搭選擇	烤托斯卡尼T字丁骨大牛排、野豬、羊肉、乳豬、野禽類佳餚、陳年帕瑪森起司(Parmigiano Reggiano)、托斯卡尼羊起司(Tuscan Pecorino)、南義火山區波羅伏洛起司(Provolone)與北義陳年硬(藍紋)起司(Castelmagno)

品飲紀錄｜

其獨特之香氣濃郁持久、寬闊而飄逸。散發森林灌木叢之木頭香氣及辛香料的細緻香氣，並帶有淡雅小紅莓果香、香草與果醬芳香。口感回甘，味蕾感受其柔順溫暖，單寧明顯，此酒於口中仍可感受其酒體粗大結構，表示仍需陳年待飲，酒體結實富有層次且尾韻悠長，優雅而平衡。

English

Grape Variety: 100% Sangiovese
Vineyard: San Polo, southeast Montalcino
Vineyard age: 30 years
Altitude: 450 metres
Soil: rich in calcium and clay
Exposure: south-southwest
Average yield: 34 ql/ha
Growing system: spurred cordon
Harvest: Sep. 16, 2012
Alcohol degree: 14% vol.
Production number: 7,000 bottles
Vinification: in concrete tanks
Maceration: 28-30°C, 20-22 days
Color: intense ruby red with garnet highlights.
Aging: 36 months in new medium toasted tonneaux (500 l); 8 months in bottles

Food match: the food pairings for Brunello Riserva must be in line with its noble stature, such as traditional Fiorentina T-bone steak, dishes prepared with wild boar, lamb, suckling pig and game. It also pairs well with fully matured cheeses such as Parmigiano Reggiano, Tuscan Pecorino, Provolone and Castelmagno.
Tasting note: the characteristic aroma is intense, persistent, broad and ethereal. There are marked nuances of forest undergrowth, wood and spices and lighter notes of small red berries, a hint of vanilla and jammy fruit. The palate is dry and warm, with tannic overtones. The wine is robust, highly-structured and long-lasting, but at the same time elegant and well balanced.

Italiano

Vitigno: 100% Sangiovese
Vigneto: San Polo, sud-est Montalcino
Età vigneti: 30 anni
Altitudine: 450 metri
Terreno: ricco di calcio ed argille
Esposizione: sud/sud-ovest
Resa Media: 34 ql/ha
Sistema di allevamento: cordone speronato
Vendemmia: 16 Set. 2012
Tasso alcolico: 14% vol.
Bottiglie prodotte: 7,000 bottiglie
Vinificazione: in vasche di cemento a temperatura controllata
Macerazione: 28-30°C, 23 giorni
Colore: di colore rosso rubino intenso con riflessi granati.

Invecchiamento: 36 mesi in tonneaux da 500 litri di rovere francese a media tostatura di primo passaggio, 8 mesi in bottiglia.
Abbinamenti: per il Brunello Riserva gli abbinamenti gastronomici debbono essere all'altezza dell'importanza del vino: la tradizionalissima Fiorentina, i piatti a base di cinghiale, agnello, maialino al latte cacciagione e, tra i formaggi, quelli di lunga stagionatura come il Parmigiano Reggiano, i pecorini, il provolone e il Castelmagno.
Note Degustative: al naso esprime i tipici aromi di violetta e piccoli frutti rossi seguiti da sottili note di caffè. Al palato è caldo, di trama densa e corposa. Il finale è lungo e persistente con tannini morbidi e ben definiti.

44-1 *Tasting 2 | Degustazione 2*

LA MAGIA

Brunello di Montalcino DOCG 2013

有機	BIO
酒精度	14% vol
產量	30,000瓶

品種	100% Sangiovese
葡萄坡名	Montalcino東南部的La Magia混坡
葡萄樹齡	40年
海拔	400-450公尺
土壤	上層為20公分岩石沙土 下層為黏土
面向	南
平均產量	4,500公升/公頃
種植方式	短枝修剪
採收日期	2013年10月第一週
釀造製程	置於不鏽鋼桶與大型橡木桶
浸漬溫度與時間	25°C, 30天
顏色	偏石榴色調的紅寶石色
陳年方式	第一階段36個月：於法製橡木桶(5百公升)；第二階段6個月：靜置於玻璃瓶中
建議餐搭選擇	味道醇厚的肉類佳餚如磨菇醬牛排、牛尾或野禽，口味濃郁的義大利麵、燉菜和藍起司或羊起司(Pecorino)

品飲紀錄｜

滿溢口鼻的經典紅莓果香，帶有礦物質的新鮮口感、細緻的辛香，緊接著多層次之酸度與完整的單寧，餘韻悠長，適合初學者學習品飲經典酒款。

English

Grape Variety: 100% Sangiovese
Vineyard: La Magia, southeast Montalcino
Vineyard age: 40 years
Altitude: 400-450 meters
Soil: 20 cm stony sand over clay subsoil
Exposure: south
Average yield: 45 ql/ha
Growing system: spurred cordon
Harvest: first week of October 2013
Alcohol degree: 14% vol.
Production number: 30,000 bottles
Vinification: in stainless steel tanks and large oak casks
Maceration: 25°C, 30 days
Color: ruby red tending towards garnet
Aging: 36 months in French oak barrels (500 l); 6 months in bottles
Food match: pair Brunellos with heavy meat dishes, such as steak, ox tail, or game paired with mushroom sauces. They'll bode well against heavy pasta dishes, rich stews and blue-veined cheese or Pecorino cheese.
Tasting note: typical red berry fruit opening out on the nose and in the mouth, mineral overtones, delicate spices, supported by generous acidity, restrained tannin and a long finish.

Italiano

Vitigno: 100% Sangiovese
Vigneto: Vigna La Magia, sud-est Montalcino
Età vigneti: 40 anni
Altitudine: 400-450mctri
Terreno: scheletro prevalente, sabbioso in superficie argilloso al di sotto dei 20 cm
Esposizione: sud
Resa Media: 45 ql/ha
Sistema di allevamento: cordone speronato
Vendemmia: prima settimana di Ottobre 2013
Tasso alcolico: 14% vol.
Bottiglie prodotte: 30,000 bottiglie
Vinificazione: in acciaio e troncoconici di legno.
Macerazione: 25°C, 30 giorni
Colore: il colore è un rosso rubino tendente al granato
Invecchiamento: 36 mesi in tonneaux di rovere francesc da 500 litri 1/3 nuovi 2/3 usati e 6 mesi in bottiglia
Abbinamenti: accoppia il Brunello con piatti a base di carne, come bistecca, coda di bue o selvaggina abbinata a salse a base di funghi. Anche piatti di pasta con sugo,ricchi stufati e formaggi a pasta blu o formaggio pecorino.
Note Degustative: al naso e in bocca si spazia dal tipico frutto a bacca rossa, ai sentori minerali, a una delicata speziatura, il tutto accompagnato da un'acidità generosa, un tannino raffinato e una grande persistenza

44-2 *Tasting 5* | *Degustazione 5* **TOP 4**

LA MAGIA

Brunello di Montalcino DOCG 2013 Ciliegio

有　機	BIO
單一坡	Cru
酒精度	14% vol
產　量	785瓶

品種	100% Sangiovese
葡萄坡名	Montalcino東南部，位於La Màgia的Ciliegio單一坡
葡萄樹齡	40年
海拔	400-450公尺
土壤	上層為20公分厚的石岩沙土下層為黏土
面向	南
平均產量	4,500公升/公頃
種植方式	短枝修剪
採收日期	2013年10月第一週
釀造製程	置於大型橡木桶
浸漬溫度與時間	25°C, 30天
顏色	偏石榴色調的紅寶石色
陳年方式	第一階段36個月：於法製中型橡木桶(5百公升)；第二階段6個月：靜置於玻璃瓶中
建議餐搭選擇	味道醇厚的肉類佳餚如磨菇醬牛排、牛尾或野禽，口味濃郁的義大利麵、燉菜和藍起司或羊起司(Pecorino)

品飲紀錄｜

此葡萄酒以葡萄園中的櫻桃樹命名，其入口的明顯櫻桃香氣，濃郁且多層次口感，帶著新鮮的辛香料與清淡礦物風味；唯有在理想環境生長的葡萄，才能擁有如此濃郁優雅的口感，此為來自風土非常重要的證明。

English

Grape Variety: 100% Sangiovese
Vineyard: Ciliegio, le grand vin de La Màgia, southeast Montalcino
Vineyard age: 40 years
Altitude: 400-450 meters
Exposure: south
Soil: 20cm stony sand over clay subsoil
Average yield: 45 ql /ha
Production number: 785 bottles
Growing system: spurred cordon
Harvest: first week of October 2013
Alcohol degree: 14% vol.
Vinification: in large oak casks
Maceration: 25°C, 30 days
Color: ruby red tending towards garnet
Aging : 36 months in French oak barrels (500 l); 6 months in bottles
Food match: pair Brunellos with heavy meat dishes, such as steak, ox tail, or game paired with mushroom sauces. They'll bode well against heavy pasta dishes, rich stews and blue-veined cheese or Pecorino cheese.
Tasting note: the wine is named after one of the two cherry trees on either side of the vines, a magnificent specimen that identifies the vineyard from a considerable distance. With its freshness and complexity, this wine has pronounced mineral undertones. A statement of concentration and elegance that only the Sangiovese grape can deliver, when grown in its ideal environment.

Italiano

Vitigno: 100% Sangiovese
Vigneto: Ciliegio, le grand vin de La Màgia, sud-est Montalcino
Età vigneti: 40 anni
Altitudine: 400-450metri
Esposizione: sud
Terreno: scheletro prevalente, sabbioso in superficie argilloso al di sotto dei 20 cm
Resa Media: 45 ql/ha
Bottiglie prodotte: 785 bottiglie
Sistema di allevamento: cordone speronato
Vendemmia: prima settimana di Ottobre 2013
Tasso alcolico: 14% vol.
Vinificazione: in troncoconici di legno
Macerazione: 25°C, 30giorni
Colore: il colore è un rosso rubino tendente al granato
Invecchiamento: 36 mesi in tonneaux di rovere francese da 500 litri nuovi
Abbinamenti: accoppia il Brunello con piatti a base di carne, come bistecca, coda di bue o selvaggina abbinata a salse a base di funghi. Anche piatti di pasta con sugo, ricchi stufati e formaggi a pasta blu o formaggio pecorino.
Note Degustative: deve il suo nome ad uno dei due ciliegi tra i quali è posta la vigna, un maestoso albero che identifica il vigneto anche da molto lontano. Caratterizzato da un'estrema freschezza e complessità, ha una mineralità spiccata, una concentrazione e un'eleganza che solo un Sangiovese da zona ad alta vocazione riesce ad esprimere.

44-3 *Tasting 6 | Degustazione 6*

LA MAGIA

Brunello di Montalcino Riserva DOCG 2012

有機	BIO
單一坡	Cru
酒精度	14.5% vol
產量	5,000瓶

品種	100% Sangiovese
葡萄坡名	Montalcino東南部，位於La Màgia的Ciliegio單一坡
葡萄樹齡	40年
海拔	400-450公尺
土壤	上層為20公分厚的岩石沙土 下層為黏土
面向	南
平均產量	4,500公升/公頃
種植方式	短枝修剪
採收日期	2012年9月最後一週
釀造製程	置於大型橡木桶
浸漬溫度與時間	25°C, 30天
顏色	偏石榴色調的紅寶石色
陳年方式	第一階段40個月：於法製橡木桶(5百公升)；第二階段18個月：靜置於玻璃瓶中
建議餐搭選擇	味道醇厚的肉類佳餚如磨菇醬牛排、牛尾或野禽，口味濃郁的義大利麵、燉菜和藍起司或羊起司(Pecorino)

品飲紀錄｜

細緻純粹的香氣讓人印象深刻，口感呈現完美平衡與細緻優雅如絲絨般的質地，以紅色莓果與菸草香氣結尾，長達58個月的陳年時間使其口感柔順而雋永，值得收藏。

English

Grape Variety: 100% Sangiovese
Vineyard: Ciliegio, le grand vin de La Màgia, southeast Montalcino
Vineyard age: 40 years
Altitude: 400-450 meters
Soil: 20 cm stony sand over clay subsoil
Exposure: south
Average yield: 45 ql/ha
Growing system: spurred cordon
Harvest: last week of September 2012
Alcohol degree: 14.5% vol.
Production number: 5,000 bottles
Vinification: in large oak casks
Maceration: 25°C, 30 days
Color: ruby red tending towards garnet
Aging : 40 months in French oak barrels (500 l); 18 months in bottles
Food match: pair Brunellos with heavy meat dishes, such as steak, ox tail, or game paired with mushroom sauces. They'll bode well against heavy pasta dishes, rich stews and blue-veined cheese or Pecorino Cheese.
Tasting note: impressive for its wonderful finesse and purity. On the palate this displays excellent overall balance and finesse with a gorgeous refined silky texture leading to a finish laced with flavors of red berries and tobacco.

Italiano

Vitigno: 100% Sangiovese
Vigneto: Ciliegio, le grand vin de La Màgia, sud-est Montalcino
Età vigneti: 40 anni
Altitudine: 400-450metri
Terreno: scheletro prevalente, sabbioso in superficie argilloso al di sotto dei 20 cm
Esposizione: sud
Resa Media: 45 ql/ha
Sistema di allevamento: cordone speronato
Vendemmia: ultima settimana di Settembre 2012
Tasso alcolico: 14.5% vol.
Bottiglie prodotte: 5,000 bottiglie
Vinificazione: in troncoconici di legno
Macerazione: 25°C, 30giorni
Colore: il colore è un rosso rubino tendente al granato
Invecchiamento: 40 mesi in tonneaux di rovere francese da 500 litri nuovi e 18 mesi di bottiglia
Abbinamenti: accoppia il Brunello con piatti a base di carne, come bistecca, coda di bue o selvaggina abbinata a salse a base di funghi. Anche piatti di pasta con sugo, ricchi stufati e formaggi a pasta blu o formaggio pecorino.
Note Degustative: impressionante per la sua meravigliosa finezza e purezza. Al palato mostra un eccellente equilibrio generale e finezza con una splendida trama raffinata e setosa che porta ad un finale cucito con ricordi di bacche rosse e tabacco.

45-1 *Tasting 1 | Degustazione 1*

FOSSACOLLE

Brunello di Montalcino DOCG 2013 Vintage

酒精度 14% vol
產　量 14,000瓶

品種	100% Sangiovese Grosso
葡萄坡名	Montalcino南部的Tavernelle坡
葡萄樹齡	12-34年
海拔	300公尺
土壤	中等質地，含有火山散灰岩的黏土
面向	南至西南
平均產量	8,000公升/公頃
種植方式	短枝修剪
採收日期	2013年9月底
釀造製程	置於不鏽鋼製與水泥製發酵桶
浸漬溫度與時間	30-32 °C, 18天
顏色	深紅寶石色
陳年方式	第一階段24個月：於法製與斯拉夫尼亞製橡木桶(2,500公升)與二次使用之法製木桶(225公升)；第二階段12個月：於水泥材質之大型容器
建議餐搭選擇	味道豐富有層次感的佳餚如紅肉、野禽搭配磨菇和松露，陳年起司

品飲紀錄｜

成熟果香、口感極佳且豐富，單寧明顯如絲絨般，柔滑順口、均衡、優雅、豐富的葡萄酒，長年陳放後更顯其芳香風味。

English

Grape Variety: 100% Sangiovese Grosso
Vineyard: Tavernelle, south Montalcino
Vineyard age: 12-34 years
Altitude: 300 metres
Soil: medium-textured soils tending to clay and containing layers of tuff
Exposure: south-southwest
Average yield: 80 ql/ha
Growing system: spurred cordon
Harvest: end September 2013
Alcohol degree: 14% vol.
Production number: 14,000 bottles
Vinification: in steel and concrete fermenters
Maceration: 30-32 °C, 18 days
Color: intense ruby
Aging: 24 months in French and Slavonian oak casks (25 hl) and second usage French barriques (225 l); 12 months in concrete vats
Food match: great with well structured and composite dishes such as red meats, game maybe accompanied by mushrooms and truffles. A good match could be with seasoned cheeses too.
Tasting note: the aromas are of mature fruits, sustained in the palate by great complexity. The tannins are noteworthy, silky and oily, persistent. A wine of optimal equilibrium, elegance and complexity, it will increase its bouquet after a moderate time in bottles.

Italiano

Vitigno: 100% Sangiovese Grosso
Vigneto: borgo medievale in località Tavernelle, sud Montalcino
Età vigneti: 12-34 anni
Altitudine: 300 metri
Terreno: il terroir di Fossacolle è generoso e forte, di medio impasto tendente all'argilloso con lenti tufacee.
Esposizione: sud-sud/ovest
Resa Media: 80 ql/ha
Sistema di allevamento: cordone speronato
Vendemmia: fine Settembre 2013
Tasso alcolico: 14% vol.
Bottiglie prodotte: 14,000 bottiglie
Vinificazione: in vasche di acciaio e cemento dove
Macerazione: 30-32 °C, 18 giorni
Colore: esprime un delicato bicchiere, d'intenso color rubino
Invecchiamento: 24 mesi in botti di rovere francese e di Slavonia da 25 hl e in barriques di rovere francese da 225 litri di 2° passaggio; 12 mesi in vasche di cemento
Abbinamenti: carni rosse e cacciagione accompagnati eventualmente da funghi e tartufo ma anche formaggi stagionati.
Note Degustative: gli aromi di frutti maturi vengono sostenuti nel palato da una grande corposità. Notevoli sono i tannini, di consistenza morbida e tessitura untuosa, molto longevo. Questo vino, di ottimo equilibrio, promette con l'affinamento in bottiglia l'incremento del suo bouquet; che già adesso si presenta elegante e complesso.

45-2 *Tasting 7* | *Degustazione 7*

FOSSACOLLE

Brunello di Montalcino Riserva DOCG 2012

單一坡	Cru
酒精度	14.5% vol
產　量	2,340瓶

品種	100% Sangiovese Grosso
葡萄坡名	Montalcino南部的Tavernelle單一坡
葡萄樹齡	28年
海拔	300公尺
土壤	中等質地，含有火山散灰岩的黏土
面向	南至西南
平均產量	8,000公升/公頃
種植方式	短枝修剪
採收日期	2012年9月下旬
釀造製程	置於水泥材質之大型容器
浸漬溫度與時間	30-32°C, 22天
顏色	深紅寶石色
陳年方式	第一階段24個月：於二次使用之木桶(225公升)；第二階段12個月：於水泥材質之大型容器
建議餐搭選擇	味道豐富有層次的佳餚如搭配磨菇和松露的紅肉與野禽、熟成起司

品飲紀錄｜

成熟果香、口感豐富極佳，單寧明顯如絲絨般，柔滑順口，十分均衡、優雅、豐富的一款葡萄酒，長年陳放後更顯其芳香風味。

English

Grape Variety: 100% Sangiovese Grosso
Vineyard: Tavernelle, south Montalcino
Vineyard age: 28 years
Altitude: 300 metres
Soil: medium-textured soils tending to clay and containing layers of tuff
Exposure: south-southwest
Average yield: 80 ql/ha
Growing system: cordon speronato
Harvest: 2nd half September 2012
Alcohol degree: 14.5% vol.
Production number: 2,340 bottles
Vinification: in concrete vats
Maceration: 30-32°C, 22 days
Color: intense ruby
Aging: 24 months in second usage barriques; 12 months in concrete vats
Food match: great with well structured and composite dishes such as red meats, game maybe accompanied by mushrooms and truffles. A good match could be with seasoned cheeses too.
Tasting note: the aromas are of mature fruits, sustained in the palate by great complexity. The tannins are noteworthy, silky and oily, persistent. A wine of optimal equilibrium, elegance and complexity, it will increase its bouquet after a moderate time in bottles

Italiano

Vitigno: 100% Sangiovese Grosso
Vigneto: borgo medievale in località Tavernelle, sud Montalcino
Età vigneti: 28 anni
Altitudine: 300 metri
Terreno: il terroir di Fossacolle è generoso e forte, di medio impasto tendente all'argilloso con lenti tufacee.
Esposizione: sud-sud/ovest
Resa Media: 80 ql/ha
Sistema di allevamento: cordone speronato
Vendemmia: seconda meta Settembre 2012
Tasso alcolico: 14.5% vol.
Bottiglie prodotte: 2,340 bottiglie
Vinificazione: in vasche di cemento
Macerazione: 30-32°C, 22 giorni
Colore: d'intenso color rubino
Invecchiamento: 24 mesi in barriques di 2° passaggio, 12 mesi in vasche di cemento
Abbinamenti: carni rosse e cacciagione accompagnati eventualmente da funghi e tartufo ma anche formaggi stagionati.
Note Degustative: gli aromi di frutti mature vengono sostenuti nel palato da una grande corposita. Notevoli sono i tannini, di consistenza morbida e tessitura untuosa, molto longevo. Questo vino, di ottimo equilibrio, promette con l'affinamento in bottiglia l'incremento del suo bouquet; che gia adesso si presenta elegante e complesso.

TENUTE SILVIO NARDI

Brunello di Montalcino DOCG 2013

酒精度 13.5% vol
產　量 150,000瓶

品種	100% Sangiovese Grosso
葡萄坡名	Montalcino西北部的Casale del Bosco坡；Montalcino東部的Manachiara坡
葡萄樹齡	15-30年
海拔	350公尺
土壤	玉石岩與薄層岩黏土
面向	西北和東南
平均產量	6,000公升/公頃
種植方式	短枝修剪
採收日期	2013年9月最後一週
釀造製程	置於不鏽鋼桶，溫控
浸漬溫度與時間	低於28°C，23天以上，每一批次葡萄略異
顏色	帶有石榴光澤的深紅寶石色
陳年方式	第一階段12個月：於二次使用之法國阿列省製橡木圓桶；第二階段18個月：於斯拉夫尼亞製大型橡木桶；第三階段12個月以上：靜置於玻璃瓶中
建議餐搭選擇	野禽、紅肉、陳年起司

品飲紀錄｜

乾淨高雅、濃郁而豐富的香氣撲鼻，芳香優雅非凡，其明顯之成熟果香與黑色莓果香中，帶著淡雅辛香，似葡萄乾之新鮮感與辛香味相互重疊。口感柔順圓潤，天鵝絨般的單寧，酒體飽滿，餘韻悠長，具陳年珍藏及投資潛力。

English

Grape Variety: 100% Sangiovese
Vineyard: Casale del Bosco, northwest Montalcino; Manachiara, east Montalcino
Vineyard age: 15-30 years
Altitude: 350 meters
Soil: jasper and shale
Exposure: northwest and southeast
Average yield: 60 ql/ha
Growing system: spurred cordon
Harvest: last week of September, 2013
Alcohol degree: 13.5 % vol.
Production number: 150,000 bottles
Vinification: in steel tanks, temperature control
Maceration: fermentation and maceration for at least 23 days, according to parcels, at controlled temperature less than 28°C

Color: intense ruby red colour with garnet highlights
Aging: 12 months in used French oak tonneaux (Allier); 18 months in large Slavonian oak barrels; at least 12 months in bottles.
Food match: game, red meat, seasoned cheese
Tasting note: clean, elegant, intense and complex aromas at the nose, rich in ethereal notes, with vivid ripe and black berries together with spicy hints. Smooth and round at the palate, with velvety tannins and a great body, good persistence and excellent ageing capacity.

Italiano

Vitigno: 100% Sangiovese
Vigneto: Casale del Bosco, nord-ovest Montalcino; Manachiara, est Montalcino
Età vigneti: da 15 a 30 anni
Altitudine: 350 metri
Terreno: diaspri e scisti argillosi
Esposizione: nord-ovest/sud-est
Resa Media: 60 ql/ha
Sistema di allevamento: cordone speronato
Vendemmia: a partire dalla terza settimana di Settembre 2013
Tasso alcolico: 13.5 % vol.
Bottiglie prodotte: 150,000 bottiglie
Vinificazione: in serbatoi di acciaio a temperatura controllata
Macerazione: fermentazione e macerazione per almeno 23 giorni, in funzione della parcella, a temperatura controllata <28°C

Colore: colore rosso rubino carico con riflessi granati.
Invecchiamento: maturazione per 12 mesi in tonneaux di rovere francese (Allier) di secondo passaggio, seguita da 18 mesi in botti grandi di rovere di Slavonia. Successivo affinamento in bottiglia per almeno 12 mesi.
Abbinamenti: selvaggina, carni rosse, formaggi stagionati
Note Degustative: profumo pulito, elegante, intenso e complesso, ricco di sentori eterei, con spiccate note di frutta matura e frutti di bosco impreziosite da una componente speziata. Ampio e morbido con tannini vellutati, dotato di ottima struttura, buona persistenza e capacità d' invecchiamento.

TENUTE SILVIO NARDI

Brunello di Montalcino Riserva DOCG 2012 Vigneto Poggio Doria

單一坡	Cru
酒精度	15% vol
產 量	3,000瓶

品種	100% Sangiovese
葡萄坡名	Montalcino西北部的Poggio Doria單一坡
葡萄樹齡	20年
海拔	260公尺
土壤	玉石岩、沙土與黏土
面向	南、西、西北
平均產量	5,000公升/公頃
種植方式	短枝修剪
採收日期	2012年10月第一週
釀造製程	置於不鏽鋼桶，溫控
浸漬溫度與時間	低於28°C, 26天以上
顏色	帶有石榴光澤的紅寶石色
陳年方式	第一階段18個月：於新、舊法國阿列省製橡木圓桶；第二階段12個月：於斯拉夫尼亞製大型橡木桶；第三階段24個月以上：靜置於玻璃瓶中
建議餐搭選擇	野禽、紅肉、陳年起司

品飲紀錄｜

一開瓶即能聞得其香氣馥郁，複雜的氣味有新鮮礦物、紅色莓果香、丁香與香草的辛香味。平衡且綿延的口感，明顯且如天鵝絨般的單寧，使其口感柔順優雅且餘韻悠長。筆者曾於不久前品嚐過其陳年後約15年之酒款，證實其於15年後之口感應為最佳。

English

Grape Variety: 100% Sangiovese
Vineyard: Poggio Doria, northwest Montalcino
Vineyard age: 20 years
Altitude: 260 meters
Soil: jasper, sand and clay
Exposure: south, west and north-west
Average yield: 50 ql/ha
Growing system: spurred cordon
Harvest: first week of October 2012
Alcohol degree: 15% vol.
Production number: 3,000 bottles
Vinification: in steel tanks, temperature control
Maceration: fermentation and maceration for at least 26 days, at controlled temperature less than 28°C

Color: ruby red colour with garnet highlights
Aging: 18 months in new and used French oak tonneaux (Allier); 12 months in large Slavonian oak barrels; at least 24 months in bottles
Food match: game, red meat, seasoned cheese
Tasting note: ample notes at the nose. Highly complex flavours develop then to mineral notes of graphite, fruity tones of red berries and spicy aromas of clove and vanilla. Long and balanced at the palate, smooth and persistent notes bring to the elegant finish characterized by present and velvety tannins.

Italiano

Vitigno: 100% Sangiovese
Vigneto: Poggio Doria, nord-ovest Montalcino
Età vigneti: 20 anni
Altitudine: 260 metri
Terreno: diaspri, sabbie e argille
Esposizione: sud, ovest e nord-ovest
Resa Media: 50 ql/ha
Sistema di allevamento: cordone speronato
Vendemmia: prima settimana di Ottobre 2012
Tasso alcolico: 15% vol.
Bottiglie prodotte: 3,000 bottliglie
Vinificazione: in serbatoi di acciaio a temperatura controllata
Macerazione: fermentazione e macerazione per almeno 26 giorni a temperatura controllata <28°C

Colore: colore rosso rubino carico con riflessi granati
Invecchiamento: affinamento di 18 mesi in tonneaux di rovere francese (Allier) seguito da 12 mesi in botti grandi di rovere di Slavonia. Affinamento in bottiglia per almeno 24 mesi.
Abbinamenti: selvaggina, carni rosse, formaggi stagionati
Note Degustative: la notevole complessità olfattiva si sviluppa su note minerali di grafite, fruttate di frutti rossi e speziate con chiodo di garofano e vaniglia predominanti. Le componenti gustative si esaltano sulla lunghezza e sull'equilibrio, con note morbide e persistenti fino ad arrivare al raffinato finale caratterizzato da tannini fitti e vellutati.

FRANCI

Brunello di Montalcino DOCG 2013 Franci

單一坡	Cru
酒精度	14.5% vol
產　量	2,590瓶

品種	100% Sangiovese
葡萄坡名	Montalcino東南部，位於Castelnuovo dell'Abate的Franci單一坡
葡萄樹齡	40年
海拔	200-250公尺
土壤	岩石與黏土塊、泥灰岩、沙岩與石英岩之混合土
面向	南至西南
平均產量	6,000公升/公頃
種植方式	短枝修剪
採收日期	2013年9月下旬
釀造製程	置於可開啟之木桶容器中
浸漬溫度與時間	28°C, 15-20天
顏色	深紅寶石色
陳年方式	36個月於斯拉夫尼亞製橡木桶(1千公升)
建議餐搭選擇	托斯卡尼傳統管狀義大利麵(Pinci)與野豬燉肉

品飲紀錄｜

飽滿的酒體伴隨著已成熟之單寧，即時品飲最為適合，深紅迷人的顏色好比華麗之美女，平衡、甜美、有深度的口感，以迷人之姿展現其風格及現下風華絕倫。餘韻柔順而圓融，帶著香甜菸草、皮革、雪松、乾燥花朵與鼠尾草芳香。酒體醇厚，單寧成熟且帶有女性的細膩，最後口中帶有玫瑰果、乾燥紫羅蘭與森林氣味，作為完美的結束。

English

Grape Variety: 100% Sangiovese Grosso
Vineyard: Franci in Castelnuovo dell'Abate, southeast Montalcino
Vineyard age: 40 years
Altitude: 200-250 meters
Soil: agglomerated rock clays, galestro, sandstones and quartzites
Exposure: south – southwest
Average yield: 60 ql/ha
Growing system: spurred cordon
Harvest: second decade of September, 2013
Alcohol degree: 14.5% vol.
Production number: 2,590 bottles
Vinification: in controconic wooden vats
Maceration: 28°C, 15-20 days
Color: intense ruby red
Aging: 36 months in Slavonian oak casks (10 hl)
Food match: pinci with wild boar ragout
Tasting note: full bodied wine with soft and well-developed tannins. A dark, juicy beauty, this 2013 Brunello offers gorgeous complexity and an exceptional overall balace, sweetness and mid-palate depth, all in an attractive mid-weight style with plenty of near and immediate term appeal. Hints of sweet tobacco, leather, cedar, dried flowers and sage add nuance on the silky finish. It's full body, super integrated tannins and a feminine and delicate finish with rose hip, dried violets and forest tones.

Italiano

Vitigno: 100% Sangiovese Grosso
Vigneto: Franci di Castelnuovo dell'Abate, sud-est Montalcino
Età vigneti: 40 anni
Altitudine: 200-250 metri
Terreno: argillo agglomerato roccia, galestro, arenarie e quarziti
Esposizione: sud – sud/ovest
Resa Media: 60 ql/ha
Sistema di allevamento: cordone speronato permanente
Vendemmia: seconda decade di Settembre 2013
Tasso alcolico: 14.5% vol.
Bottiglie prodotte: 2,590 bottiglie
Vinificazione: in tini di legno controconici
Macerazione: 28°C, 15-20 giorni
Colore: rosso rubino intenso
Invecchiamento: 36 mesi in botti di rovere di Slavonia, 10 hl
Abbinamenti: pinci al ragù di cinghiale
Note Degustative: vino corposo con tannini morbidi e ben sviluppati. Una bellezza scura e succosa questo Brunello 2013. Il vino offre una splendida complessità e risulta eccezionalmente bilanciato. Dolcezza e profondità di palato, tutto in un attraente stile classico. Alla finitura setosa si aggiungono note di tabacco dolce, cuoio, cedro, fiori secchi e salvia. Corpo pieno, tannini super integrati e finiture femminili con delicato sentore di rosa, violette essiccate e toni di bosco.

FRANCI

Brunello di Montalcino Riserva DOCG 2012 Franci

單一坡	Cru
酒精度	15% vol
產　量	1,300瓶

品種	100% Sangiovese Grosso
葡萄坡名	Montalcino東南部，位於Castelnuovo dell'Abate的Franci單一坡
葡萄樹齡	40年
海拔	200-250公尺
土壤	岩石與黏土塊、泥灰岩、沙岩與石英岩之混合土
面向	南至東南
平均產量	6,000公升/公頃
種植方式	短枝修剪
採收日期	2012年9月下旬
釀造製程	置於可開啟之木桶容器中
浸漬溫度與時間	28°C, 15-20天
顏色	深紅寶石色
陳年方式	48個月於斯拉夫尼亞製橡木桶(1千公升)
建議餐搭選擇	烤托斯卡尼T字丁骨大牛排

品飲紀錄｜

飽滿的酒體伴隨著已成熟之單寧，即時品飲最為適合，深紅迷人的顏色好比華麗之美女，平衡、甜美、有深度的口感，以迷人之姿展現其風格及現下風華絕倫。餘韻柔順而圓融，帶著香甜菸草、皮革、雪松、乾燥花朵與鼠尾草芳香。酒體醇厚，單寧成熟且帶有女性的細膩，最後口中帶有玫瑰果、乾燥紫羅蘭與森林氣味，作為完美的結束。

English

Grape Variety: 100% Sangiovese Grosso
Vineyard: Franci in Castelnuovo dell'Abate, southeast Montalcino
Vineyard age: 40 years
Altitude: 200-250 meters
Soil: agglomerated rock clays, galestro, sandstones and quartzites
Exposure: south – southwest
Average yield: 60 ql/ha
Growing system: spurred cordon
Harvest: second decade of September, 2012
Alcohol degree: 15% vol.
Production number: 1,300 bottles
Vinification: in controconic wooden vats
Maceration: 28°C, 15-20 days
Aging: 48 months in Slavonian oak casks (10 hl)
Color: intense ruby red
Food match: Florence T-bone steak
Tasting note: full bodied wine with soft and well-developed tannins. A dark, juicy beauty, this 2012 Brunello offers gorgeous inner perfume, sweetness and mid-palate depth, all in an attractive mid-weight style with plenty of near and immediate term appeal. Hints of sweet tobacco, cedar, dried flowers and sage add nuance on the silky finish. It's full body, super integrated tannins and a feminine and delicate finish with rose hip, dried violets and forest tones.

Italiano

Vitigno: 100% Sangiovese Grosso
Vigneto: Franci di Castelnuovo dell'Abate, sud-est Montalcino
Età vigneti: 40 anni
Altitudine: 200-250 metri
Terreno: argillo agglomerato roccia, galestro, arenarie e quarziti
Esposizione: sud – sud/ovest
Resa Media: 60 ql/ha
Sistema di allevamento: cordone speronato permanente
Vendemmia: seconda decade di Settembre 2012
Tasso alcolico: 15% vol.
Bottiglie prodotte: 1,300 bottiglie
Vinificazione: in tini di legno controconici
Macerazione: 28°C, 15-20 giorni
Invecchiamento: 48 mesi in botti di rovere di Slavonia, 10 hl
Colore: rosso rubino con riflessi granati.
Abbinamcnti: bistecca alla Fiorentina
Note Degustative: il bouquet rivela una stretta di ricamo di frutti di bosco, pietrisco, erba balsamica, frutta secca, mandarino e sfumature leggere di caramello. L'integrazione aromatica è fine ed è equilibrata e morbidamente strutturata al palato con sapori decisi di ciliegia e mora. Corposo, tannini morbidi e un finale fresco.

POGGIO ANTICO

Brunello di Montalcino DOCG 2013

酒精度	14% vol
產　量	33,000瓶

品種	100% Sangiovese Grosso
葡萄坡名	Montalcino中部，位於城區與Sant'Angelo間的5處葡萄坡：Vignone、Ristorante、Madre、Pianelli和Fornace
葡萄樹齡	10-20年
海拔	380-420公尺
土壤	泥灰岩，有岩石與黏土
面向	西南
平均產量	4,000公升/公頃
種植方式	短枝修剪
採收日期	2013年9月26日至10月21日
釀造製程	置於圓錐柱狀容器，溫控
浸漬溫度與時間	最高26°C, 20天
顏色	深紅寶石色
陳年方式	第一階段3年以上：於傳統斯拉夫尼亞製大型橡木桶；第二階段8個月：靜置於玻璃瓶中
建議餐搭選擇	鴨肉、野禽或肉醬義大利麵、烤托斯卡尼牛排

品飲紀錄｜

這是一瓶新鮮活蹦的葡萄酒，其帶有黑莓、紅櫻桃、橙皮與巴薩米克醋之芳香及入口時單寧如絲絨般順口之愉悅，值得一試。

English

Grape Variety: 100% Sangiovese
Vineyard: blend of Vignone, Ristorante, Madre, Pianelli, Fornace, central Montalcino (between Montalcino and Sant'Angelo)
Vineyard age: 10-20 years
Altitude: 380-420 meters
Soil: galestro with some rocks and some spots of clay
Exposure: southwest
Average yield: 40 ql/ha
Growing system: spurred cordon
Harvest: Sep. 26 – Oct. 21, 2013
Alcohol degree: 14% vol.
Production number: 33,000 bottles
Vinification: in stainless steel truncated conical vats, temperature control
Maceration: maximum 26°C, 28 days
Color: intense ruby red
Aging: over 3 years in large, traditional Slavonian oak barrels; 8 months in bottles
Food match: perfect with duck, game or pasta with meat sauce and obviously with a Florentine stea
Tasting note: elegant wine with hints of blackberry, maraschino, orange peel and balsamic notes. Pleasant and silky tannins.

Italiano

Vitigno: 100% Sangiovese
Vigneto: assemblaggio di Vignone, Ristorante, Madre, Pianelli, Fornace, parte centrale di Montalcino (tra Montalcino e Sant'Angelo)
Età vigneti: 10-20 anni
Altitudine: 380-420 metri
Terreno: sassoso con molto galestro, un po' di macigno e qualche chiazza di argilla
Esposizione: sud-ovest
Resa Media: 40 ql/ha
Sistema di allevamento: cordone speronato
Vendemmia: 26 Set. – 21 Ott. 2013
Tasso alcolico: 14% vol.
Bottiglie prodotte: 33,000 bottiglie
Vinificazione: in tini troncoconici di acciaio inox termocondizionati
Macerazione: massimo 26°C, 28 giorni
Colore: rosso rubino intenso
Invecchiamento: oltre 3 anni in grandi botti tradizionali di rovere di Slavonia; 8 mesi in bottiglia
Abbinamenti: accompagnamento perfetto per anatra, selvaggina o pasta al ragù e chiaramente bistecca alla fiorentina
Note Degustative: vino elegante con sentori di mora, maraschino, scorza d'arancia e note balsamiche. Tannini piacevoli e setosi.

IL GRAPPOLO

Brunello di Montalcino DOCG 2013 Sassocheto

單一坡	Cru
酒精度	14.5% vol
產　量	5,000瓶

品種	100% Sangiovese
葡萄坡名	Montalcino西南部，位於Sant'Angelo in Colle的Piano Nero單一坡
葡萄樹齡	20年
海拔	300公尺
土壤	富含鵝卵石，由泥灰岩、沙石土 (alberese)、砂岩組成的片狀土壤
面向	南
平均產量	6,000公升/公頃
種植方式	短枝修剪、長枝修剪
採收日期	2013年9月上旬
釀造製程	置於可開啟之圓錐柱狀溫控容器
浸漬溫度與時間	22-28°C, 3週
顏色	帶有石榴色調的紅寶石色
陳年方式	第一階段3年以上：於傳統斯拉夫尼亞製大型橡木桶；第二階段6個月：靜置於玻璃瓶中
建議餐搭選擇	肉類與起司

品飲紀錄 |

香氣

馥郁且縈繞著果香與辛香，久久不散。

口感

和諧平衡的單寧口感，帶有礦物質芳香。

English

Grape Variety: 100% Sangiovese
Vineyard: Piano Nero in Sant'Angelo in Colle, southwest Montalcino
Vineyard age: 20 years
Altitude: 300 metres
Soil: Tuscan pebble-rich, schistose soils composed of decomposed rocks of galestro, alberese, and sandstone
Exposure: south
Average yield: about 60 ql/ha
Growing system: cordone speronato, goyot
Harvest: first half September, 2013
Alcohol degree: 14.5% vol.
Production number: 5,000 bottles

Vinification: in open conical vats, temperature control
Maceration: 22-28°C, 3 weeks
Color: ruby red with garnet
Aging: at least 30 months in French and Slavonian oak barrels; 6 months in the bottles.
Food match: meats and cheeses
Tasting note: [Bouquet] intense and persistent bouquet of fruits and spices; [Taste] harmonious and balanced volume and tannins with notes of minerality and flavor.

Italiano

Vitigno: 100 % Sangiovese
Vigneto: Il Piano Nero di Sant'Angelo in Colle, sud-ovest Montalcino
Età vigneti: 20 anni
Altitudine: 300 metri
Terreno: decomposizione di rocce di galestro, alberese e arenarie - caratterizza un terreno ricco in scheletro.
Esposizione: sud
Resa Media: circa 60 ql/ha
Sistema di allevamento: cordone speronato, goyot
Vendemmia: prima metà di Settembre 2013
Tasso alcolico: 14.5% vol.
Bottiglie prodotte: 5,000 bottiglie

Vinificazione: in vasca aperta con fermentazioni integrata
Macerazione: 22-28°C, 3 settimane
Colore: rosso rubino con riflessi granati
Invecchiamento: matura in botti di rovere Francese e di Slavonia almeno per 30 mesi, invecchiando affina in bottiglia le proprie caratteristiche per almeno 6 mesi.
Abbinamenti: carni e formaggi.
Note Degustative: [Profumo] profumo Intenso e persistente di frutti e spezie; [Gusto] armonico e bilanciato di volume e tannini con note di mineralita e sapidita

MÁTÉ

Brunello di Montalcino DOCG 2013

酒精度	14% vol
產 量	8,500瓶

品種	100% Sangiovese綜合克隆次品種
葡萄坡名	Montalcino西南部的Santa Restituta坡
葡萄樹齡	20年
海拔	320-420公尺
土壤	泥灰土、石灰質砂岩、海洋沈積土
面向	西、西南
平均產量	5,000公升/公頃
種植方式	短枝修剪，長枝修剪
採收日期	2013年9月24日至10月4日
釀造製程	置於不鏽鋼桶；溫控
浸漬溫度與時間	20°C-27°C, 13-14天
顏色	很深的紅寶石色
陳年方式	第一階段3年：於法製橡木桶(5百與4千公升)；第二階段6個月以上：靜置於玻璃瓶中
建議餐搭選擇	特別推薦山豬燉肉義大利寬麵(Pappardelle)

品飲紀錄｜

散發梅子、藍梅與其他黑色水果香氣；酒體飽滿、豐富有層次，口感濃郁醇厚結實有力，單寧柔順且餘韻綿長。

English

Grape Variety: 100% Sangiovese - various clones
Vineyard: Santa Restituta, southwest Montalcino
Vineyard age: 20 years
Altitude: 320-420 metres
Soil: marl, limestone and calcareous sandstone. Marine deposits
Exposure: west, southwest
Average yield: 50 ql/ha
Growing system: spurred cordon, guyot
Harvest: Sep. 24 - Oct. 4, 2013
Alcohol degree: 14% vol.
Production number: 8,500 bottles
Vinification: in stainless steel vats, temperature control
Maceration: 20°C-27°C, 13-14 days
Color: ruby red of great intensity
Aging: up to 3 years in French oak (500 l and 4,000 l); minimum 6 months in bottles, no filtering
Food match: pappardelle with boar ragout
Tasting note: aromas of plum, blueberries and other dark fruits; full-bodied, layered and rich. Complex and powerful with firm and silky tannins and a long finish

Italiano

Vitigno: 100% Sangiovese - diverse tipologie di cloni
Vigneto: Santa Restituta, sud-ovest Montalcino
Età vigneti: 20 anni
Altitudine: 320-420 metri
Terreno: galestro, calcareo con presenza di fossili marini
Esposizione: ovest, sud-ovest
Resa Media: 50 ql/ha
Sistema di allevamento: cordone speronato, guyot
Vendemmia: 24 Set. – 4 Ott. 2013
Tasso alcolico: 14% vol.
Bottiglie prodotte: 8,500 bottiglie
Vinificazione: in vasche di acciaio a temperatura controllata
Macerazione: 20°C-27°C, 13-14 giorni
Colore: rosso rubino di grande intensità
Invecchiamento: affina almano 3 anni in botti di rovere francese da 500 litri e 4,000 litri, seguiti da almeno 6 mesi in bottiglia
Abbinamenti: pappardelle al ragù di cinghiale
Note Degustative: apre al naso con frutta matura di prugna, mirtilli e altri frutti neri, complessità di fiori e tabacco. Il corpo è pieno e dotato di tannini vellutati e ben integrati. Un'importante acidità, accompagna il finale fruttato del vino.

MÁTÉ

Brunello di Montalcino Riserva DOCG 2012

酒精度 14.5% vol
產　量 3,310瓶

品種	100% Sangiovese綜合克隆次品種
葡萄坡名	Montalcino西南部的Santa Restituta坡
葡萄樹齡	20年
海拔	320-420公尺
土壤	泥灰土、石灰質砂岩、海洋沈積土
面向	西、西南
平均產量	5,000公升/公頃
種植方式	短枝修剪，長枝修剪
採收日期	2012年9月10日至10月1日
釀造製程	置於不鏽鋼桶；溫控
浸漬溫度與時間	18°C-24°C, 14-16天
顏色	略帶橙色的明亮紅寶石色
陳年方式	第一階段4年：於法製橡木桶(5百與4千公升)；第二階段6個月以上：靜置於玻璃瓶中
建議餐搭選擇	特別推薦迷迭香烤豬排

品飲紀錄｜

黑色果香、花香、巧克力與肉桂、黑胡椒等辛香味四溢。清新且平衡，單寧柔滑且餘韻綿長。

English

Grape Variety: 100% Sangiovese - various clones
Vineyard: Santa Restituta, southwest Montalcino
Vineyard age: 20 years
Altitude: 320-420 metres
Soil: marl, limestone and calcareous sandstone. Marine deposits
Exposure: west, southwest
Average yield: 50 ql/ha
Growing system: spurred cordon, guyot
Harvest: Sep. 10 - Oct 1, 2012
Alcohol degree: 14.5% vol.
Production number: 3,310 bottles
Vinification: in stainless steel vats, temperature control
Maceration: 18°C-24°C, 14-16 days
Color: brilliant ruby with a slightly orange rim
Aging: up to 4 years in French oak (500 l and 4,000 l); minimum 6 months in bottles
Food match: roast pork with rosemary sauce
Tasting note: explosive nose of dark fruit, floral, chocolate and spice - cinnamon and black pepper. Fresh and beautifully balanced, with silky tannins and a long finish.

Italiano

Vitigno: 100% Sangiovese - diverse tipologie di cloni
Vigneto: Santa Restituta, sud-ovest Montalcino
Età vigneti: 20 anni
Altitudine: 320-420 metri
Terreno: galestro, calcareo con presenza di fossili marini
Esposizione: ovest, sud-ovest
Resa Media: 50 ql/ha
Sistema di allevamento: cordone speronato, guyot
Vendemmia: 10 Set. – 1 Ott. 2012
Tasso alcolico: 14.5% vol.
Bottiglie prodotte: 3,310 bottiglie
Vinificazione: in vasche di acciaio a temperatura controllata
Macerazione: 18°C-24°C, 14-16 giorni
Colore: un rosso rubino intenso con riflessi granati.
Invecchiamento: affina almeno 3 anni in botti di rovere francese da 500 litri e 4,000 litri, seguiti da almeno 6 mesi in bottiglia
Abbinamenti: arista al forno in salsa al rosmarino
Note Degustative: al naso è intenso con note fruttate di ciliegia e floreali di rosa appassita. A chiudere le note tostate di cioccolato e speziate di pepe nero e vaniglia. Fresco e pieno, i tannini sono eleganti e rifiniscono un'equilibrata persistenza..

PIETROSO

Brunello di Montalcino DOCG 2013

酒精度 14% vol
產　量 12,500瓶

品種	100% Sangiovese
葡萄坡名	Montalcino西部的Pietroso坡、東部的Fornello坡、南部的Colombaiolo坡，三坡綜合
葡萄樹齡	20-30年
海拔	400-500公尺
土壤	含有黏土與豐富泥灰成份的亞黏土與沙的質地
面向	Pietroso面西；Fornello面東；Colombaiolo面東南
平均產量	6,000公升/公頃
種植方式	短枝修剪
採收日期	2013年10月第一週
釀造製程	置於不鏽鋼桶與木桶；溫控
浸漬溫度與時間	約30°C, 約20天
顏色	清澈帶石榴光澤的紅寶石色
陳年方式	第一階段6個月：於法製橡木圓桶；第二階段30個月：於斯拉夫尼亞製大型橡木桶；第三階段12個月：靜置於玻璃瓶中
建議餐搭選擇	炙燒紅肉、野禽與陳年起司

品飲紀錄｜

香氣
濃郁持久，帶有森林灌木與紅莓果香，散發淡淡香草與果醬香氣。

口感
酒體優雅和諧且餘韻悠長，單寧柔和且成熟，值得慢慢品嚐。

English

Grape Variety: 100% Sangiovese
Vineyard: Pietroso, west Montalcino; Fornello, east Montalcino; Colombaiolo, south Mntalcino
Vineyard age: 20-30 years
Altitude: 400-500 meters
Soil: loam and sandy texture with clay and abundant marl grain.
Exposure: Pietroso is west, Fornello is east, Colombaiolo is southeast.
Average yield: 60 ql/ha
Growing system: spurred cordon
Harvest: first week of October, 2013
Alcohol degree: 14% vol.
Production number: 12,500 bottles
Vinification: in steel and wood vats, temperature control
Maceration: about 30°C, about 20 days
Color: limpid colour, ruby red with garnet highlights
Aging: 6 months in French oak tonneaux; 30 months in Slavonian oak barrels; 12 months in the bottle
Food match: roasted red meats, wild game and aged cheeses
Tasting note: intense aromas, persistent, notes of undergrowth and small red fruits, light vanilla and jam; on the palate elegant and well-orchestrated body with long finish, tannins are soft and ripe.

Italiano

Vitigno: 100% Sangiovese
Vigneto: Pietroso, ovest Montalcino; Fornello, est Montalcino; Colombaiolo, sud Mntalcino; blend dei 3 vigneti.
Età vigneti: 20-30 anni
Altitudine: 400-500 metri
Terreno: terreno con tessitura franco sabbiosa, con argille e abbondante scheletro galestroso
Esposizione: 3 diverse esposizioni, Pietroso ovest, Fornello est, Colombaiolo sud est
Resa Media: 60 ql/ha
Sistema di allevamento: cordone speronato
Vendemmia: nella prima settimana di Ottobre 2013
Tasso alcolico: 14% vol.
Bottiglie prodotte: 12,500 bottiglie
Vinificazione: in tini di acciaio e legno a temperatura controllata
Macerazione: circa 30°C, circa 20 giorni
Colore: colore limpido, rosso rubino con riflessi granati
Invecchiamento: affinamento per 6 mesi in tonneaux di rovere francese e successivamente 30 mesi in botti di rovere di Slavorna, a cui segue un affinamento in bottiglia per almeno 12 mesi
Abbinamenti: carni rosse arrosto, selvaggina e formaggi stagionati
Note Degustative: profumo intenso, persistente, con sentori di sottobosco, piccoli frutti rossi, leggera vaniglia e confettura; al gusto ha corpo elegante e armonico con lunga persistenza aromatica, i tannini sono morbidi e maturi

CAPARZO

Brunello di Montalcino DOCG 2013

酒精度 13.5% vol
產　量 160,000瓶

品種	100% Sangiovese
葡萄坡名	Montalcino東北部的Caparzo坡、西南部的La Caduta坡、南部的Il Cassero坡和東部的San Piero – Caselle坡
葡萄樹齡	15年
海拔	Caparzo為220公尺、La Caduta為300公尺、Il Cassero為 270公尺、San Piero – Caselle為250公尺
土壤	Caparzo為沙質黏土的上新世沈積層、La Caduta為含砂礫的沙質片岩、Il Cassero為含有砂岩或鱗片狀黏土的上新世沈積層、San Piero – Caselle為沙質黏土
面向	Caparzo面南至東南、La Caduta面南和西、Il Cassero面南至東南、San Piero – Caselle面東至東南
平均產量	6,500公升/公頃
種植方式	短枝修剪
採收日期	2013年9月與10月
釀造製程	置於Caparzo最新技術之發酵桶，28-30℃，7天
浸漬溫度與時間	20-24℃, 10-15天
顏色	紅寶石色，隨著保存年份增加會漸呈石榴紅色

品飲紀錄｜

香氣

具穿透性、豐富且多樣，野莓果香綿綿。

口感

味蕾感受其柔順溫暖、回甘、結實且和諧、優雅且略帶酸澀，此款酒為易尋得之布雷諾酒款，其物美價廉，雖味不如其他布雷諾紅酒之陳年實力，然就現買現喝不存放之及時享樂主義來說，此款適宜。

陳年方式

第一階段2年以上：於木桶；第二階段4個月以上：靜置於玻璃瓶中

建議餐搭選擇

各類烤肉、野禽、燉肉與陳年起司

English

Grape Variety: 100% Sangiovese
Vineyard: Caparzo, northeast Montalcino; La Caduta, southwest Montalcino; Il Cassero, south Montalcino; San Piero – Caselle, east Montalcino
Vineyard age: 15 years
Altitude: Caparzo, 220 meters; La Caduta, 300 meters; Il Cassero, 270 meters; San Piero – Caselle, 250 meters
Soil: sandy-clayey Pliocene sediments in Caparzo; loosely packed stony arenaceous schist in La Caduta; Pliocene sediments with sandy-stony or scisty-clayey matrix in Il Cassero; sandy-clayey in San Piero – Caselle
Exposure: Caparzo is south to southeast; La Caduta is south and west; Il Cassero is south to southeast; San Piero – Caselle is east to southeast
Average yield: 65 ql/ha
Growing system: cordone speronato
Harvest: September and October, 2013
Alcohol degree: 13.5% vol.
Production number: 160,000 bottles
Vinification: in the cutting edge technology of Caparzo's fermentation tanks, 7 days at 28-30°C
Maceration: 20-24°C, 10-15 days
Color: ruby, tending towards garnet with age
Aging: at least 2 years in wood; at least 4 months in bottles
Food match: roasts, grilled and spit-roasted meats, game, braised meats, aged cheeses.
Tasting note: [Bouquet] penetrating, ample, and very complex, with echoes of wild berry fruit; [Taste] dry, warm, firm, harmonious, delicate and austere, and persistent.

Italiano

Vitigno: 100% Sangiovese
Vigneto: Caparzo, nord-est Montalcino; La Caduta, sud-ovest Montalcino; Il Cassero, sud Montalcino; San Piero – Caselle, est Montalcino
Età vigneti: 15 anni
Altitudine: Caparzo, 220 metri; La Caduta, 300 metri; Il Cassero, 270 metri; San Piero – Caselle, 250 metri
Terreno: formazione pliocenica, sedimentaria, sabbioso-argilloso in Caparzo; formazione scistoso arenacea, sciolto e ricco di scheletro in La Caduta; formazione pliocenica a matrice sabbioso-pietrosa o scistico-argillosa in Il Cassero; sabbioso argilloso in San Piero – Caselle
Esposizione: Caparzo, da sud a sud-est; La Caduta, sud/ovest; Il Cassero, da sud a sud-est; San Piero – Caselle, da est a sud-est
Resa Media: 65 ql/ha
Sistema di allevamento: cordone speronato
Vendemmia: Settembre/Ottobre 2013
Tasso alcolico: 13.5% vol.
Bottiglie prodotte: 160,000 bottiglie
Vinificazione: l'operazione è possibile grazie alle nostre vasche di fermentazione tecnologicamente all'avanguardia, dura 7 giorni, tra i 28 e i 30°C
Macerazione: 20-24°C, 10-15 giorni
Invecchiamento: minimo 2 anni in legno; minimo 4 mesi in bottiglia
Colore: rosso rubino, tendente al granato con l'invecchiamento
Abbinamenti: arrosti, carni grigliate e allo spiedo, selvaggina, brasati, formaggi stagionati
Note Degustative: [Profumo] bouquet penetrante, molto ampio e vario, con memorie di frutti di bosco; [Gusto] asciutto, caldo, ben sostenuto, armonico, delicato e austero allo stesso tempo, persistente.

CAPARZO

Brunello di Montalcino DOCG 2013 Vigna La Casa

單一坡	Cru
酒精度	13.5% vol
產　量	15,000瓶

品種	100% Sangiovese
葡萄坡名	Montalcino北部的La Casa單一坡
葡萄樹齡	15年
海拔	275公尺
土壤	排水良好之片岩黏土，似泥灰岩
面向	南至東南
平均產量	6,500公升/公頃
種植方式	短枝修剪
採收日期	2013年9月與10月
釀造製程	置於Caparzo最新技術之發酵桶，28-30°C，7天
浸漬溫度與時間	20-24°C, 10-15天
顏色	紅寶石色，隨著保存年份增加會漸呈石榴紅色
陳年方式	第一階段2年以上：於木桶；第二階段4個月以上：靜置於玻璃瓶中
建議餐搭選擇	各式烤肉、野禽、燉肉與陳年起司

品飲紀錄｜

香氣

具穿透性、豐富多樣，帶有野莓果香、辛香與香草風味。

口感

味蕾感受其柔順溫暖、回甘，極為和諧，豐富且持久，雖為同家酒莊出廠，口感風格款似，然因來自單一坡，口感上較為細緻，且較為豐富有趣。

English

Grape Variety: 100% Sangiovese
Vineyard: La Casa, single vineyard, north Montalcino
Vineyard age: 15 years
Altitude: 275 meters
Soil: shisty-clayey, of a sort locally known as galestro, and is well drained
Exposure: south to southeast
Average yield: 65 ql/ha
Growing system: cordone speronato
Harvest: September and October, 2013
Alcohol degree: 13.5% vol.
Production number: 15,000 bottles
Vinification: in the cutting edge technology of Caparzo's fermentation tanks, 7 days at 28-30°C
Maceration: 20-24°C, 10-15 days
Color: ruby, tending towards garnet with age.
Aging: at least 2 years in wood; at least 4 months in bottles
Food match: excellent with roasts and spit-roasted meats, grilled meats, game, braised meats, and aged cheeses
Tasting note: [Bouquet] penetrating, ample, and extremely complex, with wild berry fruit, spice and vanilla; [Taste] dry, warm, well balanced and austere, ample and persistent.

Italiano

Vitigno: 100% Sangiovese
Vigneto: La Casa, nord Montalcino
Età vigneti: 15 anni
Altitudine: 275 metri
Terreno: il terreno è di formazione scistico-argillosa, noto con il nome di galestro ed è dotato di un buon drenaggio.
Esposizione: da sud a sud-est
Resa Media: 65 ql/ha
Sistema di allevamento: cordone speronato
Vendemmia: Settembre/Ottobre 2013
Tasso alcolico: 13.5% vol.
Bottiglie prodotte: 15,000 bottiglie
Vinificazione: l'operazione è possibile grazie alle nostre vasche di fermentazione tecnologicamente all'avanguardia, dura 7 giorni, tra i 28 e i 30°C
Macerazione: 20-24°C, 10-15 giorni
Colore: rosso rubino, tendente al granato con l'invecchiamento
Invecchiamento: minimo 2 anni in legno; minimo 4 mesi in bottiglia
Abbinamenti: ottimo con arrosti, carni grigliate e allo spiedo, selvaggina, brasati, formaggi stagionati
Note Degustative: [Profumo] bouquet penetrante, molto ampio e vario, con memorie di frutti di bosco, spezie e vaniglia; [Gusto] asciutto, caldo, ben equilibrato nella sua austerità, ampio e persistente.

CAPARZO

Brunello di Montalcino Riserva DOCG 2012

酒精度 13.5% vol
產　量 13,000瓶

品種	100% Sangiovese
葡萄坡名	Montalcino北部與南部
葡萄樹齡	15年
海拔	Montalcino北部220公尺；南部270公尺
土壤	上新世時期之沙土
面向	南至東南
平均產量	6,500公升/公頃
種植方式	短枝修剪
採收日期	2012年9月與10月
釀造製程	置於Caparzo最新技術之發酵桶，28-30°C，7天
浸漬溫度與時間	20-24°C，10-15天
顏色	紅寶石色，隨著保存年份增加而漸呈石榴紅色
陳年方式	第一階段2年以上：於木桶；第二階段6個月以上：靜置於玻璃瓶中
建議餐搭選擇	與各類烤肉、野禽、燉肉及陳年起司搭配極佳

品飲紀錄｜

香氣
具穿透性、豐富多樣，野莓果香綿綿。

口感
味蕾感受其柔順溫暖、回甘、堅實且和諧，其單寧明顯，雖不完美平衡，但若其果香與單寧的酸度，依舊是和諧易飲。

English

Grape Variety: 100% Sangiovese
Vineyard: north and south Montalcino
Vineyard age: 15 years
Altitude: north Appellation is 220 meters; south Appellation is 270 meters
Soil: sandy-stony Pliocene terrains
Exposure: south-southeast
Average yield: 65 ql/ha
Growing system: cordone speronato
Harvest: September and October, 2012
Alcohol degree: 13.5% vol.
Production number: 13,000 bottles
Vinification: in the cutting edge technology of Caparzo's fermentation tanks, 7 days at 28-30°C
Maceration: 20-24°C, 10-15 days
Color: ruby, tending towards garnet with age
Aging: at least 2 years in wood; at least 6 months in bottles
Food match: excellent with roasts and spit-roasted meats, grilled meats, game, braised meats, and aged cheeses
Tasting note: [Bouquet] penetrating, ample, and very complex, with echoes of wild berry fruit; [Taste] dry, warm, solid, harmonious, combining delicacy and austerity, and persistent.

Italiano

Vitigno: 100% Sangiovese
Vigneto: nella zona nord di Montalcino e sud di Montalcino
Età vigneti: 15 anni
Altitudine: nord di Montalcino 220 metri; sud di Montalcino 270 metri
Terreno: formazione pliocenica a matrice sabbioso-pietrosa
Esposizione: sud, sud-est
Resa Media: 65 ql/ha
Sistema di allevamento: cordone speronato
Vendemmia: Settembre/Ottobre 2012
Tasso alcolico: 13.5% vol.
Bottiglie prodotte: 13,000 bottiglie
Vinificazione: l'operazione è possibile grazie alle nostre vasche di fermentazione tecnologicamente all'avanguardia, dura 7 giorni, tra i 28 e i 30°C
Macerazione: 20-24°C, 10-15 giorni
Colore: rosso rubino, tendente al granato con l'invecchiamento
Invecchiamento: minimo 2 anni in legno; minimo 6 mesi in bottiglia
Abbinamenti: arrosti, carni grigliate e allo spiedo, selvaggina, brasati, formaggi stagionati
Note Degustative: [Profumo] bouquet penetrante, molto ampio e vario, con memorie di frutti di bosco; [Gusto] asciutto, caldo, ben sostenuto, armonico, delicato e austero allo stesso tempo, persistente.

LA GERLA

Brunello di Montalcino DOCG 2013

酒精度 13.5% vol

產　量 40,000瓶

品種	100% Sangiovese Grosso
葡萄坡名	Montalcino 東北部
葡萄樹齡	25 年
海拔	270-320 公尺
土壤	偏鹼性之混泥土
面向	東北
平均產量	5,000 公升 / 公頃
種植方式	短枝修剪
採收日期	2013 年 9 月底
釀造製程	置於不鏽鋼桶，溫控
浸漬溫度與時間	30°C, 15 天
顏色	近石榴色調的深紅寶石色
陳年方式	第一階段 4 年：其中 3 個於斯拉夫尼亞製大型木桶 (5 千公升)；第二階段 8 個月：靜置於玻璃瓶中
建議餐搭選擇	紅肉、野禽為佳

品飲紀錄｜

香氣

細緻，融合香甜紫羅蘭花與鳶尾花香，並令人聯想到林中生長的莓果芳香。

口感

帶有水果氣味且回甘，味蕾感受其柔順溫暖、和諧、如天鵝絨般的口感，酒體結實且穩定，豐富之口感，此款佳釀為該區域性價比極高之選擇。

English

Grape Variety: 100% Sangiovese Grosso
Vineyard: northeast Montalcino
Vineyard age: 25 years
Altitude: 270-320 meters
Soil: medium mixture tending to alkaline
Exposure: northeast
Average yield: 50 ql/ha
Production number: 40,000 bottles
Growing system: cordone speronato
Harvest: end September, 2013
Alcohol degree: 13.5% vol.
Vinification: in stainless steel tanks, temperature controlled
Maceration: 30°C, 15 days
Color: intense ruby verging on garnet
Aging: 4 years, 3 of which in Slavonian wood casks (50 hl); 8 months in bottles
Food match: red meat, preferably game
Tasting note: [Bouquet] ethereal, melting into scents of sweet violet and iris, recalling the berries growing in the woods; [Taste] fruity, dry, warm, harmonious, velvety, steady in body and heart.

Italiano

Vitigno: 100% Sangiovese Grosso
Vigneto: nord-est Montalcino
Età vigneti: 25 anni
Altitudine: 270-320 metri
Terreno: medio impasto, tendente alcalino
Esposizione: nord-est
Resa Media: 50 ql/ha
Sistema di allevamento: cordone speronato
Vendemmia: fine Settembre 2013
Tasso alcolico: 13.5% vol.
Bottiglie prodotte: 40,000 bottiglie
Vinificazione: in serbatoi di acciaio inossidabile a temperatura controllata
Macerazione: 30°C, 15 giorni
Colore: rosso rubino intenso tendente al granato
Invecchiamento: 4 anni di cui 3 in botti di legno di rovere di Slavonia 50 hl; affinamento in bottiglia 8 mesi prima dell'immissione in commercio
Abbinamenti: carn, rosse, preferibilmente cacciagione
Note Degustative: [Profumo] etereo che si sbriciola in sfumature di mammola viola e giaggiolo, ricorda gli umili Frutti del sottobosco; [Gusto] asciutto caldo vellutato armonico, ricco di frutto e delicatamente speziato.o.

53-2 *Tasting 7* | *Degustazione 7* TOP 5

LA GERLA

Brunello di Montalcino Riserva DOCG 2012 Gli Angeli

單一坡	Cru
酒精度	14.5% vol
產　量	8,800瓶

品種	100% Sangiovese Grosso
葡萄坡名	Montalcino東北部，位於Canalicchio的Vigna gli Angeli單一坡
葡萄樹齡	25年
海拔	270-320公尺
土壤	偏鹼性之混泥土
面向	東北
平均產量	5,000公升/公頃
種植方式	短枝修剪
採收日期	2012年9月底
釀造製程	葡萄發酵技術(delastage)，於橡木桶中進行蘋果乳酸發酵
浸漬溫度與時間	30℃, 15天，於小型法式木桶內
顏色	近石榴色調的深紅寶石色
陳年方式	第一階段4年：於斯拉夫尼亞製木桶(5千公升)；第二階段12個月：靜置於玻璃瓶中
建議餐搭選擇	紅肉與野禽

品飲紀錄 |

香氣

細緻飄逸的香氣，融合香甜紫羅蘭花與鳶尾花香，並令人聯想到林中生長的莓果芳香。

口感

帶有水果氣味且回甘，味蕾感受其柔順溫暖、和諧、如天鵝絨般的口感，酒體結實且穩定，豐富之口感，此款佳釀為該區域性價比極高之選擇。此酒莊兩款酒之釀造方式類似，陳年時間相差不多，然不同於其他酒莊選擇將老欉作為陳年精選等級布雷諾紅酒之葡萄選擇，其品質差異在於釀造與陳年期間之職人照料。

English

Grape Variety: 100% Sangiovese Grosso
Vineyard: Vigna gli Angeli in Canalicchio, northeast Montalcino
Vineyard age: 25 years
Altitude: 270-320 meters
Exposure: northeast
Soil: medium mixture tending to alkaline
Average yield: 50 ql/ha
Production number: 8,800 bottles
Growing system: cordone speronato
Harvest: end September, 2012
Alcohol degree: 14.5% vol.
Vinification: delastage technique, in stationary phase after bunches and grapes selection on vibrating table, malolactic in barriques
Maceration: 30°C, 15 days
Color: intense ruby verging on garnet
Aging: 4 years in Slavonian wood casks (50 hl); 12 months in bottles
Food match: red meat and game
Tasting note: [Bouquet] ethereal, melting into scents of sweet violet and iris, recalling the berries growing in the woods; [Taste] dry, warm, harmonious, velvety, steady in body and heart.

Italiano

Vitigno: 100% Sangiovese Grosso
Vigneto: vigna gli Angeli di Canalicchio, nord-est Montalcino
Età vigneti: 25 anni
Altitudine: 270-320 metri
Terreno: medio impasto, tendente alcalino
Esposizione: nord-est
Resa Media: 50 ql/ha
Sistema di allevamento: cordone speronato
Vendemmia: fine Settembre 2012
Tasso alcolico: 14.5% vol
Bottiglie prodotte: 8,800 bottiglie
Vinificazione: tecnica del delastage, in fase stazionaria dopo cernita di grappoli e acini su tavolo vibrante, malolattica in barriques
Macerazione: 30°C, 15 giorni
Colore: rosso rubino intenso tendente al granato
Invecchiamento: di cui 4 in botti di legno di rovere di Slavonia 50 hl; 12 mesi prima dell'immissione in commercio
Abbinamenti: carni rosse preferibilmente cacciagione
Note Degustative: [Profumo] etereo che si sbriciola in sfumature di mammola viola e giaggiolo, ricorda gli umili frutti del sottobosco note di timo. lavanda e spezie nobili; [Gusto] asciutto caldo vellutato armonico grande struttura e persistensa.

54-1

FATTORIA DEI BARBI

Brunello di Montalcino DOCG 2013

酒精度 14.5% vol

產　量 170,000瓶

品種	100% Sangiovese
葡萄坡名	Montalcino東南部的Fattoria dei Barbi坡
葡萄樹齡	15-20年
海拔	300至500公尺
土壤	泥灰岩與沙石土
面向	南至西南
平均產量	6,500公升/公頃
種植方式	單向修剪
採收日期	2013年10月6日至14日
釀造製程	置於不鏽鋼桶，於二氧化碳低溫16°C的環境中緩慢發酵
浸漬溫度與時間	27-28°C, 16-17天
顏色	明亮之深紅寶石色
陳年方式	第一階段第1個月：於中小型橡木桶(225至1,500公升)；第二階段2年：於大型橡木桶；第三階段4個月以上：靜置於玻璃瓶中
建議餐搭選擇	搭配燒烤紅肉、野禽、鹿肉、燉煮野豬肉、陳年起司。

品飲紀錄｜

香氣

新鮮紅色水果、櫻桃、草莓葉之芳香與辛香料如八角、菸草、野生茴香之辛香交替，和諧圓融。

口感

優雅且平衡，適合的酸度與風味令人愉悅，餘韻悠長，充滿水果香氣與礦物風味之尾韻，暗示其陳年實力。筆者曾嘗過其1989年之陳年滋味，其經典且優雅之酸度完全是聖爵維斯葡萄種的最佳展現，證明此款酒不止適合現在喝，更有陳年實力。

English

Grape Variety: 100% Sangiovese
Vineyard: Fattoria dei Barbi, southeast Montalcino
Vineyard age: 15-20 years
Altitude: 300-500 meters
Soil: galestro – alberese
Exposure: south-southwest
Average yield: 65 ql/ha
Growing system: simple curtain
Harvest: Oct 6-14, 2013
Alcohol degree: 14.5% vol.
Production number: 170,000 bottles
Vinification: in steel tanks, a cold pre-fermentative maceration at a temperature of 16°C in an environment protected by CO2
Maceration: 27-28°C , 16-17 days
Color: brilliant and intense ruby red
Aging: first month in small-medium size oak barrels (2.25 –15 hl); 2 years in larger oak barrels; at least 4 months in bottles
Food match: roasted or grilled red meats, game, venison, stewed wild boar; excellent with mature cheeses.
Tasting note: [Bouquet] the aromas of fresh red fruits, cherry, strawberry tree are well integrated and harmonized with spicy notes of star anise, tobacco, wild fennel; [Taste] elegant and well balanced. The good acidity and flavor give pleasant persistency and long tasting. The after hints of fruit harmonize with the mineral notes.

Italiano

Vitigno: 100% Sangiovese
Vigneto: Fattoria dei Barbi, sud-est Montalcino
Età vigneti: 15-20 anni
Altitudine: da 300 a 500 metri
Terreno: galestro, alberese
Esposizione: sud-sud ovest
Resa Media: 65 ql/ha
Sistema di allevamento: cortina semplice
Vendemmia: 6-14 Ott. 2013
Tasso alcolico: 14.5% vol.
Bottiglie prodotte: 170,000 bottiglie
Vinificazione: in serbatoi di acciaio, le uve pigio- diraspate hanno subito un repentino abbattimento di temperatura fino a 16°C, in ambiente protetto di CO2
Macerazione: la normale fermentazione alcolica è durata per circa 16-17 giorni ad una temperatura controllata di 27-28°C.
Colore: rosso rubino brillante di bella intensità.
Invecchiamento: il vino è stato riposto in legni di mediapiccola capacità (2.25 hl – 15 hl) a cui è seguito il passaggio in botti a capacità superiore. Il Brunello Annata viene elevato in botti di piccola e media capacità per almeno 2 anni con successivo passaggio in botti a capacità superiore. Affinamento in bottiglia per un minimo di 4 mesi.
Abbinamenti: piatti ricchi di sapore come carni rosse stufate o selvaggina, grigliate o arrosti misti. Formaggi a pasta dura saporiti e ben stagionati.
Note Degustative: [Profumo] aromi di frutta rossa fresca con prevalenti sentori di ciliegia e bacche di corbezzolo si armonizzano a note speziate di anice stellato, tabacco, finocchietto selvatico; [Gusto] elegante ed equilibrato. La buona acidità e sapidità gli conferiscono piacevole persistenza e lunghezza. Le note retrolfattive fruttate si completano con quelle minerali.

FATTORIA DEI BARBI

Brunello di Montalcino DOCG 2013 Vigna del Fiore

單一坡	Cru
酒精度	14.5% vol
產　量	4,000瓶

品種	100% Sangiovese
葡萄坡名	Fattoria dei Barbi最南端的葡萄坡，稱為Vigna del Fiore，單一且古老的葡萄坡，位於Montalcino南部
葡萄樹齡	22年
海拔	350公尺
土壤	泥灰岩與沙石土
面向	南至西南
平均產量	5,500公升/公頃
種植方式	單向修剪
採收日期	2013年10月6日至14日
釀造製程	置於不鏽鋼桶，於二氧化碳低溫16°C的環境中緩慢發酵
浸漬溫度與時間	27-28°C, 16-17天
顏色	明亮之深紅寶石色
陳年方式	第一階段第1個月：於中小型橡木桶(225至2千公升)；第二階段2年：於大型橡木桶(3千公升)；第三階段4個月以上：靜置於玻璃瓶中
建議餐搭選擇	搭配燒烤紅肉、野禽、鹿肉、燉煮野豬肉、陳年起司

品飲紀錄｜

香氣

成熟紅色莓果與明顯的酸櫻桃及梅子香氣，淡雅細微之辛香風味，經典聖爵維斯葡萄酒香氣。

口感

入口可感受其寬廣而柔滑的口感，濃郁且細緻的結構，活潑且充滿活力的酸度，餘韻悠長綿延，具陳年實力。

English

Grape Variety: 100% Sangiovese
Vineyard: Vigna del Fiore, south Montalcino, southernmost and oldest vineyard of Fattoria dei Barbi
Vineyard age: 22 years
Altitude: 350 meters
Soil: galestro and alberese
Exposure: south-southwest
Average yield: 55 ql/ha
Growing system: simple curtain
Harvest: Oct. 6-14, 2013
Alcohol degree: 14.5% vol.
Production number: 4,000 bottles
Vinification: in steel tanks, a cold pre-fermentative maceration at a temperature of 16°C in an environment protected by CO2
Maceration: 27-28°C, 16-17 days
Color: bright and intense ruby red
Aging: first month in small-medium size oak barrels; 2 years in oak barrels (30 hl); at least 4 months in bottles
Food match: roasted or grilled red meats, game, venison, stewed wild boar. Excellent with mature cheeses.
Tasting note: [Bouquet] important aromas of ripe red berries and prevailing sour cherry and plum. Delicate spicy nuances; [Taste] large and silky. The thick and sophisticated texture, together with a lively vibrancy, give a long and persistent finish to the wine.

Italiano

Vitigno: 100% Sangiovese
Vigneto: Vigna del Fiore, sud Montalcino; è la vigna più a sud di tutta l'azienda e una delle più antiche
Età vigneti: 22 anni
Altitudine: 350 metri
Terreno: galestro e alberese nella parte più alta del vigneto
Esposizione: sud-sud ovest
Resa Media: 55 ql/ha
Sistema di allevamento: cortina semplice
Vendemmia: 6-14 Ott. 2013
Tasso alcolico: 14.5% vol.
Bottiglie prodotte: 4,000 bottiglie
Vinificazione: in serbatoi di acciaio, le uve pigio- diraspate hanno s ubito un repentino abbattimento di temperatura fino a 16°C, in ambiente protetto di CO2
Macerazione: 27-28°C, 16-17 giorni
Colore: rosso rubino brillante ed intenso
Invecchiamento: il vino è stato riposto in legni di mediapiccola capacità (2.25–20 hl) a cui è seguito il passaggio in botti a capacità superiore (30 hl); il Brunello Vigna del Fiore invecchia in legno per almeno tre anni ed affinato in bottiglia per un minimo di 4 mesi.
Abbinamenti: piatti ricchi di sapore come carni rosse stufate o selvaggina, grigliate o arrosti misti. Formaggi a pasta dura saporiti e ben stagionati. Perfetto come "vino da meditazione".
Note Degustative: [Profumo] intense aromi di frutta rossa matura con prevalenti sentori di visciola e prugna unite alle leggere e avvolgenti note speziate; [Gusto] ampio ed avvolgente. La fitta e raffinata trama tannica unita ad una spiccata vivacità si combinano conferendo intensa persistenza tattile e retrolfattiva.

FATTORIA DEI BARBI

Brunello di Montalcino Riserva DOCG 2011

酒精度 14.5% vol
產　量 9,000瓶

品種	100% Sangiovese
葡萄坡名	Montalcino南部的Fattoria dei Barbi東南部混坡
葡萄樹齡	20年
海拔	400公尺
土壤	泥灰岩
面向	東南
平均產量	6,000公升/公頃
種植方式	單向修剪
採收日期	2011年9月18日至10月3日
釀造製程	置於不鏽鋼桶，於二氧化碳低溫16°C的環境中緩慢發酵
浸漬溫度與時間	27-28°C, 16-17天
顏色	深紅寶石色
陳年方式	第一階段第1個月：於中小型橡木桶(225至1,500公升)；第二階段3年：大型橡木桶；第三階段6個月以上：靜置於玻璃瓶中
建議餐搭選擇	搭配燒烤或燉煮肉類、野禽與陳年起司

品飲紀錄｜

香氣
濃郁、有層次、複雜，完美呈現肉桂、肉荳蔻與野生草本植物之辛香風味，融合清雅紅色莓果與黑櫻桃之香氣。

口感
優雅且經典，柔軟的單寧與優雅的酸度互相交錯，帶來悠長且平衡的口感，此款酒具陳年實力。

English

Grape Variety: 100% Sangiovese
Vineyard: southeast Fattoria dei Barbi, south Montalcino
Vineyard age: 20 years
Altitude: 400 meters
Soil: galestro
Exposure: southeast
Average yield: 60 ql/ha
Growing system: simple curtain
Harvest: Sep. 18 – Oct 3, 2011
Alcohol degree: 14.5% vol.
Production number: 9,000 bottles
Vinification: in steel tanks, a cold prefermentative maceration at temperature of 16°C in an environment protected by CO2
Maceration: 27-28°C , 16-17 days
Color: intense ruby red
Aging: first month in small-medium size oak barrels (2.25-15 hl); 3 years in larger oak barrels; at least 6 months in bottles
Food match: matches roast or braised meat, game and mature cheeses
Tasting note: [Bouquet] intense, ample, complex. The well defined spicy notes of cinnamon, macis and wild herbs are well integrated with hints of red berries and maraschino cherry; [Taste] elegant and classic. The soft tannins wrap perfectly the acidity giving persistence and balance to the wine.

Italiano

Vitigno: 100% Sangiovese
Vigneto: sud-est di Fattoria dei Barbi, sud Montalcino
Età vigneti: 20 anni
Altitudine: 400 metri
Terreno: galestro
Esposizione: sud est
Resa Media: 60 ql/ha
Sistema di allevamento: cortina semplice
Vendemmia: 18 Set. – 3 Ott. 2011
Tasso alcolico: 14.5% vol.
Bottiglie prodotte: 9,000 bottiglie
Vinificazione: in serbatoi di acciaio, le uve pigio-diraspate hanno subito un repentino abbattimento di temperature fino a 16°C, in ambiente protetto di CO2.
Macerazione: 27-28°C , 16-17 giorni
Colore: rosso rubino intenso
Invecchiamento: il vino è stato riposto in legni di media-piccola capacità (2.25-15 hl) a cui è seguito il passaggio in botti a capacità superiore. Il Brunello Riserva viene elevato in legno per almeno tre anni ed affinato in bottiglia per un minimo di 6 mesi.
Abbinamenti: vino per le grandi occasioni, accompagna arrosti misti, carni brasate, cacciagione e formaggi a pasta dura saporiti e ben stagionati
Note Degustative: [Profumo] si presenta intenso, ampio, avvolgente e complesso. Le spiccate e speziate note di cannella, macis ed erbe aromatiche si amalgamano bene con sentori di frutta rossa, di ciliegia sotto spirit; [Gusto] al palato è molto elegante e classico. Il tannino morbido si integra perfettamente con acidità e sapidità dando al vino persistenza ed equilibrio.

55-1 *Tasting 4 | Degustazione 4*

UCCELLIERA

Brunello di Montalcino DOCG 2013

酒精度 14.5% vol

產　量 29,000瓶

品種	100% Sangiovese
葡萄坡名	Montalcino南部的Castelnuovo dell'Abate混坡
葡萄樹齡	15-24-38年
海拔	150-350公尺
土壤	沙土與黏土(富含礦物與些許砂礫)
面向	南
平均產量	5,000公升/公頃
種植方式	短枝修剪
採收日期	2013年9月25日至10月3日
釀造製程	置於不鏽鋼桶，低溫4至5天後，提高至28°C繼續15天
浸漬溫度與時間	最高28°C, 7天
顏色	偏石榴紅的深紅寶石色
陳年方式	第一階段36個月：部份於第二及第三代圓木桶，部份於大型橡木桶(3.8-4千公升)；第二階段5個月：於不鏽鋼桶；第三階段8個月：靜置於玻璃瓶中
建議餐搭選擇	紅肉、野禽、陳年起司

品飲紀錄 |

香氣

濃郁的鞣製皮革與菸葉香氣，明顯的紅色莓果與礦物氣味，優雅迷人。

口感

如多汁的櫻桃、餘韻悠長，清爽的酸度十分平衡，如同一位古典美人般細緻而美麗。

English

Grape Variety: 100% Sangiovese
Vineyard: Castelnuovo dell'Abate, south Montalcino
Vineyard age: 38/24/15 years
Altitude: 150-350 metres
Soil: mineral-rich, medium-textured sand and clay, with some gravel
Exposure: south
Average yield: 50 ql/ha
Growing system: spurred cordon
Harvest: Sep. 25 – Oct. 3, 2013
Alcohol degree: 14.5% vol.
Production number: 29,000 bottles
Vinification: in steel, kept for 4-5 days at low temperature, and then lasted for 15 days at a temperature of max 28°C.
Maceration: max 28°C, 7 days
Color: deep ruby tending to garnet
Aging: 36 months part in barriques (2nd /3rd passage) and part in oak barrels (38-40 hl); 5 months in steel; 8 months in bottles.
Food match: red meats, game, aged cheeses
Tasting note: [Bouquet] generous aromas tanned leather and tobacco leaf, plus appealingly elegant notes of red berries and mineral character; [Taste] succulent cherry, lengthy progression, good crisp acidity that animates the finish as well. "fine and pretty"

Italiano

Vitigno: 100% Sangiovese
Vigneto: Castelnuovo dell'Abate, sud Montalcino
Età vigneti: 38/24/15 anni
Altitudine: 150-350 meri
Terreno: si presenta argilloso e sabbioso di medio impasto, è ricco di minerali e con presenze di scheletro
Esposizione: sud
Resa Media: 50 ql/ha
Sistema di allevamento: cordone speronato
Vendemmia: 25 Set. – 3 Ott. 2013
Tasso alcolico: 14.5% vol.
Bottiglie prodotte: 29,000 bottiglie
Vinificazione: dopo la vendemmia si procede alla selezione e alla diraspapigiatura delle uve raccolte e il pigiato ottenuto è mantenuto per 4-6 giorni a bassa temperatura. Trascorso questo tempo si procede ad innalzare la temperatura e a far partire naturalmente la fermentazione alcolica. Questa fase, svolta in acciaio, si protrae per circa 15 giorni ad una temperatura di 28°C max
Macerazione: 28°C max, 7-10 giorni.
Colore: colore rosso rubino intenso
Invecchiamento: dopo la svinatura, il vino è mantenuto in acciaio, dove svolge la fermentazione malolattica, al termine della quale viene spostato in legno di varie dimensioni, parte in barriques di rovere francese di 1° e 2° passaggio, parte in botti da 38-40 hl di rovere di slavonia in cui rimane per un totale di 36 mesi, affinamento in bottiglia minimo 8 mesi.
Abbinamenti: carni rossi, selvaggina, formaggi stagionati
Note Degustative: al naso aromi fini di frutta rossa, cuoio, carne e spezie, al palato mostra frutto succoso, tannini fini e setosi, molto elegante con buon equilibrio, sapidità e sostenuta acidità.

UCCELLIERA

Brunello di Montalcino Riserva DOCG 2012

酒精度 15% vol
產　量 7,600瓶

品種	100% Sangiovese
葡萄坡名	Montalcino 南部的 Castelnuovo dell'Abate 混坡
葡萄樹齡	25與37年
海拔	250與350公尺
土壤	沙土與黏土(富含礦物與些許砂礫)
面向	南、西南
平均產量	5,000公升 / 公頃
種植方式	短枝修剪
採收日期	2012年9月21至22日
釀造製程	置於不鏽鋼桶，低溫4天後，提高至28℃酒精發酵繼續15天
浸漬溫度與時間	最高28℃，葡萄皮浸漬共25天
顏色	偏石榴紅的深紅寶石色
陳年方式	第一階段42個月：於新的法製與斯拉夫尼亞製大型橡木桶 (3,800公升)；第二階段5個月：於不鏽鋼桶；第三階段18個月：靜置於玻璃瓶中
建議餐搭選擇	紅肉、野禽、陳年起司；適合重要餐敘場合飲用

品飲紀錄｜

香氣

撲鼻的巴薩米克醋香帶著黑櫻桃與細微的巧克力香氣

口感

味蕾感受其柔順溫暖、平衡，果香濃郁，酒體飽滿，完整且暗示陳年實力的單寧， 餘韻悠長。

English

Grape Variety: 100% Sangiovese
Vineyard: Castelnuovo dell'Abates, south Montalcino, the oldest vineyard
Vineyard age: 25 and 37 years
Altitude: 250 and 350 metres
Soil: mineral-rich, medium-textured sand and clay, with some gravel
Exposure: south and southwest
Average yield: 50 ql/ha
Growing system: spurred cordon
Harvest: Sep. 21-22, 2012
Alcohol degree: 15% vol.
Production number: 7,600 bottles
Vinification: in steel, kept for 4 days at low temperature, alcoholic fermentation is launched naturally for 15 days at a temperature of max 28°C.
Maceration: max 28°C, total 25 days on skins
Color: deep ruby tending to garnet
Aging: 42 months in new French oak barriques (first passage) and then in Slavonian oak barrel (38 hl); 5 months in steel; 18 months in bottles
Food match: red meats, game, aged cheeses. Wine for important occasion
Tasting note: [Bouquet] releases balsamic spicy notes suggesting dark cherry, and nuances of chocolate; [Taste] warm and well balanced, fruity, full-bodied, well integrated tannins and a long finish

Italiano

Vitigno: 100% Sangiovese
Vigneto: Castelnuovo dell'Abate, sud Montalcino
Età vigneti: 25 e 37 anni
Altitudine: 250 e 350 metri
Terreno: si presenta argilloso e sabbioso di medio impasto, è ricco di minerali e con presenze di scheletro
Esposizione: sud / sud-ovest
Resa Media: 50 ql/ha
Sistema di allevamento: cordone speronato
Vendemmia: 21-22 Set. 2012
Tasso alcolico: 15% vol.
Bottiglie prodotte: 7,600 bottiglie
Vinificazione: il pigiato ottenuto è mantenuto per 4 giorni a bassa temperatura senza l'aggiunta di lieviti. Trascorso questo tempo si procede ad innalzare la temperatura e a far partire naturalmente la fermentazione alcolica. Questa fase, svolta in acciaio, si protrae per circa 15 giorni ad una temperatura di 28°C max
Macerazione: 28°C max, totale 25 giorni sulle bucce
Colore: rosso rubino profondo
Invecchiamento: dopo la svinatura, il vino è mantenuto in acciaio, dove svolge la fermentazione malolattica, al termine della quale viene spostato in legno, inizio in barriques di rovere francese di 1° passaggio, poi in botti da 38 hl di rovere di Slavonia in cui rimane per un totale di 42 mesi, affinamento in bottiglia minimo 18 mesi
Abbinamenti: carni rossi, selvaggina, formaggi stagionate e nella sua evoluzione, come vino da meditazione
Note Degustative: aromi favolosi di more, note di specie e di cioccolato; al palate corpo pieno e caldo, frutta nera, tannini potenti ma equilibrati, profondità e complessità, finale lunga

PODERE GIODO

Brunello di Montalcino DOCG 2013

單一坡	Cru
酒精度	14% vol
產　量	8,000瓶

品種	100% Sangiovese
葡萄坡名	Montalcino 南部的 Sant'Angelo in Colle坡
葡萄樹齡	12年
海拔	300-400公尺
土壤	岩石與黏土
面向	南和東南
平均產量	5,000公升/公頃
種植方式	短枝修剪
採收日期	2013年9月10日至11日
釀造製程	置於不鏽鋼與水泥材質之大型容器
浸漬溫度與時間	20-28°C, 15天
顏色	略帶紫色光澤之深紅色
陳年方式	第一階段約30個月：於木桶(5百與7百公升)；第二階段約18個月：靜置於玻璃瓶中
建議餐搭選擇	適合搭配所有餐餚，特別推薦烤魚(具大量魚油為佳)與烤托斯卡尼T字丁骨大牛排

品飲紀錄｜

此款佳釀由此區域最著名釀酒師 Carlo Ferrini 傾其一之理想而釀造，其多層次的香氣完美融合法國橡木、烤土司之天然酵母香、義式濃縮咖啡、無花果乾與少許尤加利樹與巴薩米克醋香氣，伴隨酸櫻桃、蔓越莓與檸檬皮的迷人芳香，鮮明的酸度與柔滑的單寧自口齒間滑過，使其尾韻帶有細緻的辛香味，令人回味無窮。此酒莊僅有數畝地，全酒莊產量不到二萬瓶，為難得收藏到之酒款。

English

Grape Variety: 100% Sangiovese
Vineyard: Sant'Angelo in Colle, south Montalcino
Vineyard age: 12 years
Altitude: 300-400 meters
Soil: stones and clay
Exposure: south and southeast
Average yield: 50 ql/ha
Growing system: spurred cordon
Harvest: Sep. 10-11, 2013
Alcohol degree: 14% vol.
Production number: 8,000 bottles
Vinification: in steel and cement tanks
Maceration: 7 days of alcoholic fermentation at temperature 20-28°C and 15 days of skin contact at 20-28°C
Color: deep red with purple nuances
Aging: about 30 months in barrels (500 and 700 l); about 18 months in bottles
Food match: with everything but especially with grilled fish and T-bone steak
Tasting note: Giodo's Brunello brings forth a spinning whirl wheel of integrated tones that all blend into one, with aromas of French oak, toast, espresso but also with dried fruit (figs) and a balsamic whiff of eucalyptus. The aromas carry over to the taut, charming palate along with fragrant sour cherry, cranberry and a hint of lemon rind. Vivid acidity and silky tannins provide the framework. It condenses down to a refined and beautiful finish with a spice aftertaste.

Italiano

Vitigno: 100% Sangiovese
Vigneto: Sant'Angelo in Colle, sud Montalcino
Età vigneti: 12 anni
Altitudine: 300-400 metri
Terreno: pietre e argilla
Esposizione: sud e sud-est
Resa Media: 50 ql/ha
Sistema di allevamento: cordone speronato
Vendemmia: 10-11 Set. 2013
Tasso alcolico: 14% vol.
Bottiglie prodotte: 8,000 bottiglie
Vinificazione: in serbatoi di acciaio e cemento
Macerazione: 7 giorni di fermentazione alcolica a temperatura 20-28°C e 15 giorni di contatto con le bucce a temperatura 20-28 ° C
Colore: rosso intenso con sfumature violacee
Invecchiamento: 30 mesi circa in legno (da 500 e 700 l); 18 mesi circa in bottiglia
Abbinamenti: con tutto in particolare con pesce alla griglia e bistecca alla fiorentina
Note Degustative: Il Brunello di Giodo e' un tripudio di aromi perfettamente integrati, con sentori di rovere francese, pane tostato, caffe' ma anche di frutta secca (fichi) con una nota balsamica di eucalipto.Il bouquet del naso si fa teso ed affascinante sul palato, dove emergono la fragranza dell'amarena, del mirtillo rosso e un tocco di scorsa di limone, incorniciati da un'acidita' vibrante e da tannini setosi: il finale e' raffinato co un retrogusto speziato.

57-1 *Tasting 5 | Degustazione 5* TOP 5

CORTONESI

Brunello di Montalcino DOCG 2013

酒精度 14.5% vol

產　量 20,000瓶

品種	100% Sangiovese
葡萄坡名	Montalcino北部的La Mannella坡
葡萄樹齡	20-35年
海拔	300公尺
土壤	富含黏土的泥灰岩
面向	東、西南
平均產量	6,000公升/公頃
種植方式	短枝修剪
採收日期	2013年10月初
釀造製程	置於不鏽鋼桶與斯拉夫尼亞製橡木桶
浸漬溫度與時間	28-32°C, 25天
顏色	紅寶石色
陳年方式	36個月於斯拉夫尼亞製大型橡木桶
建議餐搭選擇	肉醬義大利麵、燒烤肉類佐義式香料(scottiglie)、陳年起司

品飲紀錄｜

草莓、草本植物與乾燥花朵的芳香，混合複雜的泥土香氣與野禽氣味；成熟且溫和的口感，相較於另一款佳釀 Brunello Poggiarelli，入口之初的甜味較少，而草本植物之香氣更為濃厚，可感受到豐富的紅色水果香氣、花香與絲絨般的口感，經過多年陳釀後，其甜味香氣更為濃醇。

English

Grape Variety: 100% Sangiovese
Vineyard: La Mannella, a Cru with 3 vineyards, north Montalcino
Vineyard age: 20-35 years
Altitude: 300 meters
Soil: clay soil reach of limestone
Exposure: east, southwest
Average yield: 60 ql/ha
Growing system: spurred cordon
Harvest: beginning October, 2013
Alcohol degree: 14.5% vol.
Production number: 20,000 bottles
Vinification: in stainless steel vats and Slavonian oak vats
Maceration: 28-32°C, 25 days
Color: ruby red
Aging: 36 mounths in big barrels of Slavonian oak
Food match: pasta with ragu, grilled meats and scottiglie, aged cheeses
Tasting note: aromas of strawberry, herbs and dried flowers, plus a complicating hint of earth tones and game. Ripe and suave in the mouth, showing less early sweetness and a more herbal streak than Cortonesi's Brunello Poggiarelli, but still offers plenty of red fruits and flowers and a silky texture. Needs at least several years of aging to fill in and gain in sweetness.

Italiano

Vitigno: 100% Sangiovese
Vigneto: La Mannella, nord Montalcino
Età vigneti: 20-35 anni
Altitudine: 300 metri
Terreno: terreni di matrice argillosa ricchi di galestro
Esposizione: est, sud-ovest
Resa Media: 60 ql/ha
Sistema di allevamento: cordone speronato
Vendemmia: all'inizio di Ottobre 2013
Tasso alcolico: 14.5% vol.
Bottiglie prodotte: 20,000 bottiglie
Vinificazione: in vasche di acciaio inox e tini di rovere di Slavonia
Macerazione: 28-32°C, 25 giorni
Invecchiamento: 36 mesi in grandi botti di rovere di Slavonia
Colore: rosso rubino
Abbinamenti: pasta con ragu, carni grigliate e scottiglie, formaggi stagionati
Note Degustative: aromi di fragola, erbe e fiori secchi, oltre a un accenno ai toni della terra. Maturo e soave in bocca, mostra una dolcezza meno precoce e una vena più a base di erbe del Brunello Poggiarelli di Cortonesi, ma offre ancora molti frutti rossi e fiori e una consistenza setosa. Ha bisogno di almeno diversi anni di invecchiamento per riempire e guadagnare in dolcezza.

CORTONESI

Brunello di Montalcino DOCG 2013 Poggiarelli

單一坡 Cru
酒精度 14.5% vol
產　量 4,000瓶

CORTONESI

品種	100% Sangiovese
葡萄坡名	Montalcino東南部的Poggiarelli單一坡
葡萄樹齡	25年
海拔	420公尺
土壤	富含沙土的泥灰岩
面向	東南
平均產量	5,000公升/公頃
種植方式	短枝修剪
採收日期	2013年9月下旬
釀造製程	置於斯拉夫尼亞製橡木桶
浸漬溫度與時間	28-32°C, 25天
顏色	鮮豔的紅色
陳年方式	24個月於法製中型橡木桶(5百公升)
建議餐搭選擇	建議搭配烤托斯卡尼大牛排或燉野豬肉(scottiglia)，或與朋友聚會時搭配雪茄與巧克力一起享用

品飲紀錄｜

藍莓、紅櫻桃、香甜菸草、礦物質與辛香料之香氣撲鼻，融合紫羅蘭與白胡椒的味道，入口可感受其十分出色的張力與鮮明的水果粒香氣，相較於Cortonesi 2013年的布雷諾紅酒，此款葡萄酒更為馥郁、緊密且深刻，充滿活力、絲絨般柔順、明亮，亦更適合慢慢品嚐；餘韻悠長且清晰，帶著成熟單寧與細微複雜的紅色水果、野禽與鹽、煙燻灌木叢香氣，為酒莊中品質最佳、最出色的一款布雷諾紅酒。

English

Grape Variety: 100% Sangiovese
Vineyard: Poggiarelli, single vineyard, southeast Montalcino
Vineyard age: 25 years
Altitude: 420 meters
Soil: sandy soil rich of limestone
Exposure: southeast
Average yield: 50 ql/ha
Growing system: spurred cordon
Harvest: late September, 2013
Alcohol degree: 14.5% vol.
Production number: 4,000 bottles
Vinification: in Slavonian oak vats
Maceration: 28-32°C, 25 days
Color: good full red
Aging: 24 mounths in French oak tonneaux (5 hl)
Food match: you can enjoy it with Fiorentina steak or wild boar scottiglia, also good with a cigar and chocolate when gathering with a group of friends
Tasting note: blueberry, red cherry, sweet pipe tobacco, minerals and spices on the nose, lifted by notes of violet and white pepper. Features terrific inner-mouth tension to the sappy crushed fruit flavors. This is richer, denser and deeper than Cortonesi's 2013 Brunello, but is every bit as vibrant and silky, though clearly also more backward. Finishes long and precise, featuring ripe tannins and subtly complex notes of red fruit, game and saline, smoky underbrush. A superb Brunello that ranks with the best from the vintage.

Italiano

Vitigno: 100% Sangiovese
Vigneto: Poggiarelli, sud-est Montalcino
Età vigneti: 25 anni
Altitudine: 420 metri
Terrcno: terreni scioli, sabbiosi, ricchi di galestro
Esposizione: sud-est
Resa Media: 50 ql/ha
Sistema di allevamento: cordone speronato
Vendemmia: fine Settembre 2013
Tasso alcolico: 14.5% vol.
Bottiglie prodotte: 4,000 bottiglie
Vinificazione: in tini di rovere di Slavonia
Macerazione: 28-32°C, 25 giorni
Colore: rosso pieno
Invecchiamento: 24 mesi in tonneaux di 5 hl di rovere francese
Abbinamenti: ottimo con la bistecca Fiorentina o scottiglia di cinghiale. Da provare anche con un buon sigaro o con della cioccolata fondete dopo cena con un buon gruppo di amici.
Note Degustative: mirtillo, ciliegia rossa, tabacco da pipa dolce, minerali e spezie sul naso, con note di viola e pepe bianco. Tipica e di impatto la tensione della bocca interiore con aromi di frutta schiacciati. Questo è più ricco, più denso e più profondo tra i due Brunello di Cortonesi del 2013, ma è altrettanto vivace e setoso, anche se chiaramente ha necessità di più tempo. Finale lungo e preciso, con tannini maturi e note sottilmente complesse di frutta rossa, selvaggina e sottofondo fumoso. Un superbo Brunello che si allinea con il meglio della vendemmia.

57-3 *Tasting 7* | *Degustazione 7* **TOP 1**

CORTONESI

Brunello di Montalcino Riserva DOCG 2012

單一坡	Cru
酒精度	14.5% vol
產　量	2,856瓶

品種	100% Sangiovese
葡萄坡名	Montalcino 北部的 La Mannella 單一坡
葡萄樹齡	35年
海拔	300公尺
土壤	富含黏土的泥灰岩
面向	東、西南
平均產量	6,000公升/公頃
種植方式	短枝修剪
採收日期	2012年10月初
釀造製程	置於斯拉夫尼亞製橡木桶
浸漬溫度與時間	28-32°C, 25天
顏色	漸趨石榴色調之紅寶石色
陳年方式	48個月於斯拉夫尼亞製大型橡木桶
建議餐搭選擇	紅肉與各類義式起司

品飲紀錄｜

辛辣的橡木香氣撲鼻，帶著櫻桃、醋栗和菸草芳香；充滿活力、細緻的單寧，果香、辛香與礦物香味結尾，悠長且令人回味無窮；酒體飽滿、細緻且強勁，單寧層次分明且充滿果香，慢慢品飲更顯其圓潤口感、風味。

English

Grape Variety: 100% Sangiovese
Vineyard: La Mannella, oldest vineyard, north Montalcino
Vineyard age: 35 years
Altitude: 300 meters
Soil: clay soil reach of limestone
Exposure: east, southwest
Average yield: 60 ql/ha
Growing system: spurred cordon
Harvest: beginning October, 2012
Alcohol degree: 14.5% vol.
Production number: 2,856 bottles
Vinification: in Slavonian oak vats
Maceration: 28-32°C, 25 days

Color: ruby red tending to garnet
Aging: 48 months in large Slavonian oak casks
Food match: red meats and various Italian cheeses
Tasting note: spicy oak aromas greet the nose, while concentrated flavors of cherry, currant and tobacco are buried underneath. Very vibrant, with refined tannins and a lingering finish of fruit, spice and mineral. Builds on the finish, with a long aftertaste. A combination of power and finesse. Full and very powerful, with layers of chewy tannins and masses of fruit. Really needs time to mellow and come together. But it's all there

Italiano

Vitigno: 100% Sangiovese
Vigneto: La Mannella, vigneto più antico, nord Montalcino
Età vigneti: 35 anni
Altitudine: 300 metri
Terreno: terreni di matrice argillosa ricchi di galestro
Esposizione: est, sud-ovest
Resa Media: 60 ql/ha
Sistema di allevamento: cordone speronato
Vendemmia: all'inizio di Ottobre 2012
Tasso alcolico: 14.5% vol.
Bottiglie prodotte: 2,856 bottiglie
Vinificazione: in tini di rovere di Slavonia
Macerazione: 28-32°C, 25 giorni

Colore: rosso rubino tendente al granato
Invecchiamento: 48 mesi in grandi botti di rovere di Slavonia
Abbinamenti: carni rosse e vari formaggi italiani
Note Degustative: gli aromi speziati introducono il naso, mentre sotto sono concentrati sentori di ciliegia, ribes e tabacco. Molto vivace, con tannini raffinati e un finale persistente di frutta, spezie e minerali. Cresce sul finale, con un retrogusto lungo. Una combinazione di potenza e finezza. Pieno e molto potente, con strati di tannini gommosi e frutta. Ha davvero bisogno di tempo per addolcirsi e venire insieme. Ma c'è tutto in questo vino!

SALVIONI

Brunello di Montalcino DOCG 2013

單一坡	Cru
酒精度	14% vol
產 量	12,000瓶

品種	100% Sangiovese Grosso
葡萄坡名	Montalcino 東南部單一坡
葡萄樹齡	10-25年
海拔	420-440公尺
土壤	泥灰岩
面向	東南
平均產量	2,500-4,000公升/公頃
種植方式	年輕葡萄園為短枝修剪，老欉為二次短枝修剪且種植等距加大
採收日期	2013年9月底至10月初
釀造製程	置於不鏽鋼桶(3.5-4千公升)
浸漬溫度與時間	28-31°C, 28-30天
顏色	紅寶石色，會隨著保存年份增加而漸呈石榴紅色
陳年方式	第一階段3年：於大型斯拉夫尼亞製橡木桶(1.8-2.2千公升)；第二階段2年以上：靜置於玻璃瓶中
建議餐搭選擇	非常適合搭配烤紅肉和野禽串燒

品飲紀錄｜

強烈而明顯的紅色莓果與成熟櫻桃果香，優雅芬芳；酒體濃郁，甘甜濃縮（甜度32-33克/升），豐富有層次，感受得到單寧但其柔和且餘韻悠長。此酒莊為布雷諾酒莊中最昂貴酒款之一。

English

Grape Variety: 100% Sangiovese Grosso
Vineyard: southeast Montalcino
Vineyard age: 10-25 years
Altitude: 420-440 meters
Soil: galestro
Exposure: southeast
Average yield: 25-40 ql/ha
Growing system: the younger vines is simple cordon spur training system; the oldest vineyard is double cordon with larger distance between vines
Harvest: end September or beginning October 2013
Alcohol degree: 14% vol
Production number: 12,000 bottles
Vinification: in stainless steel vats (35-40 hl)
Maceration: 28-31°C, 28-30 days
Color: ruby red, tending towards light garnet with ages
Aging: up to 36 months in medium toasted Slavonian oak barrels (18-22 hl); at least 2 years in bottles
Food match: excellent with roasted red meats and skewers of wild game
Tasting note: intense aromas with evident red berry and ripe cherry fruit along with elegance. The structure is rich in dry extracts which reach up to 32-33gr/l. Tannins are present but soft with a long finish.

Italiano

Vitigno: 100% Sangiovese Grosso
Vigneto: a sud/est rispetto alla collina di Montalcino
Età vigneti: 10-25 anni
Altitudine: 420-440 metri
Terreno: galestro
Esposizione: sud/est
Resa Media: 25-40 ql/ha
Sistema di allevamento: il sistema di allevamento usato è il cordone speronato semplice negli impianti più giovani e doppio dove la distanza tra le piante è maggiore.
Vendemmia: a fine Settembre - primi giorni di Ottobre 2013
Tasso alcolico: 14% vol
Bottiglie prodotte: 12,000 bottiglie
Vinificazione: in tini d'acciaio inox da 40/35 ettolitri
Macerazione: 28-31°C, 28-30 giorni
Colore: il colore rubino del giovane Brunello si attenua nella sua evoluzione lasciando intravedere note granate leggere che cambiano a seconda dell'età dei vini.
Invecchiamento: fino a 36 mesi in 18/22 ettolitri di rovere di Slavonia di media tostatura; viene imbottigliato e fatto affinare in bottiglia fino al raggiungimento dei 5 anni necessari alla sua messa in commercio
Abbinamenti: il nostro Brunello si abbina benissimo ad arrosti di carni rosse e spiedi di selvaggina
Note Degustative: abbia intensi profumi di sottobosco con evidente frutto a bacca rossa e ciliegia matura insieme a note di eleganza gusto-olfattiva derivanti da questa perfetta combinazione di fattori. La struttura del vino è ricca di estratto secco che arriva fino a 32/33 gr/l i suoi tannini sono presenti ma morbidi e la sua persistenza in bocca lunga.

FULIGNI

Brunello di Montalcino DOCG 2013 Fuligni

酒精度 14.5% vol
產　量 27,000瓶

品種	100% Sangiovese
葡萄坡名	Montalcino 東北部混坡
葡萄樹齡	30年
海拔	390-450公尺
土壤	富含不同種類的石灰岩，包括火山散灰岩至泥灰岩
面向	東北至東南
平均產量	5,000公升/公頃
種植方式	短枝修剪
採收日期	2013年9月最後一週
釀造製程	置於不鏽鋼桶（5千與7.5千升公升）
浸漬溫度與時間	28 °C, 21天
顏色	帶有石榴光澤明亮紅寶石
陳年方式	第一階段5個月：於於中型橡木圓桶(5百公升)；第二階段2年：於大型木桶(2千與3千公升)
建議餐搭選擇	紅肉與陳年起司

品飲紀錄｜

香氣極為乾淨優雅，陸續散發黑櫻桃、玫瑰、鳶尾花、橙皮、杏仁芳香，完美融合果香與木頭香，結束於成熟花香。極佳的結構與萃取物使其口感堅實、餘韻悠長。果香馥郁，散發櫻桃、葡萄乾與橙香，特有的酸度更顯其清新優雅風味。單寧濃郁成熟。餘韻結束於胡椒辛香味。

English

Grape Variety: 100% Sangiovese
Vineyard: blend of vineyards, northeast Montalcino
Vineyard age: 30 years
Altitude: 390-450 meters
Exposure: northeast to southeast
Soil: different kind all rich in limestone, from tufo to clay to rocky (galestro)
Average yield: 50 ql/ha
Production number: 27,000 bottles
Growing system: spurred cordon
Harvest: last week of September, 2013
Alcohol degree: 14.5% vol.
Vinification: in stainless steel vats (50 and 75 hl)
Maceration: 28 °C, 21 days
Color: bright ruby color, intense in the center, with garnet highlights.
Aging: 5 months in tonneaux (5 hl); 2 years in large barrels (20 and 30 hl)
Food match: red meats and seasoned cheese
Tasting note: very clean and elegant nose; the maraschino cherry immediately appears, followed by a wave of hints of rose and iris, orange peel, apricot, in an excellent fusion of fruit and wood. Closes an aroma of elder flowers. The taste is confirmed by its great structure and extract, offering extraordinarily long and continuous taste sensations. Sapid and fruity, it stimulates sensations of cherries, currants and orange. The important and typical acidity contributes to its freshness and elegance. Dense and ripe tannins. It closes with a sensation of spices and especially pepper.

Italiano

Vitigno: 100% Sangiovese
Vigneto: è un blend di vigneti, nord-est Montalcino
Età vigneti: media 30 anni
Altitudine: 390-450 metri
Esposizione: da nord-est a sud-est
Terreno: varie tipologie, da tufo ad argilloso a galestro
Resa Media: 50 ql/ha
Bottiglie prodotte: 27,000 bottiglie
Sistema di allevamento: cordone speronato
Vendemmia: ultima settimana di Settembre 2013
Tasso alcolico: 14.5% vol.
Vinificazione: in vasche di acciaio da 50 e 75 hl
Macerazione: 28 °C, 21 giorni
Colore: un colore brillante, nelle variazioni del rubino, al centro anche intenso, con sfumature granato nell'unghia.
Invecchiamento: 5 mesi di tonneaux da 5 hl e 2 anni di botti grandi da 20/30 hl
Abbinamenti: carni rosse e formaggi stagionati
Notc Degustative: naso nettissimo ed elegante; appare subito la ciliegia marasca, seguita da un'onda di sentori di rosa ed iris, scorza di arancio, albicocca, in un'ottima fusione di frutta e legno. Chiude un aroma di fiori di sambuco. Al gusto il 2013 si conferma di grande struttura ed estratto, offrendo sensazioni gustative straordinariamente lunghe e continue . Sapido e fruttato, stimola sensazioni di ciliegie, ribes ed arancia. L'importante e tipica acidità contribuisce alla sua freschezza ed eleganza. Tannini densi e maturi. Chiude con una sensazione di spezie e segnatamente pepe.

59-2 *Tasting 8 | Degustazione 8*

FULIGNI

Brunello di Montalcino Riserva DOCG 2012 Fuligni

酒精度 14.5% vol

產 量 10,000瓶

品種	100% Sangiovese
葡萄坡名	Montalcino 東北部混坡
葡萄樹齡	30年
海拔	390-450公尺
土壤	富含不同種類的石灰岩，包括火山散灰岩至泥灰岩
面向	東北至東南
平均產量	4,000公升/公頃
種植方式	短枝修剪
採收日期	2012年9月20日
釀造製程	置於不鏽鋼桶 (5千與7.5千公升)
浸漬溫度與時間	30 °C, 25天
顏色	帶有石榴光澤、如鴿子血液般的深紅寶石色
陳年方式	第一階段5個月：於中型圓木桶(5百公升)；第二階段3年：於大型木桶(2千與3千公升)
建議餐搭選擇	紅肉與陳年起司

品飲紀錄 |

散發香料、黑櫻桃、橙皮、巴薩米克醋與甜梨果醬芳香，餘韻結束於菸草與孫子草香。入口立即可感受特有的酸度，清新且優雅。單寧密度高且成熟，帶有柔和甘油且富含櫻桃、橙皮、熱帶水果、梨醬口感。餘韻結束於草本植物與百里香的芳香中。

English

Grape Variety: 100% Sangiovese
Vineyard: blend of vineyards, northeast Montalcino
Vineyard age: 30 years
Altitude: 390-450 meters
Exposure: northeast to southeast
Soil: rich in limestone, from tufo trough clay to rich in rocks
Average yield: 40 ql/ha
Production number: 10,000 bottles
Growing system: single and double spurred cordon
Harvest: Sep. 20, 2012
Alcohol degree: 14.5% vol.
Vinification: in stainless steel tanks (50 and 75 hl)
Maceration: 30 °C, 25 days
Color: intense color, garnet in the nail, with prevalent ruby hue 'pigeon's blood'.
Aging: 5 months in tonneaux (5 hl); 3 years in large barrels (20 and 30 hl)
Food match: red meats and seasoned cheese
Tasting note: the nose appear hints of spices, maraschino cherries, orange peel, balsamic notes and sweet pear jam. Final bouquet of tobacco and grandon grass. Wine of great structure, the 2012 reserve immediately reveals to the taste a very important and typical acidity, to refresh and sustain its elegance. Mature tannins, in high density, are combined with soft glycerine sensations, in a wide range of fruit taste perceptions: cherries, orange peel, exotic fruit, pear jam. Aromatic herbs and thyme in the finish.

Italiano

Vitigno: 100% Sangiovese
Vigneto: è un blend di vigneti, nord-est Montalcino
Età vigneti: 30 anni
Altitudine: 390-350 metri
Esposizione: nord-est a sud-est
Terreno: ricci in calcare da tufo ad argilla fino a roccioso (galestro)
Resa Media: 40 ql/ha
Bottiglie prodotte: 10,000 bottiglie
Sistema di allevamento: cordone speronato singolo e doppio
Vendemmia: 20 Set. 2012
Tasso alcolico: 14.5% vol.
Vinificazione: in serbatoi in acciaio da 50 e 75 hl
Macerazione: 30 °C, 25 giorni
Colore: colore intenso, granato nell'unghia, ma con prevalenti tonalità rubino 'sangue di piccione'
Invecchiamento: 5 mesi di tonneaux da 5 hl e 3 anni di botti grandi da 20/30 hl.
Abbinamenti: carni rosse e formaggi stagionati
Note Degustative: al naso appaiono sentori di spezie, ciliegie marasche, scorza di arance, note balsamiche e confettura di pere dolci. Bouquet finale di tabacco ed erba nipotella. Vino di grandissima struttura, la riserva 2012 rivela subito al gusto un'acidità assai importante e tipica, a rinfrescare e sostenerne l'eleganza. Tannini maturi, in alta densità, si uniscono a morbide sensazioni gliceriche, in un ampio quadro di percezioni gustative di frutta: ciliegie, scorza di arancio, frutta esotica, confettura di pere. Erbe aromatiche e timo nel finale.

60-1 *Tasting 4 | Degustazione 4*

La Fiorita

Brunello di Montalcino DOCG 2013

酒精度 15% vol
產　量 14,200瓶

品種	100% Sangiovese
葡萄坡名	Montalcino東南部的Poggio al Sole坡(簡稱PS)和Pian Bossolino坡(簡稱PB)
葡萄樹齡	18年
海拔	PS葡萄坡150公尺；PB葡萄坡350公尺
土壤	PS葡萄坡為火山散灰岩-黏土；PB葡萄坡為泥灰岩
面向	PS葡萄坡面南；PB葡萄坡面東南
平均產量	5,600公升/公頃
種植方式	短枝修剪
採收日期	PS葡萄坡：2013年9月25日和PB葡萄坡：10月4日
釀造製程	置於斯拉夫尼亞製橡木桶，溫控
浸漬溫度與時間	最高25°C, 12天
顏色	略帶石榴光澤之紅寶石色
陳年方式	第一階段24個月：於法製橡木桶(5百公升，30%新木桶)；第二階段8個月：不鏽鋼桶
建議餐搭選擇	野禽、紅肉與陳年起司

品飲紀錄｜

香氣

開瓶即新鮮香氣迎人，其香氣中帶著紅色莓果與菸草辛香料氣味。

口感

柔軟如絲絨，與其香氣和諧圓融，尾韻芳香怡人且令人有想咬一口這葡萄酒之衝動。

English

Grape Variety: 100% Sangiovese
Vineyard: Poggio al Sole (PS) and Pian Bossolino (PB), southeast Montalcino
Vineyard age: 18 years
Altitude: 150 meters (PS); 350 meters (PB)
Soil: tuff–clay (PS); galestro (PB)
Exposure: south (PS); southeast (PB)
Average yield: 56 ql/ha
Growing system: spurred cordon
Harvest: Sep. 25 (PS) and Oct. 4 (PB), 2013
Alcohol degree: 15% vol.
Production number: 14,200 bottles
Vinification: in Slavonian oak casks, temperature control
Maceration: 25°C maximum, 12 days
Color: ruby red with a slight garnet hint
Aging: 24 months in French oak casks (5 hl, 30% new), 8 months in steel casks
Food match: game meat, red meat and seasoned cheeses
Tasting note: [Bouquet] expresses fresh and spicy notes with the aroma of red fruit and tobacco. [Taste] harmonious silky and coherent with the scent. The finish is fragrant and savory

Italiano

Vitigno: 100% Sangiovese
Vigneto: Poggio al Sole (PS) e Pian Bossolino (PB), sud-est Montalcino
Età vigneti: 18 anni
Altitudine: 150 metri (PS); 350 metri (PB)
Terreno: tufo-argilla (PS); galestro (PB)
Esposizione: sud (PS); sud-est (PB)
Resa Media: 56 ql/ha
Sistema di allevamento: cordone speronato
Vendemmia: 25 Set. (PS) e 4 Ott. (PB) 2013
Tasso alcolico: 15% vol.
Bottiglie prodotte: 14,200 bottiglie
Vinificazione: tini tronco-conici di rovere di Slavonia
Macerazione: max 25°C, 12 giorni
Colore: rosso
Invecchiamento: 24 mesi in rovere Francese da 5 hl, 30% nuovi e 8 mesi in acciaio prima dell'imbottigliamento
Abbinamenti: carne di selvaggina, carni rosse e formaggi stagionati
Note Degustative: al naso esprime una nota fresca e speziata accompagnata dal profumo di frutta rossa e tabacco. Il tatto è armonico, setoso e coerente con le note olfattive. La chiusura è leggermente sapida e fragrante.

LA FIORITA

Brunello di Montalcino Riserva DOCG 2012

單一坡	Cru
酒精度	15% vol
產　量	3,200瓶

品種	100% Sangiovese
葡萄坡名	Monttalcino 東南部的 Pian Bossolino 單一坡
葡萄樹齡	18 年
海拔	350 公尺
土壤	泥灰岩
面向	東南
平均產量	2,800 公升 / 公頃
種植方式	短枝修剪
採收日期	2012 年 10 月 4 日
釀造製程	置於斯拉夫尼亞製橡木桶，溫控
浸漬溫度與時間	最高 25°C, 14 天
顏色	清透的深紅寶石色
陳年方式	第一階段24個月：於法製橡木桶（5百公升，30%新木桶）；第二階段6個月：於不鏽鋼桶；第三階段30個月：靜置於玻璃瓶中
建議餐搭選擇	野禽、紅肉與陳年起司

品飲紀錄｜

開瓶不久後即香氣迎人，如其布雷諾紅酒般地具紅色莓果之芬香；入口時第一感受到的是其緊實卻迷人的單寧，新鮮水果與微鹹感在不同層次重覆出現，尾韻綿延持久。

English

Grape Variety: 100% Sangiovese
Vineyard: Pian Bossolino, southeast Montalcino
Vineyard age: 18 years
Altitude: 350 meters
Soil: galestro
Exposure: southeast
Average yield: 28 ql/ha
Growing system: spurred cordon
Harvest: Oct. 4, 2012
Alcohol degree: 15% vol.
Production number: 3,200 bottles
Vinification: in Slavonian oak casks, temperature control
Maceration: max 25°C, 14 days
Color: intense but transparent ruby red
Aging: 24 months in French oak casks (5 hl 30% new); 6 months in steel casks; 30 months in bottles
Food match: game meat, red meat and seasoned cheeses
Tasting note: the aroma is remarked by fragrant and ripe fruit. The first approach on the palate is through dense and captivating tannins; the good saltiness and persistence highlight the aftertaste.

Italiano

Vitigno: 100% Sangiovese
Vigneto: Pian Bossolino, sud-est Montalcino
Età vigneti: 18 anni
Altitudine: 350 metri
Terreno: galestro
Esposizione: sud-est
Resa Media: 28 ql/ha
Sistema di allevamento: cordone speronato
Vendemmia: 4 Ott. 2012
Tasso alcolico: 15% vol.
Bottiglie prodotte: 3,200 bottiglie
Vinificazione: tini troncoconici in rovere di Slavonia
Macerazione: 25 °C massimo, 14 giorni
Colore: di colore rosso rubino intenso ma trasparente presenta
Invecchiamento: 24 mesi in rovere francese da 5 hl 30% nuovi; 6 mesi in acciaio; 30 mesi in bottiglia prima del commercio
Abbinamenti: carne di selvaggina, carni rosse e formaggi stagionati
Note Degustative: al naso frutta fragrante e matura. L'ingresso avviene con tannini fitti e avvolgenti, buona la sapidità e la persistenza che si risalta in fondo al palato.

61-1 *Tasting 8 | Degustazione 8* **TOP 4**

VAL DI SUGA

Brunello di Montalcino DOCG 2012 Poggio al Granchio

單一坡	Cru
酒精度	14.5% vol
產　量	8,000瓶

品種	100% Sangiovese Grosso
葡萄坡名	Montalcino東南部的Poggio al Granchio單一坡
葡萄樹齡	16年
海拔	400-450公尺
土壤	泥灰岩
面向	東南
平均產量	4,500公升/公頃
種植方式	短枝修剪
採收日期	2012年10月初
釀造製程	置於不鏽鋼桶(1萬5千公升)
浸漬溫度與時間	第一階段於低溫5-6℃；第二階段溫度控制不超過27℃，18天
顏色	帶有紫羅蘭色調之深紅寶石色
陳年方式	第一階段6個月：於法製橡木桶(3百公升)；第二階段30個月：於法製橡木桶(6千公升)
建議餐搭選擇	烤肉、陳年起司

品飲紀錄｜

香氣

開瓶時即散發新鮮果香，酒釀櫻桃、蔓越莓、黑莓果及藍莓香氣。

口感

入口立即能感受到其明顯細緻而鮮明的風土，立即可知其為來自Poggio al Granchio的布雷諾紅酒；其單寧如絲絨般柔滑，以新鮮的礦物結尾。此酒莊將其於蒙達奇諾DOCG產區內三個不同單一葡萄坡分開製作布雷諾紅酒，此款於土壤中含有較多來自古代海洋層的貝殼遺骸，因其鈣質含量較高，因而於此三種單一坡中，其葡萄酒最為結構明顯且最具陳年實力。

English

Grape Variety: 100% Sangiovese Grosso
Vineyard: Poggio al Granchio, southeast Montalcino
Vineyard age: 16 years
Altitude: 400-450 meters
Soil: galestro
Exposure: southeast
Average yield: 45 ql/ha
Growing system: cordone speronato
Harvest: beginning October 2012
Alcohol degree: 14.5% vol.
Production number: 8,000 bottles
Vinification: in stainless steel tanks (150 hl)
Maceration: pre-fermentation maceration at a low temperature (5-6°C); fermentation at temperature not over 27°C for 18 days
Color: intense ruby-red colour with violet glints
Aging: 6 months in French oak casks (300 l); 30 months in French oak vats (60 hl).
Food match: grilled and roasted meat, seasoned cheese
Tasting note: it explodes on the nose with fresh fruit reminiscent of cherries inspirit, red currants, black berries and myrtle. On the palate it has an unmistakable subtle entry with very long, silky tannins. It has a sapid and mineral finish that only this area can give Sangiovese.

Italiano

Vitigno: 100% Sangiovese Grosso
Vigneto: Poggio al Granchio, sud-est Montalcino
Età vigneti: 16 anni
Altitudine: 400-450 metri
Terreno: galestro
Esposizione: sud est
Resa Media: 45 ql/ha
Sistema di allevamento: cordone speronato
Vendemmia: inizio Ottobre 2012
Tasso alcolico: 14.5% vol.
Bottiglie prodotte: 8,000 bottiglie
Vinificazione: in vasche di acciaio da 150 hl
Macerazione: macerazione pre-fermentativa a bassa temperatura (5-6°C): la fermentazione avviene ad una temperature non superiore ai 27°C per 18 giorni
Colore: rosso rubino intenso con note violacee
Invecchiamento: dopo un primo passaggio in fusti di rovere francese da 300 lt, avviene in tini da 60 hl di rovere di Slavonia, per un periodo totale di 30 mesi.
Abbinamenti: carni arrosto e grigliate, formaggi stagionati
Note Degustative: al naso è una vera esplosione di frutta fresca con ricordi di ciliegia sotto spirito, ribes, mora e mirto. In bocca ha questo inconfondibile ingresso sottile con tannini setosi, lunghissimi. Ha un finale sapido e minerale che solo questa zona è in grado di offrire al Sangiovese.

61-2 *Tasting 8 | Degustazione 8*

VAL DI SUGA

Brunello di Montalcino DOCG 2012 Vigna del Lago

BRUNELLO DI MONTALCINO
DENOMINAZIONE DI ORIGINE CONTROLLATA E GARANTITA
2012

單一坡	Cru
酒精度	14% vol
產　量	7,000瓶

品種	100% Sangiovese Grosso
葡萄坡名	Montalcino北部的Vigna del Lago單一坡
葡萄樹齡	18年
海拔	270公尺
土壤	黏土與泥灰岩的混合交替夾層
面向	西北
平均產量	3,750公升/公頃
種植方式	短枝修剪
採收日期	2012年10月中
釀造製程	置於不鏽鋼桶(1萬5千公升)
浸漬溫度與時間	30°C, 15-30天
顏色	帶著紅寶石光澤、淡淡石榴色調的明亮橘色
陳年方式	30個月於法製大型橡木桶 (5千公升)
建議餐搭選擇	義式沙拉米冷肉切片、陳年起司；此款酒質較為輕盈，可考慮碳烤豬排或烤雞肉串

品飲紀錄｜

位居蒙達奇諾北部，其風土環境使其體質輕柔，口感優雅，此款酒為該酒莊於1982年開始釀造之招牌酒款。這是一款優雅、細緻、柔軟的古老葡萄酒，清新的櫻桃、紫羅蘭與甜漬水果香氣明顯，而單寧如天鵝絨般柔滑。

English

Grape Variety: 100% Sangiovese Grosso
Vineyard: Vigna del Lago, north Montalcino
Vineyard age: 18 years
Altitude: 270 meters
Soil: a continual alternation between clay and strips of very fine galestro.
Exposure: northwest
Average yield: 37.5 ql/ha
Growing system: cordone speronato
Harvest: mid October, 2012
Alcohol degree: 14% vol.
Production number: 7,000 bottles
Vinification: in stainless steels tanks (150 hl)
Maceration: 30°C, 15-30 days
Aging: 30 months in oval French oak barrels (50 hl)
Color: light garnet with very bright orange-ruby highlights
Food match: grilled meat, salumes and seasoned cheese
Tasting note:it it is a Brunello of old. An elegant, subtle, soft wine with great volume but unmistakable lightness. The tannins are velvety. On the nose, notes of fresh cherries, violets and candied fruit are dominant. The first vintage is in 1982.

Italiano

Vitigno: 100% Sangiovese Grosso
Vigneto: Vigna del Lago, nord Montalcino
Età vigneti: 18 anni
Altitudine: 270 metri
Terreno: argilla
Esposizione: nord-ovest
Resa Media: 37.5 ql/ha
Sistema di allevamento: cordone speronato
Vendemmia: metà Ottobre 2012
Tasso alcolico: 14% vol.
Bottiglie prodotte: 7,000 bottiglie
Vinificazione: in vasche di acciaio da 150 hl
Macerazione: tradizionale, con temperature nella parte finale fino a 30°C per più giorni. Una volta completata la fermentazione le vinacce rimangono a macerare sul vino per un periodo di 15-30 giorni al fine di ottenere un naturale ammorbidimento della parte tannica.**Colore:** granato leggero con riflessi rubino-aranciati molto brillanti.
Invecchiamento: il vino affina in botti ovali da 50 hl di rovere di Slavonia per 30 mesi
Abbinamenti: carni alla griglia, salumi e formaggi mediamente stagionati
Note Degustative: E' il Brunello di un tempo. Un vino elegante, sottile, morbido dal grande volume, ma dall'inconfondibile leggerezza. I tannini sono vellutati. Al naso prevalgono delle note di ciliegia fresca, di viola, di canditi.

Val di Suga

Brunello di Montalcino DOCG 2012 Vigna Spuntali

單一坡	Cru
酒精度	14% vol
產　量	9,000瓶

品種	100% Sangiovese Grosso
葡萄坡名	Montalcino西南部的Vigna Spuntali單一坡
葡萄樹齡	29年
海拔	300公尺
土壤	來自古代海洋層的沙土、容易找到殘留化石與火山散灰岩
面向	西南
平均產量	6,000公升/公頃
種植方式	短枝修剪
採收日期	2012年9月中
釀造製程	置於水泥材質之容器
浸漬溫度與時間	25-30°C, 20天
顏色	帶有紅寶石光澤的深石榴紅色
陳年方式	第一階段24個月：於法製橡木桶(3百公升)；第二階段24個月以上：靜置於玻璃瓶中
建議餐搭選擇	野禽、烤肉與起司

品飲紀錄｜

此葡萄坡位於布雷諾紅酒最早開始種植區域，其風土極具傳統意含。味蕾感受其柔順溫暖而細緻的香氣，帶著酸櫻桃、無花果乾和蜜餞的成熟果香，其丹寧香甜卻但有韌度、餘韻悠長，口中帶有濃郁的梅子與黑莓芳香，極具陳年實力。

English

Grape Variety: 100% Sangiovese Grosso
Vineyard: Vigna Spuntali, southwest Montalcino
Vineyard age: 29 years
Altitude: 300 meters
Soil: the soils are of marine origin and contain a sandy component, as well as marine debris and fossil remains mixed with lapilli of volcanic tuffaceous origin.
Exposure: southwest
Average yield: 60 ql/ha
Growing system: cordone speronato
Harvest: mid September, 2012
Alcohol degree: 14% vol.
Production number: 9,000 bottles
Vinification: in concrete vats
Maceration: 25-30°C, 20 days
Color: strong garnet colour with ruby highlights
Aging: 24 months in French oak casks (300 l); at least 24 months in bottles
Food match: game, grilled and roasted meat and cheese
Tasting note: it unfolds warm, intense and refined on the nose. Great explosion of ripe fruit with notes of sour cherry, dried figs, candied fruit, especially orange. On the palate the sweet and soft tannins accompany the long finish, rich in notes of plums and black berries.

Italiano

Vitigno: 100% Sangiovese Grosso
Vigneto: Vigna Spuntali, sud-ovest Montalcino
Età vigneti: 29 anni
Altitudine: 300 metri
Terreno: di origine marina, caratterizzato dalla componente sabbiosa, ma anche per la presenza di detriti marini e resti fossili mescolati a lapilli di origine tufaceo-vulcanica
Esposizione: sud-ovest
Resa Media: 60 ql/ha
Sistema di allevamento: cordone speronato
Vendemmia: metà Settembre 2012
Tasso alcolico: 14% vol.
Bottiglie prodotte: 9,000 bottiglie
Vinificazione: in vasche di cemento
Macerazione: 25-30°C, 20 giorni
Colore: granato deciso con riflessi rubino
Invecchiamento: 24 mesi in fusti di rovere francese da 300 hl seguiti da un affinamento in bottiglia di altri 24 mesi
Abbinamenti: selvaggina, carne alla griglia e arrosto e formaggio
Note Degustative: al naso si apre caldo, intenso, e raffinato. Grande esplosione di frutta matura con note di amarena, fichi secchi, frutta candita ed in particolare arancia. In bocca si caratterizza per i tannini dolci e morbidi che accompagnano un lungo finale, ricco di note di prugna e mora.

62-1 *Tasting 4 | Degustazione 4* TOP 6

PALAZZO

Brunello di Montalcino DOCG 2013

單一坡	Cru
酒精度	14.5% vol
產　量	12,000瓶

品種	100% Sangiovese
葡萄坡名	Montalcino 東部的 Palazzo 單一坡
葡萄樹齡	20-25年
海拔	320公尺
土壤	泥灰岩
面向	東南
平均產量	6,500公升/公頃
種植方式	短枝修剪
採收日期	2013年10月初
釀造製程	置於不鏽鋼桶(3.5千與4.5千公升)，溫控
浸漬溫度與時間	28°C, 18-20天
顏色	紅寶石色
陳年方式	第一階段36至40個月：於斯拉夫尼亞製橡木桶(1千、2千與2.5千公升)；第二階段6至8個月：靜置於玻璃瓶中
建議餐搭選擇	適合搭配任何燒烤肉類與陳年羊起司(Pecorino)

品飲紀錄｜

香氣

具香甜黑莓利口酒、紅色莓果香氣後接著辛香料、皮革、義式咖啡及如義大利老爺爺準備菸草時，口泯煙管時的微薰香氣。

口感

結構完整、優雅，可感受其明顯單寧與酸度，證明其陳年實力。

English

Grape Variety: 100% Sangiovese
Vineyard: Palazzo, east Montalcino
Vineyard age: 20-25 years
Altitude: 320 meters
Soil: rocky galestro
Exposure: southeast
Average yield: 65 ql/ha
Growing system: spurred cordon
Harvest: early October, 2013
Alcohol degree: 14.5% vol.
Production number: 12,000 bottles
Vinification: in stainless steel tanks (35 and 45 hl), temperature control
Maceration: 28°C, 18-20 days
Color: ruby red
Aging: 36-40 months in Slavonian oak casks (10, 20 and 25 hl); 6-8 months in bottles
Food match: it's the perfect complement to any roasted meat and aged cheese pecorino
Tasting note: sweet blackberry liqueur, red fruits followed by aromas, spices, leather, pipe tobacco moist and caffè espresso. Well structured, elegant, with tannin, but not excessive.

Italiano

Vitigno: 100% Sangiovese
Vigneto: Palazzo, est Montalcino
Età vigneti: 20-25 anni
Altitudine: 320 metri
Terreno: Galestro roccioso
Esposizione: sud-est
Resa Media: 65 ql/ha
Sistema di allevamento: cordone speronato
Vendemmia: all'inizio di Ottobre 2013
Tasso alcolico: 14.5% vol.
Bottiglie prodotte: 12,000 bottiglie
Vinificazione: in acciaio a temperature controllata
Macerazione: 28°C, 18-20 giorni
Colore: rosso rubino
Invecchiamento: 36-40 mesi in botte di rovere Slavonia da 10 hl, 20 hl a 25 hl; 6-8 mesi in bottiglia
Abbinamenti: carne rosso grigliate e arrosto
Note Degustative: [Profumo] profumo intenso, complesso e persistente, gli aromi del sottobosco, e frutti rossi maturi con sentore di confettura di mora, amarena, marasca e ciliegia matura. Violetta, gli aromi tipici dell'invecchiamento in legno, vaniglia, tabacco e cuoio; [Gusto] un vino dal corpo elegante ed armonico, vellutato al palato, asciutto e con lunga persistenza. Brunello ancora giovane per l'amara dei tannini che tenderà a diminuire con l'affinamento in bottiglia.

62-2 *Tasting 8* | *Degustazione 8* **TOP 3**

PALAZZO

Brunello di Montalcino Riserva DOCG 2012

單一坡	Cru
酒精度	15% vol
產　量	1,500瓶

品種	100% Sangiovese
葡萄坡名	Montalcino東部的Palazzo單一坡
葡萄樹齡	22年
海拔	320公尺
土壤	乾土與岩石
面向	東南
平均產量	6,500公升/公頃
種植方式	短枝修剪
採收日期	2012年10月初
釀造製程	置於水泥材質之容器(1千公升)，溫控
浸漬溫度與時間	27-28°C, 18-20天
顏色	濃豔紅寶石色
陳年方式	第一階段36個月：於橡木桶(1千公升)；第二階段12個月以上：於中型法製橡木圓桶(5百公升)；第三階段12個月：靜置於玻璃瓶中
建議餐搭選擇	適合任何重要餐敘場合飲用

品飲紀錄｜

酒體飽滿且結構完整，口感濃郁而優雅，帶著辛香味與誘人的單寧。

English

Grape Variety: 100% Sangiovese
Vineyard: Palazzo, east Montalcino
Vineyard age: 22 years
Altitude: 320 meters
Soil: arid and stony
Exposure: southeast
Average yield: 65 ql/ha
Growing system: spurred cordon
Harvest: beginning October, 2012
Alcohol degree: 15% vol.
Production number: 1,500 bottles
Vinification: in cement vats (10 hl), temperature control
Maceration: 27-28°C, 18-20 days

Color: rich red ruby color
Aging: 36 months in oak casks (10 hl); 12 months more in medium toast French oak tonneaux (5 hl); 12 months in bottles
Food match: a truly exceptional wine reserved for the most special of occasions.
Tasting note: the wine is full bodied and well structured. The taste is intense and elegant with a hint of spices and a final seducing tannic.

Italiano

Vitigno: 100% Sangiovese
Vigneto: Palazzo, est Montalcino
Età vigneti: 22 anni
Altitudine: 320 metri
Terreno: aridi e sassosi
Esposizione: sud-est
Resa Media: 65 ql/ha
Sistema di allevamento: cordone speronato
Vendemmia: primi di Ottobre 2012
Tasso alcolico: 15% vol.
Bottiglie prodotte: 1,500 bottiglie
Vinificazione: in vasche di cemento da 10 hl
Macerazione: 27-28°C, 18-20 giorni

Colore: ricco colore rosso rubino granato
Invecchiamento: 36 mesi in botti di rovere da 10 hl e altri 12 mesi in tonneaux francesi da 5 hl. di media tostatura; 12 mesi prima dell'immissione in commercio
Abbinamenti: un Brunello davvero eccezionale riservato alle occasioni speciali.
Note Degustative: corposo e ben strutturato con un ricco colore rosso rubino, ha un gusto intenso ed elegante, leggermente speziato e un finale tannico seducente.

TASSI

Brunello di Montalcino DOCG 2013 Tassi Selezione

單一坡	Cru
酒精度	15% vol
產　量	2,590瓶

品種	100% Sangiovese Grosso
葡萄坡名	Montalcino東南部，位於Castelnuovo dell'Abate的Tassi單一坡
葡萄樹齡	18年
海拔	200-250公尺
土壤	岩石黏土結塊、泥灰岩、沙岩與石英岩
面向	南至西南
平均產量	6,000公升/公頃
種植方式	短枝修剪
採收日期	2013年9月下旬
釀造製程	置於可開啟之木桶
浸漬溫度與時間	28°C, 15-20天
顏色	優雅深紅寶石色
陳年方式	36個月於斯拉夫尼亞製大型橡木桶(4千公升)
建議餐搭選擇	特別推薦烤雉雞

品飲紀錄｜

和諧芳香，一開始帶有黑櫻桃、黑莓、辛香料與甘草的氣味，漸漸轉為菸草、辛香與巧克力的香味，為此酒增添馥郁醇厚的香氣。明顯果香、優雅而強勁的口感帶著柔和單寧與淡淡燻木香氣，其多層次風味呈現絕佳的平衡。餘韻悠長，酒體圓融且流暢。

English

Grape Variety: 100% Sangiovese Grosso
Vineyard: Tassi in Castelnuovo dell'Abate, southeast Montalcino
Vineyard age: 18 years
Altitude: 200-250 meters
Exposure: south – southwest
Soil: agglomerated rock clays, galestro, sandstones and quartzites
Average yield: 60 ql/ha
Production number: 2,590 bottles
Growing system: spurred cordon
Harvest: second decade of September, 2013
Alcohol degree: 15% vol.
Vinification: in controconic wooden vats
Maceration: 28°C, 15-20 days
Color: very elegant and intense ruby red
Aging: 36 months in Slavonian oak barrels (40 hl)
Food match: oven roasted guinea hen
Tasting note: harmonic bouquet, with notes of black cherry, blackberry, spices and liquorice moving on to tobacco, spice and chocolate adding opulence and decadent richness to the wine. Fruit-forward, elegant and yet powerful with soft tannins and hints of smokey wood. The complexity of this wine presents an excellent balance. Persistent aftertaste with rounded and voluble body. Elegant and powerful wine with all the elements in the right place.

Italiano

Vitigno: 100% Sangiovese Grosso
Vigneto: Tassi di Castelnuovo dell'Abate, sud-est Montalcino
Età vigneti: 18 anni
Altitudine: 200-250 metri
Esposizione: sud – sud/ovest
Terreno: argillo agglomerato roccia, galestro, arenarie e quarzitic
Resa Media: 60 ql/ha
Bottiglie prodotte: 2,590 bottiglie
Sistema di allevamento: cordone speronato permanente
Vendemmia: seconda decade di Settembre 2013
Tasso alcolico: 15% vol.
Vinificazione: in tini di legno controconici
Macerazione: 28°C, 15-20 giorni
Invecchiamento: 36 mesi in botti di rovere di Slavonia, 40 hl
Colore: rosso rubino molto elegante ed intenso
Abbinamenti: coscia di Faraona
Note Degustative: bouquet armonico, con note di ciliegia nera, mora, spezie e liquirizia che si spostano sul tabacco. Sentori di cioccolato aggiungono opulenza e ricchezza decadente al vino. Fruttato, elegante e tuttavia potente con tannini morbidi e sentori di legno affumicato. La complessità di questo vino presenta un ottimo equilibrio. Retrogusto persistente con corpo arrotondato e volubile. Vino raffinato ed energico con tutti gli elementi al posto giusto.

LISINI

Brunello di Montalcino DOCG 2013

酒精度	14% vol
產　量	30,000瓶

品種	100% Sangiovese
葡萄坡名	Montalcino南部混坡
葡萄樹齡	10-50年
海拔	300-350公尺
土壤	源自始新世時期的火山散灰岩
面向	南
平均產量	5,000公升/公頃
種植方式	短枝修剪
採收日期	2013年10月第一週
釀造製程	置於不鏽鋼桶
浸漬溫度與時間	24-26°C, 20-26 天，未過濾
顏色	深紅寶石色，經多年陳放後漸呈亮橘色
陳年方式	第一階段42個月：於斯拉夫尼亞製大型橡木桶(2千與5千公升)；第二階段6至8個月：置於玻璃瓶中
建議餐搭選擇	陳年起司、燒烤紅肉

品飲紀錄｜

香氣

其優雅之香氣帶著瀝青、灌木叢、菸草、紫羅蘭和香草芳香，其香氣迷人，濃郁多層次且圓融和諧。

口感

回甘且柔軟，酒體飽滿和諧，結實有力而平衡，帶有高貴的口感。此酒莊為布雷諾酒莊中高雅傳統之象徵之一。

English

Grape Variety: 100% Sangiovese
Vineyard: south Montalcino
Vineyard age: 10-50 years
Altitude: 300-350 meters
Soil: tufaceo of eocenic
Exposure: south
Average yield: 50 ql/ha
Growing system: spurred cordon
Harvest: first week of October, 2013
Alcohol degree: 14% vol.
Production number: 30,000 bottles
Vinification: in stainless steel tanks
Maceration: 24-26°C, 20-26 days, clarification without filtration

Color: deep ruby red, tending to bright orange after years
Aging: 42 months in Slavonian big oak barrels (20 and 50 hl); 6-8 months in bottles
Food match: aged cheeses, roasted or grlled red meat
Tasting note: slightly ethereal bouquet perfume of extraordinary elegance with hints of goudron, undergrowth, tobacco, violet and vanilla; dry taste, but at the same time soft, full and harmonious, firm and balance, consistent and aristocratic, full breed.

Italiano

Vitigno: 100% Sangiovese
Vigneto: sud Montalcino
Età vigneti: 10-50 anni
Altitudine: 300-350 metri
Terreno: tufaceo di origine eocenica
Esposizione: sud
Resa Media: 50 ql/ha
Sistema di allevamento: cordone speronato
Vendemmia: nella prima settimana di Ottobre 2013
Tasso alcolico: 14% vol.
Bottiglie prodotte: 30,000 bottiglie
Vinificazione: in vasche di acciaio
Macerazione: 24-26°C, 20-26 giorni, illimpidimento spontaneo senza filtrazione

Colore: rosso rubino carico che si affina con gli anni in aranciato brillante
Invecchiamento: affinamento effettuato in botti grandi di rovere di Slavonia (20/50 hl) per un periodo di 42 mesi. Ulteriore affinamento in bottiglia di 6/8 mesi.
Abbinamenti: formaggi stagionati, carni rosse alla griglia o arrosto
Note Degustative: profumo bouquet lievemente etereo di straordinaria eleganza con sentori goudron, sottobosco, tabacco, viola e vaniglia; sapore asciutto, ma allo stesso tempo morbido pieno ed armonico, nerbo saldo e viperino, stoffa consistente ed aristocratica; piena razza.

LISINI

Brunello di Montalcino Riserva DOCG 2012

酒精度 14% vol
產　量 3,700瓶

品種	100% Sangiovese
葡萄坡名	Montalcino南部混坡
葡萄樹齡	10-50 年
海拔	300-350公尺
土壤	源自始新世時期的火山散灰岩
面向	南
平均產量	5,000公升 / 公頃
種植方式	短枝修剪
採收日期	2012年10月第一週
釀造製程	置於不鏽鋼桶
浸漬溫度與時間	24-26°C, 20-26 天 ，未過濾
顏色	漸呈石榴色調之深紅寶石色
陳年方式	第一階段48個月：於斯拉夫尼亞製橡木桶(1.1千與2千公升)；第二階段6至8個月：靜置於玻璃瓶中
建議餐搭選擇	陳年起司、燒烤紅肉

品飲紀錄｜

香氣

帶著花香與紅色莓果、胡椒香氣，其香氣多層次且迷人，漓郁而平衡，且開瓶後三小時，仍依舊變換其主調。

口感

緊實且柔滑之單寧，酸度佳，表示有陳年的實力，其濃郁的果香伴隨著優雅平衡之辛香料，撫媚之口感之後緊跟著單寧酸度，堪稱布雷諾紅酒之代表作之一。

English

Grape Variety: 100% Sangiovese
Vineyard: south Montalcino
Vineyard age: 10-50 years
Altitude: 300-350 meters
Soil: tufaceo of eocenic
Exposure: south
Average yield: 50 ql/ha
Growing system: spurred cordon
Harvest: first week of October, 2012
Alcohol degree: 14% vol.
Production number: 3,700 bottles
Vinification: in stainless steel tanks
Maceration: 24-26°C, 20-26 days, clarification without filtration

Color: deep ruby tending to garnet
Aging: 48 months in Slavonian oak barrels (1,100 and 2,000 l); 6-8 months in bottles
Food match: aged cheeses, roasted or grlled red meat
Tasting note: flower and red fruit, pepper, tight and smooth tannins, good acidity

Italiano

Vitigno: 100% Sangiovese
Vigneto: sud Montalcino
Età vigneti: 10-50 anni
Altitudine: 300-350 metri
Terreno: tufaceo di origine eocenica
Esposizione: sud
Resa Media: 50 ql/ha
Sistema di allevamento: cordone speronato
Vendemmia: nella prima settimana di Ottobre 2012
Tasso alcolico: 14% vol.
Bottiglie prodotte: 3,700 bottiglie
Vinificazione: in vasche di acciaio
Macerazione: 24-26°C, 20-26 giorni, illimpidimento spontaneo senza filtrazione

Colore: rosso rubino carico
Invecchiamento: affinamento effettuato in botti grandi di rovere di Slavonia (1,100/2,000 litri) per un periodo di 48 mesi. Ulteriore affinamento in bottiglia di 6/8 mesi.
Abbinamenti: formaggi stagionati, carni rosse alla griglia o arrosto
Note Degustative: fiori e frutta rossa, pepe, tannini fitti e morbidi, buona acidità

COLLEMATTONI

Brunello di Montalcino DOCG 2013

酒精度	14.5% vol
產　量	22,000瓶

品種	100% Sangiovese
葡萄坡名	Montalcino 西南與東南部混坡
葡萄樹齡	10-20 年
海拔	350-450 公尺
土壤	沙黏土，含有化石與泥灰土
面向	南、西南
平均產量	5,500-6,000公升/公頃
種植方式	短枝修剪
採收日期	2013年9月第三週
釀造製程	置於不鏽鋼桶，溫控
浸漬溫度與時間	28-30°C, 20-25 天
顏色	明亮紅，略帶勃根地紅酒色
陳年方式	第一階段30個月以上：於斯拉夫尼亞製大型橡木桶(3,200公升)；第二階段4個月：靜置於玻璃瓶中
建議餐搭選擇	適合搭配所有托斯卡尼傳統佳餚，特別推薦燒烤肉類、野禽、燉煮肉類與陳年起司如羊起司(Pecorino)

品飲紀錄 |

香氣

帶著野生黑色水果、黑櫻桃與木頭香氣，其特徵明顯，適合練習盲飲布雷諾紅酒猜酒莊的遊戲。

口感

味蕾感受其柔順溫暖、口中能感受其濃稠葡萄之香氣，明顯的葡萄乾及些許香料，使其更顯有趣；其香氣持久。

English

Grape Variety: 100% Sangiovese
Vineyard: southwest and southeast Montalcino
Vineyard age: 10-20 years
Altitude: 350-450 meters
Soil: sandy clay with fossils and marl
Exposure: south, southwest
Average yield: 55-60 ql/ha
Growing system: spurred cordon
Harvest: 3rd week of September, 2013
Alcohol degree: 14.5% vol.
Production number: 22,000 bottles
Vinification: in stainless steel casks, temperature control
Maceration: 28-30°C, 20-25 days
Color: brilliant red with burgundy reflects
Aging: minimum 30 months in Slavonian oak barrels (32 hl); 4 months in the bottle
Food match: can be served with all our best dishes of the Tuscan tradition: in particular with roasted meat, game, braised meat and ripe cheeses like Pecorino cheese.
Tasting note: [Bouquet] penetrating with memories of wild black fruits, black cherry and noble wood; [Taste] warm, dry and persistent

Italiano

Vitigno: 100% Sangiovese
Vigneto: sud-ovest e sud-est Montalcino
Età vigneti: 10-20 anni
Altitudine: 350-450 metri
Terreno: sabbioso- argilloso con fossili e marne
Esposizione: sud, sud-ovest
Resa Media: 55-60 ql/ha
Sistema di allevamento: cordone speronato
Vendemmia: la terza settimana di Settembre 2013
Tasso alcolico: 14.5% vol.
Bottiglie prodotte: 22,000 bottiglie
Vinificazione: in acciaio, temperature controllata
Macerazione: 28-30°C, 20-25 giorni
Colore: rosso brillante con tipici riflessi rosso granata
Invecchiamento: invecchiamento per un minimo di 30 mesi in botti da 32 hl di rovere di Slavonia. A seguire altri 4 mesi di affinamento in bottiglia.
Abbinamenti: può essere abbinamento a tutti i migliori piatti della tradizione Toscana. In particolare con arrosti, cacciagione, brasati e formaggi stagionati come il Pecorino.
Note Degustative: [Profumo] intenso con ricordi di frutti neri di bosco, ciliegia marasca e legni nobili; [Gusto] avvolgente, secco e persistente.

65-2 *Tasting 8 | Degustazione 8*

COLLEMATTONI

Brunello di Montalcino Riseva DOCG 2012

單一坡	Cru
酒精度	15.5% vol
產　量	2,600瓶

品種	100% Sangiovese
葡萄坡名	Montalcino西南部的Fontelontano單一坡
葡萄樹齡	25年
海拔	360公尺
土壤	沙黏土，含化石、泥灰土與石灰岩
面向	南
平均產量	4,500公升/公頃
種植方式	短枝修剪
採收日期	2012年9月底
釀造製程	置於不鏽鋼桶，溫控
浸漬溫度與時間	28-30° C, 20-25天
顏色	深紅寶石色，略帶勃根地紅酒色
陳年方式	第一階段36個月：於法製中型橡木桶(5百公升)；第二階段18個月：靜置於玻璃瓶中
建議餐搭選擇	適合搭配所有托斯卡尼傳統佳餚，特別推薦味道豐富的餐點如千層麵、野禽肉醬義大利麵(pinci pasta)、野禽、燉煮肉類與辣味陳年起司；適合慢慢品嚐冥想。

品飲紀錄｜

香氣

讓人想起野生黑色水果、香草與辛香料的香氣，其特徵明顯，適合練習盲飲布雷諾紅酒猜酒莊的遊戲。

口感

味蕾感受其柔順溫暖，口中能感受其濃稠葡萄之香氣，明顯的葡萄乾及些許香料，使其更顯有趣；其香氣持久、微酸、且柔順舒服之尾韻。

English

Grape Variety: 100% Sangiovese
Vineyard: Fontelontano vineyard, southwest Montalcino
Vineyard age: 25 years
Altitude: 360 meters
Soil: sandy clay with fossils, marl and limestone
Exposure: south
Average yield: 45 ql/ha
Growing system: spurred cordon
Harvest: end of September, 2012
Alcohol degree: 15.5% vol.
Production number: 2,600 bottles
Vinification: in stainless steel casks, temperature control
Maceration: 28-30° C, 20-25 days
Color: intense ruby red with brilliant burgundy reflects
Aging: 36 months in French oak barrels (5 hl); 18 months in the bottles
Food match: matches all our best dishes of the Tuscan tradition: great with complex first courses (lasagne, pinci pasta with sauces made with game), second courses made with game, braised meat and ripe and spicy cheeses.
Tasting note: [Bouquet] reminiscent of wild black fruits, vanilla and spices; [Taste] dry, warm, austere but velvety

Italiano

Vitigno: 100% Sangiovese
Vigneto: vigneto Fontelontano, sud-ovest Montalcino
Età vigneti: 25 anni
Altitudine: 360 metri
Terreno: sabbioso argilloso con fossili, marne e presenza calcarea
Esposizione: sud
Resa Media: 45 ql/ha
Sistema di allevamento: cordone speronato
Vendemmia: fine Settembre 2012
Tasso alcolico: 15.5% vol.
Bottiglie prodotte: 2,600 bottiglie
Vinificazione: in acciaio, temperature controllata
Macerazione: 28-30° C, 20-25 giorni
Colore: rosso rubino intenso con leggeri riflessi granata
Invecchiamento: 36 mesi in botti di rovere francese da 5hl; a seguire altri 18 mesi di affinamento in bottiglia
Abbinamenti: l'eleganza di questo vino, grazie anche alla sua struttura, lo rende un vino da meditazione. Inoltre si abbina bene a tutti i grandi piatti della tradizione Toscana: primi piatti come lasagne, pinci al ragù di cinghiale, secondi piatti a base di cacciagione, brasati e formaggi stagionati.
Note Degustative: [Profumo] ricordi di frutti neri di bosco, vaniglia e spezie come il pepe bianco; [Gusto] secco, avvolgente, austero ma vellutato

1ST JUDGE TASTING

BRUNELLO DOCG 2013

第一場——
盲飲評審會
2013年布雷諾紅酒

— Atelier.C, Florence, Italy —

佛羅倫斯 ATELIER.C 高級訂製服與手工包工作室

我為何選擇這裡做為評審品評地點？

托斯卡尼的佛羅倫斯城是文藝復興發源地，更是國際知名手工皮件、訂製服與文化藝術重鎮。論及托斯卡尼的日常生活，除了美食、美酒外更不能錯過「人要衣裝、佛要金裝」的重要義大利生活哲學。現場限量款手提包和訂製服身價破台幣千萬，如同珍貴的布雷諾紅酒是托斯卡尼葡萄酒后般，絲絲點綴優質生活。

Why I choose here to make judge tasting

Tuscany is internationally famous for its fine artisan fashion while Florence is the center and the origin of its culture and art. The combination of fashion and wine is an example of life style. Wine is part of daily Tuscan life as clothes to body and furniture to sweet homes. When we speaks of Tuscan life style, Brunello wine is of high quality as Tuscan artisan designers of haute couture and bespoke interiors.

Perché ho deciso di usare questo luogo come sede di una delle mie degustazioni

La Toscana è famosa a livello internazionale per il suo elegante artigianato nel campo della moda e Firenze è il cuore e l'origine dell'arte e della cultura toscana. L'incontro tra moda e vino è un perfetto esempio di stile di vita. Il vino è parte della vita quotidiana, in Toscana; come lo sono gli abiti per il nostro corpo o gli arredi di questi bellissimi palazzi. Quando si parla di Stile di vita toscano, il Brunello è un vino di altissima qualità come i designer artigiani toscani di alta moda ed arredi realizzati su misura

佛羅倫斯 ATELIER.C
高級訂製服與手工包工作室
Atelier.C, Florence, Italy

這一家位於佛羅倫斯市中心的手工高級訂製服，雖位處小巷內卻大有名堂。兩位設計師馬可孔堤耶諾與愛莉伽卡波娃里分別負責手工包件、客製家具以及訂製服的設計與製作，他們獨特細緻的作品讓歐洲王室公主也登門預約。

ATELIER.C was born from the perfect combination of two different creative and talented designers, Alice Caporali and Marco Contiello. With open-minds and fresh vision and ideas, they make haute couture, leather bags, and bespoke interiors from the manual dexterity of artisans.

Atelier.C nasce dalla perfetta combinazione di due talenti creativi diversi ma complementari , Alice Caporali e Marco Contiello. Con una visione moderna, creano abiti, borse e arredo in pezzi unici, con il massimo dell'artigianalita'.

地址 ***Add*** | Via dei Fossi 33/r 50141, Firenze
電話 ***Tel*** | 055 289787

Marco Contiello

馬可·孔堤耶諾 | 義大利

佛羅倫斯高級訂製服與皮件家具設計師

師承家中傳統，他已從事高級訂製服行業約 20 年；目前與合夥人愛莉伽卡波娃里共同經營 Aterlier.C 預約制工作室，追求更精湛的設計家具、皮件及高級訂製服作品；葡萄酒也是他的熱情。

Christian Eder

克利斯提昂·艾德 | 奧地利

資深義大利葡萄酒記者、國際酒評家

居住於奧地利、為知名瑞士葡萄酒期刊專家、近三十年資深國際酒評家、為義大利權威評審之一；於 2009 年得到義大利布雷諾紅酒官方公會之「卓越記者獎」。

Veronika Crecelius

薇羅妮卡·瑪麗亞·葵雀里鄔 | 德國

德國葡萄酒雜誌常駐義大利記者、作家、國際酒評家

多次贏得獎項的她來自德國，是一位活力充沛、風趣幽默且專業的國際酒評家；她熟知義大利每一塊葡萄園的故事，對於葡萄酒界的政治經濟議題如數家珍。她認為布雷諾紅酒是義大利紅酒的最聰慧呈現。

1.Marco Contiello

Co-founder and fashion designer of Atelier.C, Florence

Inheriting the talent from the family, he has been making artistic fashion design for almost 20 years. Together with Alice Caporali, they created Atelier.C, for the world of bespoke interiors, luxury bags and haute couture with an incessant search for excellence. Wine is his passion.

Co-fondatore e fashion designer di Atelier.C, Firenze.

Un talento ereditato dalla famiglia, da vent'anni si dedica alla moda. Con Alice Caporali, hanno creato un Atelier.C, dedicato a pezzi unici di arredo, borse e abiti attraverso una continua ricerca del l'eccellenza. Il Vino e' la sua passione.

2.Christian Eder

Wine writer, Austria

Wine writer base in Salzburg, Austria. For more than 20 years specialized in Italian wines, mostly as an expert for Swiss magazine "Vinum". In 2009, he was awarded the Premio giornalistico of the Consorzio Brunello di Montalcino.

Scrittore del vino, Austria.

Scrittore enologico con base in Salzburg, Austria. Da più di 20 anni è specializzato in vini italiani ed è corrispondente della rivista "Vinum" in Svizzera. Nel 2009 ha vinto il premio giornalistico del Consorzio Brunello di Montalcino.

3.Veronika Crecelius

Wine journalist and writer; Correspondent in Italy, Weinwirtschaft magazine, Germany

3 words! Energy, humor and professionalism distinguishes this multi-awarded Italian wine expert from Germany. With her profound knowledge in every piece of vineyard in Italy, she knows politics and economy in the wine business. Brunello wine for her is one of the highest expressions of Italian savoir-faire.

Corrispondente responsabile per l'Italia, per la rivista Weinwirtschaft, Germania

Energia, umore e serietà caratterizzano la pluripremiata esperta tedesca di vini italiani. Profonda conoscitrice sia dei vigneti Italiani, sia della politica ed economia vitivinicola del Belpaese. Ritiene che il Brunello sia una delle espressioni massime del savoir-faire degli italiani.

Alexander Magrutsch

亞力山德・馬古徐 | 奧地利

葡萄酒記者、雜誌總編

1990 年他愛上葡萄酒；自 1992 年起便於奧地利和德國擔任葡萄酒記者，並擔任奧地利葡萄酒雜誌總編長達 11 年。

Sam Yen

鄢誠志 | 台灣

鹽之華法式餐廳酒水管理員

漂流在學海裡的無名孤舟；酒 - 食生活及文化的探索者與實踐者。現任鹽之華法式餐廳的侍者及酒水管理員。

Ursula Thurner

鄔舒菈・申妮 | 奧地利

葡萄酒公關公司董事長

生於奧地利；自 1988 年起居住於托斯卡尼，任職奇揚第紅酒官方公會近十年；於 1997 年創立申妮爾公關公司，負責提供市場策略顧問及維繫國際公共關係等服務；此公司目前由 7 位女性員工組成。

4. Alexander Magrutsch

Wine Journalist and magazine editor, Austria.

He found his love for wine in 1990 and since 1992 he has been wine journalist in Austria and Germany. For more than 11 years, he has been Editor-in-chief for Austrian wine magazine "wein.pur".

Giornalista enologico e redattore , Austria

Scopre il suo amore per il vino nel 1990 e fin dal 1992 è giornalista enologico in Austria e Germania. Per più di 11 anni è stato redattore capo per la rivista austriaca "wein.pur".

5. Sam Yen

Chief Sommelier, Fleur de Sel restaurant, Taiwan.

As a nameless boat bloating over the knowledge sea, he is an explorer in food and wine world, working as sommelier in high-end French restaurant in Taiwan.

Chief Sommelier, Ristorante Fleur de Sel, Taiwan.

Come una barca senza nome solca il mare della conoscenza, così lui si sente esploratore nel mondo del cibo e del vino, mentre lavora come sommelier in un ristorante francese di alto livello in Taiwan.

6. Ursula Thurner

President, Thurner PR

Austrian, based in Tuscany since 1988. She worked with Chianti Classico Consortium for nearly 10 years and in 1997 she started Thurner PR, an agency of communication strategies and international public relations. Today Ursula is the frontwoman of a dynamic 7-women team.

Presidente, Thurner PR

Austriaca, arriva in Toscana nel 1988. Lavora quasi 10 anni con il Consorzio del Chianti Classico e nel 1997 decide di fondare Thurner PR, un'agenzia di strategie di comunicazione e pubbliche relazioni internazionali. Oggi Ursula è frontwoman di un dinamico team di 7 donne.

16支不同布雷諾紅酒
16 BRUNELLO SELECTED

MASTRO JANNI
Brunello di Montalcino
Vigna Loreto
2013
BRUNELLO
DI MONTALCINO
MONTOSOLI
-2013-
CAMPOGIOVANNI
BRUNELLO
DI MONTALCINO
FOSSACOLLE
2013
brunello
di montalcino
Brunello
di Montalcino

A **酒精濃度** /Alcohol degree / Tasso alcolico **C** **葡萄坡名及位置** / The wineyard / Le vigne

TOP 1 **評審會盲飲結果** / Judge choices / La scelta dei giudici

1-1 p.38

VILLA I CIPRESSI

Brunello di Montalcino
DOCG 2013

A 14% vol.
C mixed, south and west of Montalcino

3 p.44

LE CHIUSE

Brunello di Montalcino
DOCG 2013

A 14% vol.
C Le Chiuse, north Montalcino

16 **TOP 5** p.96

SAN LORENZO

Brunello di Montalcino
DOCG 2013

A 14.5% vol.
C Podere Sanlorenzo, southwest Montalcino

18-1 p.102

PODERE BRIZIO

Brunello di Montalcino
DOCG 2013

A 14% vol.
C southwest Montalcino, different vineyards; hottest area

20-1 p.110

CASTELLO ROMITORIO

Brunello di Montalcino
DOCG 2013

A 14% vol.
C Castello Romitorio, northwest Montalcino; Poggio di Sopra, southeast Montalcino

21-1 **TOP 1** p.116

SESTI

Brunello di Montalcino
DOCG 2013

A 14% vol.
C southern slopes of Montalcino

24-1 p.130

IL MARRONETO

Brunello di Montalcino
DOCG 2013
Il Marroneto

A 14.5% vol.
C Il Marroneto, north Montalcino

34-2 **TOP 2** p.176

VILLA POGGIO SALVI

Brunello di Montalcino
DOCG Cru 2013
Pomona

A 14% vol.
C Pomona, south Montalcino

35-1 TOP 3 p.180

FATTORIA POGGIO DI SOTTO

Brunello di Montalcino
DOCG 2013

🅐 13.5% vol.
🅒 Castelnuovo dell'Abate, south Montalcino

36-2 TOP 4 p.186

MASTROJANNI

Brunello di Montalcino
DOCG 2013
Vigna Loreto

🅐 15% vol.
🅒 Loreto in Castelnuovo dell'Abate, south Montalcino

40-2 p.200

ALTESINO

Brunello di Montalcino
DOCG 2013
Montosoli

🅐 14% vol.
🅒 Montosoli, north Montalcino

41-1 p.204

CAMPOGIOVANNI

Brunello di Montalcino
DOCG 2013

🅐 15% vol.
🅒 Campogiovanni, Sant'Angelo in Colle, south Montalcino

42-2 p.210

SIRO PACENTI

Brunello di Montalcino
DOCG 2013
Vecchie Vigne

🅐 14% vol.
🅒 Pelagrilli, north Montalcino; Piancornello, south Montalcino

45-1 p.222

FOSSACOLLE

Brunello di Montalcino
DOCG 2013
Vintage

🅐 14% vol.
🅒 Tavernelle, south Montalcino

48 TOP 6 p.234

POGGIO ANTICO

Brunello di Montalcino
DOCG 2013

🅐 14% vol.
🅒 blend of Vignone, Ristorante, Madre, Pianelli, Fornace, central Montalcino (between Montalcino and Sant'Angelo)

51 p.242

PIETROSO

Brunello di Montalcino
DOCG 2013

🅐 14% vol.
🅒 Pietroso, west Montalcino; Fornello, east Montalcino; Colombaiolo, south Montalcino

2ND JUDGE TASTING
BRUNELLO DOCG 2013

— Ristorante Ora d'Aria, Firenze —

餐廳介紹

位於義大利佛羅倫斯城市中心的一星米其林餐廳，主廚馬可史達比雷是托斯卡尼知名主廚，於年輕時即取得一星米其林之殊榮，其料理風格以傳統為出發點，融合時尚與健康的概念，多使用新鮮食材與森林野禽蔬菜為其料理發想。其餐廳名稱中文可翻為「閒涼時光」或「放風」，也就是希望一天當中，在此用餐是悠閒、愉快、令人珍惜且優雅的時光。

地 點 佛羅倫斯一星米其林餐廳

地址 *Add* | Via dei Georgofili, 11R, 50100 Firenze

電話 *Tel* | 055 200 16991

Ristorante Ora d'Aria

Located in center of Florence, Ora d'Aria, or Hour of Air, owned by Talent chef Marco Stabile, is one of my recommended restaurant that everyone should at least visit once in life. Chef Marco creates a unique mix of tradition, innovation and elegance in his dishes which fits with the name: the hour each day that inmates were given to exercise outdoors while guests dined here feels the freedom and relief of life.

Ristorante Ora d'Aria

Situato nel centro di Firenze, Ora d'Aria, o Hour of Air, di proprietà dello chef Marco Stabile, è uno dei miei ristoranti consigliati che tutti dovrebbero visitare almeno una volta nella vita. Lo chef Marco crea un mix unico di tradizione, innovazione ed eleganza nei suoi piatti che si adattano perfettamente al nome del locale: quell'ora quotidiana in cui veniva data ai detenuti la possibilità di stare all'aperto, mentre qui gli ospiti, cenando, hanno la possibilità di assaporare la libertà e il sollievo della vita.

評　審　團
JUDGES

Marco Stabile

馬可・斯達畢雷 | 義大利

義大利一星米其林餐廳主廚兼老闆；
前歐洲青年廚師協會前理事長

生於托斯卡尼、義大利電視廣播名人，除了時常於電視節目展現廚藝外，也在義大利各區的料理學院任教，其特殊專長為麵包烘培、初榨橄欖油各式應用以及餐酒搭配，是米其林主廚中少有亦為品油師的主廚。

Peter Brunel

彼得・布內爾 | 義大利

露加諾飯店集團行政主廚、一星米其林餐廳主廚

他是義大利最佳餐廳指南稱為 BSJ 餐廳之主廚，年輕時周遊師習法國、義大利各知名餐廳，早於 2003 年摘星，現為托斯卡尼五星級飯店集團行政主廚。

Gianni Fabrizio

莊尼法・布里齊 | 義大利

葡萄酒記者、作家、國際酒評家
紅蝦葡萄酒評鑑總編

他是國際葡萄酒界最知名酒評家與評審之一，逾三十年葡萄酒知識及無限熱情；其國際聲望開始於勃根地酒，後遷居義大利皮爾蒙特省，擔任慢食協會叢書總編約 20 年；現為紅蝦葡萄酒評鑑總編，擁有眾多國際獎項、著作葡萄酒教育書籍年史等。

7. **Marco Stabile**

Chef and owner, Ristorante Ora d'Aria, Florence (1-star Michelin)

Born in Tuscany, he loves his homeland. Famous from young, chef for numerous high-end events and school programs, Ex-president of Les Jeunes Restaurateurs d'Europe, JRE. He not only likes to be chef but also loves teaching and sharing. He is specialized in extra virgin olive oil cooking and food matching.

Chef e proprietario del Ristorante Ora d'Aria a Firenze (1-stella Michelin)

Nato in Toscana, ama la sua terra natia. Famoso fin da giovane, chef per numerosi eventi di alto livello e programmi scolastici; Ex presidente de Les Jeunes Restaurateurs d'Europe, JRE. Egli non ama solo essere uno chef ma anche dedicarsi all'insegnamento ed alla condivisione. E' specializzato in una cucina che esalta l'incontro tra cibo e l' Olio extravergine d'Oliva.

8. **Peter Brunel**

Executive Chef of Lungarno Collection (1-star Michelin)

He is the chef of Borgo San Jacopo Restaurant, the legendary "BSJ" acclaimed by the best Italian restaurant guides. After Italy and France, Peter Brunel joined Villa Negri in Riva del Garda, where he was awarded a Michelin star in 2003. Now he is the Executive Chef of Lungarno Collection.

Executive chef del Lungarno Collection (1-stella Michelin)

È lo chef del Ristorante Borgo San Jacopo, il leggendario "BSJ" acclamato dalle migliori guide enogastronomiche italiane. Dopo aver lavorato in Italia ed in Francia, Peter brunel è entrato a gestire la cucina di Villa Negri sul Lago di Garda dove è stato premiato con 1 stella Michelin nel 2003. Ora è l'executive chef del Lungarno Collection.

9. **Gianni Fabrizio**

Wine critic, taster, journalist and writer; Co-curator of Gambero Rosso Guide

With refined passion and profound knowledge for more than 30 years, Gianni is the most known taster and expert in wine. His international reputation begins with Borgogne region then later to renowned Langhe, Piemont and all Italy. Gianni's accolades include multiple international awards and educational and encyclopedic wine material.

Degustatore attento e scrupoloso, conosciuto a livello internazionale, è co-curatore della Guida Vini d'Italia edita dal Gambero Rosso.

Una passione, quella per il vino, nata da adolescente, in Francia per i vini di Borgogna. Quasi 20 anni di lavoro in Slow Food – curando moltissime pubblicazioni - poi il passaggio al Gambero Rosso. Oltre trent'anni nella sua patria di adozione, il Piemonte, lo hanno reso uno dei massimi esperti dei vini di Langa.

Christian Wanger

克利斯提昂・維恩 | 德國

資深義大利食品與葡萄酒記者、國際酒評家

自謙愛酒人士，實為資歷超過四十年之義大利食品葡萄酒記者及國際酒評家，曾為德國知名媒體大亨，目前往來居住於德國漢堡與北義皮爾蒙特省，且於義大利擁有幾畝葡萄園。

Pierre Thomas

皮耶湯瑪 | 瑞士法語區

資深葡萄酒作家與記者、國際酒評家

他是瑞士知名葡萄酒作家與記者，亦為重要國際酒評家；近兩年他擔任北京 FIWA 及布魯塞爾世界葡萄酒大賽評審；其數本葡萄酒專書已行銷全球。

Christian Sbardella

克利斯提昂・史巴德拉 | 義大利

托斯卡尼橄欖油官方認證策略與溝通部長

身為官方的橄欖油專業評審，他是一位義大利美食美酒熱愛者；他愛橄欖油也愛葡萄酒，二者於每日餐桌缺一不可。他說”身為托斯卡尼人，怎能不愛這塊土地最完美作品 - 布雷諾紅酒呢 ?!”

10. Christian Wanger

Writer of food and wine, Germany

A humble wine lover, writer of wine and food, ex-media manager and now lives between Hamburg and Piedmont, where he has his own vineyard.

Scrittore di cibo e vino, Germania

Un umile appassionato di vini, scrittore enogastronomico, ex manager dei media, ora vive tra Amburgo e il Piemonte, dove ha la sua vigna.

11. Pierre Thomas

Journalist, wine taster, writer, Switzerland.

Journalist of Swiss magazines and newspapers, wine taster for competition such as FIWA and Concours Mondial de Bruxelles in Beijing; his wine books are published worldwide.

Giornalista, Degustatore, Scrittore di vino, Svizzere

Giornalista freelance per riviste Svizzere. Degustatore in concorsi internazionali, al primo FIWA ed al Concorso Mondiale di Bruxelles a Pechino. Ha scritto libri sui vini svizzeri ma ha pubblicato servizi nel mondo intero.

12. Christian Sbardella

Marketing and communication Manager of Consorzio olio Toscano IGP

Professional taster of oil and great lover of Italy gastronomy, especially of Tuscany. He adores olive oil but also wine which are perfect companion at everyday table. He says, "as a good Tuscan, how not to love Brunello di Montalcino, the pure excellence of my home land?!"

Responsible marketing e comunicazione Consorzio olio Toscano IGP

Assaggiatore professionale di olio e grande amante dell'enogastronomia, specialmente toscana. Adora l'olio ma anche il vino, suo perfetto compagno a tavola. Da buon toscano, come non amare il Brunello di Montalcino , pura eccellenza di questa terra.

16支不同布雷諾紅酒
16 Brunello selected

San Giorgio
UGOLFORTE
2013
IL MARRONETO
CORDELLA
BRUNELLO DI MONTALCINO
PIOMBAIA
2013
Brunello di Montalcino
MASTROJANNI
2013
Altesino
BRUNELLO DI MONTALCINO
·2013·
Villa
POGGIO
SALVI

A **酒精濃度** /Alcohol degree / Tasso alcolico **C** **葡萄坡名及位置** / The wineyard / Le vigne

TOP 1 **評審會盲飲結果** / Judge choices / La scelta dei giudici

1-2 **TOP 1** *p.40*

VILLA I CIPRESSI

Brunello di Montalcino
DOCG 2013
(Zebras)

A 14% vol.
C mixed, south and west of Montalcino

11 *p.80*

LA PALAZZETTA DI LUCA E FLAVIO FANTI

Brunello di Montalcino
DOCG 2013

A 14.5% vol.
C Castelnuovo dell'Abate, southeast Montalcino

2 *p.42*

PIOMBAIA

Brunello di Montalcino
DOCG 2013

A 13.5% vol.
C Piombaia, south Montalcino

20-2 **TOP 2** *p.112*

CASTELLO ROMITORIO

Brunello di Montalcino
DOCG 2013
Filo di Seta

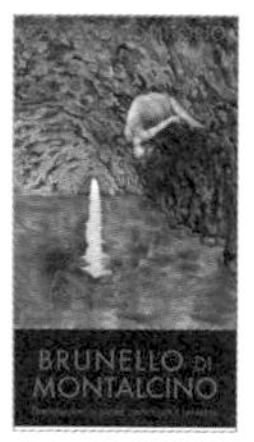

A 14.5% vol.
C Castello Romitorio, northwest Montalcino

6-1 *p.56*

LE RAGNAIE

Brunello di Montalcino
DOCG 2013

A 13.5% vol.
C Ragnaie, Petroso, Loreto, Fornace, Cava, south Montalcino

24-2 *p.132*

IL MARRONETO

Brunello di Montalcino
DOCG 2013
Selezione Madonna delle Grazie

A 14.5% vol.
C Madonna delle Grazie, north Montalcino

10-1 *p.76*

CAPANNA

Brunello di Montalcino
DOCG 2013

A 14.5% vol.
C north Montalcino

29-1 *p.158*

CORDELLA

Brunello di Montalcino
DOCG 2013

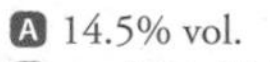

A 14.5% vol.
C southeast Montalcino

34-1 p.174

VILLA POGGIO SALVI

Brunello di Montalcino
DOCG 2013

Ⓐ 14% vol.
Ⓒ Villa Poggio Salvi mix vineyards, south Montalcino

35-2 TOP 6 p.182

FATTORIA POGGIO DI SOTTO

Brunello di Montalcino
DOCG 2013
Ugolforte

Ⓐ 13.5% vol.
Ⓒ south Montalcino

36-1 p.184

MASTROJANNI

Brunello di Montalcino
DOCG 2013

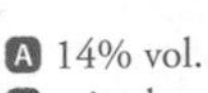

Ⓐ 14% vol.
Ⓒ mixed, southeast Montalcino

40-1 TOP 3 p.198

ALTESINO

Brunello di Montalcino
DOCG 2013

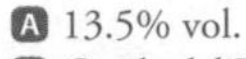

Ⓐ 14% vol.
Ⓒ Altesino, north Montalcino

42-1 p.208

SIRO PACENTI

Brunello di Montalcino
DOCG 2013
Pelagrilli

Ⓐ 14.5% vol.
Ⓒ 70% from Pelagrilli, north Montalcino; 30% from Piancornello; south Montalcino

43-1 TOP 5 p.212

SAN POLO

Brunello di Montalcino
DOCG 2013

Ⓐ 14% vol.
Ⓒ San Polo and Montluc, southeast Montalcino

44-1 p.216

LA MAGIA

Brunello di Montalcino
DOCG 2013

Ⓐ 14% vol.
Ⓒ La Magia, southeast Montalcino

46-1 TOP 4 p.226

TENUTE SILVIO NARDI

Brunello di Montalcino
DOCG 2013

Ⓐ 13.5% vol.
Ⓒ Casale del Bosco, northwest Montalcino; Manachiara, east Montalcino

3RD JUDGE TASTING

BRUNELLO DOCG 2013

— Trattoria il Leccio, Montalcino —

第三場——
盲飲評審會
2013年布雷諾紅酒

我的私房景點

這是一家自行開車在南托斯卡尼旅行者絕對不能錯過的在地好餐廳。夏天來這家餐廳可以坐在戶外，在托斯卡尼中世紀小鎮廣場觀看路人往來，而其托斯卡尼大牛排是當地最著名也最好吃的餐廳，絕對不能錯過。由於一般觀光客來到托斯卡尼並不知道這個小鎮或是這家餐廳，因此這家餐廳是我私房景點的口袋名單。

地　點　蒙達奇諾在地傳統餐廳

地址 *Add* | Via Costa Castellare, 1,
53024 Sant'Angelo In Colle, Montalcino

電話 *Tel* | 0577 844175

My pocket list

La Trattoria Il Leccio situated in the center square of Angelo in Colle, Montalcino. It always serves the most authentic Tuscan traditional cuisine with fresh seasonal ingredients mostly from 0-kilometer farm of the territory. All pasta are homemade, meat course are excellent and Ribollita (traditional Tuscan vegetable soup) is followed old recipe as if in grandmother's kitchen. Most customers are local yet also welcome international incomers with its most famous Tuscany Florentina T-bone roast steak, which is the perfect match with Brunello wine.

My pocket list

La Trattoria il leccio, situata nella piazza centrale di Angelo in Colle, Montalcino, propone sempre la più autentica cucina tradizionale Toscana con prodotti freschi, stagionali e quasi tutti a km 0 provenienti dalle fattorie del territorio. Tutte le loro paste sono fatte in casa, i secondi di carne eccellenti e la Ribollita (zuppa vegetale tradizionale Toscana) viene cucinata seguendo la vecchia ricetta della cucina della nonna. La maggior parte della clientela è locale ma viene dato il benvenuto anche agli ospiti stranieri con la famosa Bistecca alla Fiorentina, in perfetto abbinamento con una bottiglia del grande Brunello.

Barolo
Library
餐桌上的
義大利酒王

Gianfranco Tognazzi

姜梵可・頭納西｜義大利

蒙達奇諾在地餐廳 Trattoria il Leccio 主廚兼經營者

他的工作和托斯卡尼料理是他心頭兩大愛，出生並成長於蒙達奇諾，對於聖爵維斯葡萄品種有著自己獨特的味蕾解讀；因此餐廳酒單上，有許多好喝的布雷諾紅酒。

Ceri Smith

凱莉・史密斯｜美國

舊金山葡萄酒精品店創辦人

她是擁有義大利血統的美國人，於舊金山創辦 Biondivino 葡萄酒精品店並於 2012 年贏得布雷諾紅酒公會最佳餐廳獎；她同時也是舊金山托斯卡尼咖啡店的選酒人，並於 2014 年贏得「美國餐酒誌年度最佳侍酒師」。她對葡萄酒的熱愛是瘋狂而美麗的邏輯辯證；她的愛狗名為「愛菲歐」。

Natascia Santandrea

娜塔莎・聖坦翠亞｜義大利

**托斯卡尼二星米其林餐廳守護者、
侍酒師與經理人**

生長在二星米其林餐廳家族裡，對味覺世界的熱情即在其 DNA 內。在這裡，她將她對食物與葡萄酒的熱情轉化應用於每日工作，一心一意只為了創造出完美的餐廳酒窖。她負責執行諸多特殊講座活動，特別是關於健康飲食文化議題。

13. Gianfranco Tognazzi

Chef and Owner, Trattoria Il Leccio, Sant'Angelo in Colle, Montalcino

He loves his work and Tuscan cuisine. Born and live in Montalcino, he has his idea of Sangiovese and has good list of Brunello for his restaurant. He knows Brunello and he loves Brunello.

Chef e Proprietario della Trattoria il Leccio, Sant'Angelo in Colle, Montalcino.

Innamorato del proprio lavoro e della cucina tradizionale Toscana. Nato e vissuto a Montalcino, ha una sua idea del Sangiovese e ha una buona lista di Brunello nel suo ristorante. Conosce il Brunello e lo ama.

14. Ceri Smith

Owner at Biondivino Wine Boutique, San Francisco

American with Italian roots, she owns Biondivino Wine Boutiques which received Leccio d'Oro in 2012 and is Director of Wine for Tosca Café in San Francisco. She was selected by USA's Food & Wine Magazine as "Food & Wine Sommelier of the Year" in 2014. Her passion for wine is of beautiful craziness yet in logic. Her dog's name is Alfio.

Proprietaria del Biondivino Wine Boutique in San Francisco.

Americana di radici italiane, è proprietaria del Biondivino Wine Boutique che è stato premiato col Leccio d'oro nel 2012. E' directore di Tosca Cafè in San Francisco. E' stata selezionata dalla rivista USA Food & Wine Magazine come "Food eand wine sommelier dell'anno" nel 2014. La sua passione per il vino è un tocco di meravigliosa follia nel mondo della logica. Il suo cane si chiama Alfio.

15. Natascia Santandrea

Patron, Sommelier and manager, La Tenda Rossa Restaurant, Florence (2-star Michelin)

The passion for the world of taste is in her DNA as she grew up in her family restaurant, La Tenda Rossa. Here she transforms her passion and pleasures of quality food and wine into her daily work. With determination, she curates the wine cellar and organizes special events, particularly in spreading the culture of health.

Patron, Sommelier e manager, Ristorante La Tenda Rossa a Firenze (2-stelle Michelin)

La passione per il mondo del gusto è nel suo DNA per lei che è cresciuta nel ristorante di famiglia, la Tenda Rossa. Qui trasforma la sua passione e i piaceri per il cibo ed il vino di qualità nel suo lavoro quotidiano. Con determinazione si prende cura della sua cantina e organizza eventi speciali, con una particolare attenzione nel diffondere la cultura della salute.

評　審　團
JUDGES

Luca Caruso

盧卡・卡盧梭｜義大利

義大利認證侍酒師、西西里餐廳暨旅館主人

他自出生便在餐飲業內打滾，喜愛優雅且品質穩定的小酒莊。身為一位侍酒師，他在自家酒窖內存放了許多重要藏酒；他相信西西里島是充滿夢想與意念之地。

Sergio Pinarello

聖杰歐・皮納雷樓｜義大利

義大利認證侍酒師、認證松露獵人

逾 30 年的侍酒師業界經驗，曾參與諸多官能品評課程並學會如何品嘗蜂蜜、起司、啤酒、烈酒、特級初榨橄欖油、以及松露。如今 62 歲的他雖已退休，卻仍出門尋獵松露，每天與松露犬一同工作；育有一女。

Sergio Pinarello

克勞蒂歐・裘堤｜義大利

義大利認證侍酒師

他的爺爺自產自銷葡萄酒，因此他自童年便與葡萄酒結伴長大；他的第一份工作當然是在自家酒莊，學習釀酒侍酒後，亦成為認證侍酒師；時常參與大型品飲活動。

16. ***Luca Caruso***

Sommelier, Owner of Signum Hotel & Ristorante, Sicily.

Luca works in hospitality all his life. He loves to taste elegant wines with character from small and more established wineries. Being also a sommelier, his passion for wine encourages him to create in Sicily a cellar with important wine. He believes his island is of dreams and desires.

Sommelier, Proprietario del Signum Hotel & Ristorante in Sicilia.

Luca lavora nel mondo dell'ospitalità da sempre. Ama degustare vini eleganti e di carattere scoperti tra le produzioni di piccole cantine o selezionati tra le etichette più note. Ottimo sommelier, la sua passione lo ha incoraggiato a creare in Sicilia una cantina in cui radunare grandi ed importanti vini. Afferma che la sua Sicilia sia l'isola dei sogni e dei desideri.

17. ***Sergio Pinarello***

Sommelier AIS, Truffle hunter

He is 62 years old, retired from his 30-year Sommelier career yet still works in truffle hunting. He also has sensory analysis experience in gastronomic fields, such as honey, cheese, beer, spirits, extra virgin olive oil and also truffles. He has one daughter.

Sommelier AIS e grande cercatore di tartufi.

Ha 62 anni; si è ritirato a vita privata dopo 30 anni di carriera come sommelier ma è ancora un grande cercatore di tartufi. Applica il suo prezioso olfatto in esperienze di analisi sensoriali nel mondo eno-gastronomico, come il miele, il formaggio, la birra, i liquori, l'olio extra vergine di oliva ed ancora, i tartufi. Ha una figlia.

18. ***Claudio Ciotti***

Sommelier AIS, Montefalco-Spoleto, Umbria

Grew up with his grandfather, who is wine producer, his passion for wine is deep in his heart. Naturally his first work experience was in the cellar and increase with study and various wine tastings and events.

Sommelier AIS, Montefalco-Spoleto, Umbria

La passione per il vino è scritta nel suo cuore essendo cresciuto con il nonno, produttore di vino. Le prime esperienze lavorative in cantina poi approfondite con lo studio. Chiamato a presentare varie degustazioni ed eventi.

16支不同布雷諾紅酒
16 BRUNELLO SELECTED

Terra Rossa
Brunello di Montalcino
2013
CARPINETO
2013
BRUNELLO
di MONTALCINO
BRUNELLO
DI MONTALCINO
2013
TALENTI
ARGIANO
BRUNELLO
DI MONTALCINO
2013
BRUNELLO DI MONTALCINO
2013
SASSOCHETO
IL GRAPPOLO
MÁTÉ
TOSCANA
BRUNELLO
DI MONTALCINO
2013
CAPARZO
BRUNELLO
DI MONTALCINO

A **酒精濃度** /Alcohol degree / Tasso alcolico　C **葡萄坡名及位置** / The wineyard / Le vigne

TOP 1 **評審會盲飲結果** / Judge choices / La scelta dei giudici

4-1　TOP 2　p.46

TENUTA BUON TEMPO

Brunello di Montalcino
DOCG 2013

A 14% vol.
C Loc. Castelnuovo dell'Abate, south Montalcino

7-2　p.64

PININO

Brunello di Montalcino
DOCG 2013
Cupio

A 13.5% vol.
C Pinino, north Montalcino; Canchi, northeast Montalcino

8-1　TOP 1　p.68

CAMIGLIANO

Brunello di Montalcino
DOCG 2013

A 14% vol.
C various vineyards, southwest Montalcino

12-1　p.82

CANALICCHIO DI SOPRA

Brunello di Montalcino
DOCG 2013

A 14.5% vol.
C Canalicchio and Montosoli, north Montalcino

13　TOP 4　p.86

MADONNA NERA

Brunello di Montalcino
DOCG 2013

A 14.5% vol.
C single vineyard near Sant'Antimo Abacy, southeast Montalcino

14-1　p.88

LA PODERINA

Brunello di Montalcino
DOCG 2013

A 14% vol.
C southeast side of Castelnuovo dell'Abate, southeast Montalcino

15-1　p.92

TENUTA DI SESTA

Brunello di Montalcino
DOCG 2013

A 14.5% vol.
C south Montalcino

17-1　p.98

LA TOGATA

Brunello di Montalcino
DOCG 2013

A 14.5% vol.
C mixed, south Montalcino

22-1 TOP 5 p.120

Banfi

Brunello di Montalcino
DOCG 2013
Castello

A 13.5% vol.
C south Montalcino

27-4 TOP 6 p.150

Il Poggiolo - E. Roberto Cosimi

Brunello di Montalcino
DOCG 2013
Terra Rossa

A 13.5% vol.
C Terra Rossa, southwest Montalcino

28 p.156

Carpineto

Brunello di Montalcino
DOCG 2013

A 14.5% vol.
C west of the township of Montalcino

32-1 p.168

Talenti

Brunello di Montalcino
DOCG 2013

A 14% vol.
C mixed vineyards on the southern hills of Montalcino

39-1 p.194

Argiano

Brunello di Montalcino
DOCG 2013

A 14% vol.
C mixed, southwest Montalcino

49 p.236

Il Grappolo

Brunello di Montalcino
DOCG 2013
Sassocheto

A 14.5% vol.
C Piano Nero in Sant'Angelo in Colle, southwest Montalcino

50-1 TOP 3 p.238

Máté

Brunello di Montalcino
DOCG 2013

A 14% vol.
C Santa Restituta, southwest Montalcino

52-1 p.244

Caparzo

Brunello di Montalcino
DOCG 2013

A 13.5% vol.
C Caparzo, northeast Montalcino; La Caduta, southwest Montalcino; Il Cassero, south Montalcino; San Piero–Caselle, east Montalcino

4TH JUDGE TASTING

BRUNELLO DOCG 2013

— Enoteca La Fortezza, Montalcino —

餐廳介紹

蒙達奇諾城堡酒窖餐廳是愛酒人士的最佳去處，因為幾乎所有最重要的布雷諾酒莊葡萄酒皆聚於此，除了可以品飲外、更可以學習觀察其酒藏。此城堡為歷史上用以保護蒙達奇諾城的堡壘，現今由當地傳統家族之一的法比歐．塔西掌管。來到此處千萬別錯過老闆的家傳食譜招牌菜餚：酒燉野兔義大利麵（Pici）。

地 點 **蒙達奇諾城堡酒窖餐廳**

地址 *Add* | Piazzale Fortezza, 9, 53024 Montalcino
電話 *Tel* | 0577 849211

ENOTECA LA FORTEZZA

Enoteca la Fortezza is a point of reference for wine lovers. Here you can find all sorts of high quality wines and immerge yourself in the fascinating world of Brunello inside the historical fortress, symbol of the small town of Montalcino. The Enoteca is managed by Fabio Tassi, born in a historical family of the town.

ENOTECA LA FORTEZZA

Enoteca la Fortezza è il punto di riferimento per gli appassionati del vino di qualità e per chi desidera conoscere i protagonisti dell'affascinante mondo di Montalcino e del suo Vino Brunello. Un percorso che inizia proprio dall'enoteca e dalla fortezza, luogo storico, simbolo della città, gestito da Fabio Tassi, montalcinese da generazioni.

評審團
JUDGES

Fabio Tassi

法比歐・塔西 | 義大利

蒙達奇諾城堡酒窖餐廳、Franci 餐廳
兩餐廳經營者

出生於蒙達奇諾重要歷史家族，其祖父為當地重要酒莊創始人並為 Biondi Santi 家族種植葡萄，1993 年他創立了 Drogheria Franci 餐廳、2002 年擁有蒙達奇諾城堡酒窖餐廳；他的家族三代亦皆生產蜂蜜。

Luciano Zazzeri

盧巧尼・札哲里 | 義大利

托斯卡尼一星米其林海鮮餐廳

他的餐廳如同海灘上的小茅屋，用簡單的料理風格處理那眼前最新鮮的海鮮；身為 20 年的漁夫兼廚師，他知道如何選擇最棒的食材、搭配最棒的「地酒」來滿足客人，其中當然包含布雷諾紅酒。

Paolo Clemente Wicht

保羅・克萊門・維特 | 瑞士

國際美食評審、瑞士侍酒師協會、
法國廚師協會高級裁決委員

擔任國際美食評審與顧問逾 20 年，現任法國廚師協會高級裁決委員，其總部於巴黎。他的哲學為「一口完美佳餚，就是完美二字的體現」。

19. *Fabio Tassi*

Owner of Drogheria Franci and l'enoteca La Fortezza di Montalcino

Born in a historic family of Montalcino, his grandfather was born in the winery Il Greppo and was sharecropper for the Biondi Santi family. In 1993 Fabio founded the Drogheria Franci and owns the Enoteca La Fortezza di Montalcino since 2002. His family produces also honey since three generations.

Proprietario di Drogheria Franci and l'enoteca La Fortezza di Montalcino

Viene da una storica famiglia di Montalcino, il nonno era nato al Greppo ed era stato mezzandro per la famiglia Biondi Santi. Fabio ha fondato la Drogheria Franci nel 1993 che era nata come enoteca e nel 2014 la Drogheria ha subito la sua trasformazione a Ristorante e Locanda. Gestisce l'enoteca La Fortezza di Montalcino dal 2002.

20. *Luciano Zazzeri*

La Pineta restaurant, Marina di Bibbona, Tuscany (1-star Michelin)

His restaurant is as if Baracca on the beach where he takes the best fish and celebrate its taste with a simple-style cuisine. After 20 years of professional fishing in the sea, he chooses the best to satisfy his customers with the best wines from Tuscany.

Ristorante La Pineta , Marina di Bibbona, Toscana (1-stella Michelin)

Il suo ristorante è una Baracca sul mare dove riesce a reperire il miglior pesce possibile ed esaltarne i sapori con cotture delicate. Dopo vent'anni di pesca professionistica ora cerca selezionare solo il meglio per coccolare i suoi clienti abbinando i vini più pregiati di riguardo per il territorio di Toscana.

21. *Paolo Clemente Wicht*

Jurist, Gastronome, Honorary sommelier of Swiss ASSP, Counsel Magistral, Chaîne des Rôtisseurs in Paris

As consultant-international gastronomic inspector for more than 20 years, it is no coincident that he is the Swiss national representative of Counsel Magistral of the Chaîne des Rôtisseurs in Paris. His philosophy: "the excellence of taste, the taste for excellence".

Giurista, Gastronomo, Sommelier Onorario ASSP, membro del Conseil Magistral della Chaîne des Rôtisseurs di Parigi

Consulente-ispettore gastronomico internazionale da oltre vent'anni, non è un caso che sia argentier nazionale e membro del Conseil magistral della Chaîne des Rôtisseurs di Parigi. La sua filosofia: "l'eccellenza del gusto, il gusto per l'eccellenza".

Gerando Altelmo

傑仁德・艾爾德摩 | 義大利

電視美食記者

身為美食記者且住在南義國家公園內的他，喜歡在家飲用一杯布雷諾紅酒。

Paolo Zaini

保羅・禪尼 | 義大利

義大利認證侍酒師、評審暨講師

一直以來對葡萄酒的熱愛，讓他快速進入侍酒師的世界並成為評審暨講師；美食顧問暨官能品評師，在學校授課外亦籌辦葡萄酒與啤酒的品評導引活動；他專為托斯卡尼在地飲食文化寫專欄文章。

Gastone Ugurgieri

嘉斯托尼・烏古杰里 | 義大利

義大利認證侍酒師

住在蒙達奇諾附近(方圓 30 公里)，他的家族擁有一個小型牧場。兒時在葡萄欉中遊戲長大，長大後在葡萄酒活動中擔任侍酒師，如布雷諾紅酒的新酒發表會。

22. *Gerando Antelmo*

Journalist in Gastronomy

He is a journalist on Rai TV. Living in Cicerale, in the National Park of Cilento. He enjoys also a glass of good Brunello.

Giornalista e enogastronomico

È un giornalista Rai. Vive a Cicerale, nel Parco Nazionale del Cilento. Si gode sempre un bicchiere di buon Brunello.

23. *Paolo Zaini*

Delegation of AIS, Arezzo, Tuscany; Sommelier, official taster and wine teacher.

He is always fond of wine and soon became Sommelier, official taster and wine speaker; Food and wine consultant and sensory analysist, collaborates with schools and organizes for tastings of wine and beer. He is also teacher for AIS and columnist on Tuscan territory.

Sommelier AIS, Arezzo, Toscana; Degustatore Ufficiale, e Relatore.

Da sempre appassionato di vino, diventa Sommelier, Degustatore Ufficiale, e Relatore. Consulente enogastronomico e sensorialista, collabora con Istituti Scolastici e organizza degustazioni guidate di vino e birra. Cura pubblicazioni del territorio toscano.

24. *Gastone Ugurgieri*

Sommelier AIS, Siena, Tuscany

Living in Arcidosso (30km from Montalcino), his family owns a small farm in Castelnuovo Berardeng. His relationship with wine begins from childhood and later participates actively in wine event as Sommelier, such as Benvenuto Brunello.

Sommelier AIS, Siena, Toscana

Abita ad Arcidosso (30 km da Montalcino), dove la sua famiglia possiede una piccola azienda a Castelnuovo Berardenga. La passione per il vino nasce fin da piccolo, poi partecipa attivamente come Sommelier a molte manifestazioni ed eventi come degustatore, tra cui il più importante è il Benvenuto Brunello .

16支不同布雷諾紅酒
16 BRUNELLO SELECTED

Uccelliera
BRUNELLO di MONTALCINO
2013
BRUNELLO DI MONTALCINO
2013
LISINI
LA FIORITA
2013
BRUNELLO DI MONTALCINO
BRUNELLO DI MONTALCINO
PININO
2013
LA CASA
Brunello di Montalcino
CAPARZO
Tenuta Buon Tempo
p.56
BRUNELLO DI MONTALCINO
MONTALCINO

A **酒精濃度** /Alcohol degree / Tasso alcolico **C** **葡萄坡名及位置** / The wineyard / Le vigne

TOP 1 **評審會盲飲結果** / Judge choices / La scelta dei giudici

4-2 **TOP 5** *p.48*

TENUTA BUON TEMPO

Brunello di Montalcino
DOCG 2013
p.56

A 14.5% vol.
C Loc. Castelnuovo dell'Abate (p.56), south Montalcino

7-1 *p.62*

PININO

Brunello di Montalcino
DOCG 2013
Pinino

A 13.5% vol.
C Pinino, north Montalcino; Canchi, east Montalcino

9-1 **TOP 1** *p.72*

CASISANO

Brunello di Montalcino
DOCG 2013

A 14% vol.
C Podere Casisano, southeast Montalcino, selected grapes

22-2 *p.122*

BANFI

Brunello di Montalcino
DOCG 2013
Poggio Alle Mura

A 14% vol.
C Poggio alle Mura Castle, southwest Montalcino

23 *p.128*

CASA RAIA

Brunello di Montalcino
DOCG 2013

A 14.5% vol.
C Scarnacuoia in Casa Raia, southwest Montalcino

27-2 *p.146*

IL POGGIOLO - E. ROBERTO COSIMI

Brunello di Montalcino
DOCG 2013
Il Poggiolo

A 14% vol.
C Il Poggiolo, southwest Montalcino

37-1 *p.188*

CASTELGIOCONDO (FRESCOBALDI)

Brunello di Montalcino
DOCG 2013
CastelGiocondo Brunello

A 14.5% vol.
C Tenuta CastelGiocondo, southwest Montalcino

38 **TOP 3** *p.192*

LUCE DELLA VITE

Brunello di Montalcino
DOCG 2013
Luce Brunello

A 15% vol.
C Madonnino, southwest Montalcino

52-2 p.246

CAPARZO

Brunello di Montalcino
DOCG 2013
Vigna La Casa

Ⓐ 13.5% vol.
Ⓒ La Casa, single vineyard, north Montalcino

55-1 p.260

UCCELLIERA

Brunello di Montalcino
DOCG 2013

Ⓐ 14.5% vol.
Ⓒ Castelnuovo dell'Abate, south Montalcino

56 *TOP 2* p.264

PODERE GIODO

Brunello di Montalcino
DOCG 2013

Ⓐ 14% vol.
Ⓒ Sant'Angelo in Colle, south Montalcino

58 *TOP 4* p.272

SALVIONI

Brunello di Montalcino
DOCG 2013

Ⓐ 14% vol.
Ⓒ southeast Montalcino

59-1 p.274

FULIGNI

Brunello di Montalcino
DOCG 2013

Ⓐ 14.5% vol.
Ⓒ blend of vineyards, northeast Montalcino

60-1 p.278

LA FIORITA

Brunello di Montalcino
DOCG 2013

Ⓐ 15% vol.
Ⓒ Poggio al Sole (PS) and Pian Bossolino (PB), southeast Montalcino

62-1 *TOP 6* p.288

PALAZZO

Brunello di Montalcino
DOCG 2013

Ⓐ 14.5% vol.
Ⓒ Palazzo, east Montalcino

64-1 p.294

LISINI

Brunello di Montalcino
DOCG 2013

Ⓐ 14% vol.
Ⓒ south Montalcino

5TH JUDGE TASTING

BRUNELLO DOCG 2013

— Villa XW, Toscana —

第五場——盲飲評審會

2013年布雷諾紅酒

地　點　托斯卡尼筱雯別墅

地點介紹

位於托斯卡尼東北邊、距離佛羅倫斯約40分鐘路程的橄欖園別墅，此處有兩座游泳池、兩棟獨棟別墅、兩座網球場、兒童遊樂園以及成人手球場，附近圍繞著樹林以及有機橄欖園共五公頃，短租此處可由管家照顧三餐並可安排尋獵松露以及托斯卡尼酒莊之深度旅行。此處亦為筆者於義大利經營的民宿所在地之一。

地　點　托斯卡尼筱雯別墅

地址 ***Add*** ｜ 69/D Pietrapiana Reggello, 50066, Tuscany

電話 ***Tel*** ｜ 3336 298838

Villa XW, Toscana

Located in the north-east part of Tuscany, Villa XW(Xiaowen) is 40 minutes south of Florence. There are 2 swimming pools, 2 tennis courts, children playground, adult handball park, wood forest and organic olive trees, in total 5 hectares. It is ideal to stay here while daily meals and needs are taking care of by private managers. This is also one of the locations managed by the author in Italy.

Villa XW, Toscana

Situata nella parte nord-orientale della Toscana, è una villa a 40 minuti a sud di Firenze. Ci sono 2 piscine, 2 campi da tennis, un parco giochi per bambini, un campo per la pallamano per gli adulti, un bosco di ulivi biologici, in totale 5 ettari. E' meraviglioso soggiornarvi mentre i gestori si prendono cura dei vostri pasti e delle vostre necessità quotidiane. Questa è anche una delle location italiane che io gestisco.

Valentino Cassanelli

范倫提諾・卡薩雷里 | 義大利

托斯卡尼五星級飯店兼一星米其林餐廳主廚

曾經任職於英國倫敦知名餐廳 Nobu 及義大利米蘭二星米其林餐廳 Cracco, 現為地中海沿岸知名五星飯店之餐廳主廚，並於 2016 年獲得米其林指南予以一星餐廳的肯定。

Sokol Ndreko

索克・貴寇 | 希臘

托斯卡尼五星級飯店兼一星米其林餐廳首席侍酒師

他熱愛美酒、義大利侍酒師、生了一對雙胞胎；他同時也是一星米其林餐廳經理並於 2015 年獲選為義大利年度最佳侍酒師 (BIWA)

Mirco vigni

密爾克・維尼 | 義大利

托斯卡尼錫安納省的 Osteria Le logge 餐廳股東

出生於蒙達奇諾，他 14 歲就在酒界工作、並於 17 歲時在當地開了自己的餐廳；隨後前往美國學藝，於 1999 年返義，於錫安納省的 Osteria Le logge 餐廳工作至今；該餐廳於 2018 年贏得布雷諾公會最佳餐廳獎。

25. *Valentino Cassanelli*

Executive Chef of Luxlucis Ristorante, Hotel Principe Forte dei Marmi (1-star Michelin)

He has worked in Nobu restaurant in London and Cracco restaurant in Milan. Now he is the Executive Chef of Luxlucis Ristorante, which becomes 1-star Michelin Restaurant in 2016.

Executive Chef del Ristorante Luxlucis, pressol'Hotel Principe di Forte dei Marmi (1-stella Michelin)

Ha lavorato nel Ristorante Nobu a Londra e nel ristorante Cracco a Milano. Ora è l'Executive Chef del Ristorante Luxlucis, che ha ottenuto 1 stella Michelin nel 2016.

26. *Sokol Ndreko*

Maître of LuxLucis Ristorante, Hotel Principe Forte dei Marmi (1-star Michelin)

He is Sommelier AIS and loves good wine; father of 2 twins; he was recognized as the Best Sommelier of Italy in 2015 by Best Italian Wine Awards, working as manager of one-star Michelin restaurant LuxLucis inside of Hotel Principe Forte dei Marmi.

Maître del Ristorante Luxlucis, pressol'Hotel Principe di Forte dei Marmi (1-stella Michelin)

È Sommelier AIS, ama il vino, padre di 2 gemelli. Lavora come Maître Sommelier e Manager nel Ristorante Lux Lucis, presso l'Hotel Principe di Forte dei Marmi. Nel 2015 si è aggiudicato il premio Miglior Sommelier d'Italia dalla giuria del BIWA (Best Italian Wine Awards).

27. *Mirco Vigni*

Partner of Osteria Le logge, Siena, Tuscany

Born in Montalcino where he works with wine since age 14 and opens Tratorria Sciame at age 17 before he started his journey in American cruise. In 1999 he returned to Italy, starts his adventure in Osteria Le logge, which is Leccio D'oro in 2018.

Socio dell'Osteria Le logge, Siena, Toscana

Nato a Montalcino, lavora con il vino fin da quando aveva 14 anni; apre la Trattoria Sciame all'età di 17 anni. Decide poi di fare un'esperienza in America e nel 1999 rientra in Italia, dove inizia la sua avventura al ristorante Osteria Le logge; qui vince il Leccio D'oro in 2018.

Tsuneomi Tomimatsu

富松恒臣 | 日本

日本侍酒師、阿爾巴松露騎士團騎士

他曾是義大利一星米其林餐廳侍酒師；2000 年時他搬到皮爾蒙特省朗格樂，從此長居在此並從事當地食品相關產業，現在他在阿爾巴城擁有自己的公司。

Sergio Calandra

聖杰歐・卡蘭迪亞 | 義大利

托斯卡尼盧卡城傳統餐廳侍酒師

秉持著熱情與毅力，他於餐飲業打滾逾 20 年。對他來說，選擇一瓶賓主盡歡的葡萄酒是再重要不過的事。

Alessandro Lombardini

亞力山德・隆巴第尼 | 義大利

義大利認證侍酒師、托斯卡尼養蜂人、綜合農場傳人

我的許多人生興趣當中，有酒、有油、也有蜜；而無論是葡萄、橄欖、或是蜂巢，所有農作物有其自然挑戰但同時也是我人生最大的成就感。

*28. **Tsuneomi Tomimatsu***

Japanese Sommelier, Knight of truffle and Alba wine.

He was the Sommelier of Ristorante il Centro di Priocca, Italy. From 2000, he starts to live in Langhe, Piemonte and works with wines and typical foods. Now he has his own company in Alba.

Sommelier Giapponese, Cavaliere dei Tartufo e vini di Alba

E' stato sommelier del Ristorante il Centro di Priocca, Italia. Dal 2000, ha iniziato a vivere in Langa, Piemonte e a lavorare coi vini e la cucina tipica della zona. Adesso ha la sua attivita' in Alba.

*29. **Sergio Calandra***

Sommelier at Gli orti di via Elisa, Lucca, Tuscany

He has worked in the restaurant field for over 20 years with passion and dedication. For him, it is important to choose the wine that bring pleasure to his customer.

Sommelier de Gli orti di via Elisa, Lucca, Toscana

Lavora nella ristorazione da oltre 20 anni con passione e dedizione. Per lui, e'importante scegliere il vino che dia piacere ai suoi clienti.

*30. **Alessandro Lombardini***

Sommelier AIS, Bee keeper and farm manager.

Among his many passions, there are wine, olive oil, and honey which accompanies his daily life. The olive groves, the bee boxes, and all agriculture together form a unique complexity of difficulties and great satisfactions.

Sommelier AIS, Custode delle api e agricoltore.

Tra le sue numerose passioni c'è anche il vino, che accompagna nel quotidiano la sua vita giornaliera. Uliveti, arnie e tutta l'agricoltura in generale creano una complessità unica fatta di difficoltà e grandi soddisfazioni.

16支不同布雷諾紅酒
16 BRUNELLO SELECTED

2013
FATTORIA DEI BARBI
La Mannella
BRUNELLO DI MONTALCINO
2013
CORTONESI
Poggiarelli
BRUNELLO DI MONTALCINO
2013
CORTONESI
Brunello di Montalcino
2013
Collemattoni
TASSI
2013

A **酒精濃度** /Alcohol degree / Tasso alcolico **C** **葡萄坡名及位置** / The wineyard / Le vigne

TOP 1 **評審會盲飲結果** / Judge choices / La scelta dei giudici

5-1 p.52

DONATELLA CINELLI COLOMBINI

Brunello di Montalcino
DOCG 2013
Prime Donne

A 13.5% vol.
C Casato Prime Donne, Ardita vineyard, north Montalcino

27-1 p.144

IL POGGIOLO - E. ROBERTO COSIMI

Brunello di Montalcino
DOCG 2013
Bionasega Life Style

A 14% vol.
C Il Poggiolo, southwest Montalcino

19-1 p.106

POGGIO LANDI

Brunello di Montalcino
DOCG 2013

A 14% vol.
C north and northeast Montalcino

30 p.162

ARMILLA

Brunello di Montalcino
DOCG 2013

A 14.5% vol.
C Silverio in Tavernelle, southwest Montalcino, single vineyard

25-1 p.134

SASSODISOLE

Brunello di Montalcino
DOCG 2013

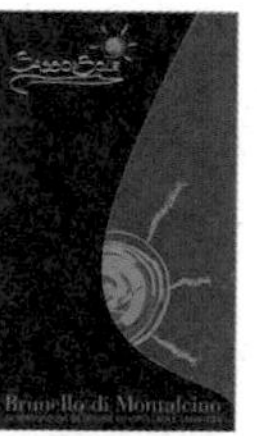

A 14% vol.
C SassodiSole, northeast Montalcino

31-1 p.164

LA RASINA

Brunello di Montalcino
DOCG 2013

A 14.5% vol.
C La Rasina, east Montalcino

26-2 **TOP 2** p.140

COL D'ORCIA

Brunello di Montalcino
DOCG 2013
Nastagio Vintage

A 14.5% vol.
C Orcia river basin, south-southwest Montalcino

33 p.172

BEATESCA

Brunello di Montalcino
DOCG 2013

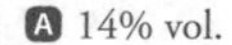

A 14% vol.
C northeast Montalcino

44-2 TOP 4 *p.218*

LA MAGIA

Brunello di Montalcino
DOCG 2013
Ciliegio

A 14% vol.
C Ciliegio, le grand vin de La Màgia, southeast Montalcino

47-1 *p.230*

FRANCI

Brunello di Montalcino
DOCG 2013
Franci

A 14.5% vol.
C Franci in Castelnuovo dell'Abate, southeast Montalcino

53-1 TOP 1 *p.250*

LA GERLA

Brunello di Montalcino
DOCG 2013

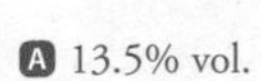

A 13.5% vol.
C northeast Montalcino

54-2 *p.256*

FATTORIA DEI BARBI

Brunello di Montalcino
DOCG 2013
Vigna del Fiore

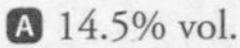

A 14.5% vol.
C Vigna del Fiore, south Montalcino, southernmost and oldest vineyard of Fattoria dei Barbi

57-1 TOP 5 *p.266*

CORTONESI

Brunello di Montalcino
DOCG 2013

A 14.5% vol.
C La Mannella, a Cru with 3 vineyards, north Montalcino

57-2 TOP 3 *p.268*

CORTONESI

Brunello di Montalcino
DOCG 2013
Poggiarelli

A 14.5% vol.
C Poggiarelli, single vineyard, southeast Montalcino

63 TOP 6 *p.292*

TASSI

Brunello di Montalcino
DOCG 2013

A 15% vol.
C Tassi in Castelnuovo dell'Abate, southeast Montalcino

65-1 *p.298*

COLLEMATTONI

Brunello di Montalcino
DOCG 2013

A 14.5% vol.
C southwest and southeast Montalcino

6TH JUDGE TASTING

BRUNELLO RISERVA DOCG 2012

— Osteria Giglio, Montalcino —

第六場——盲飲評審會
2012年陳年精選等級
布雷諾紅酒

地點介紹

此旅館位於蒙達奇諾城中心，於19世紀末開始直至今日，其歷史與蒙達奇諾布雷諾紅酒的起源可以說是相同時期，因而具有其重要的歷史意涵。1995年開始由瑪可堤家族掌管，現在其旅館也附設餐廳，居住於此令人有家的感覺，且可以充分體驗蒙達奇諾城的傳統。

地　點　蒙達奇諾城旅館

地址 ***Add*** | Via Giacomo Matteotti, 23, 53024 Montalcino SI,

電話 ***Tel*** | 0577 848167

Osteria Giglio, Montalcino

Opened at the end of 19th century, the same era as the birth of the famous red wine Brunello di Montalcino. In 1995, the Machetti family recognized its unique character and decided to take on its management and to recreate the building's original dignity. Now it is also with restaurant with its homy atmosphere that suits whomever looks for Montalcino traditions.

Osteria Giglio, Montalcino

Aperto alla fine del XIX secolo, lo stesso periodo della nascita del famoso Brunello di Montalcino. Nel 1995, la famiglia Machetti ha riconosciuto il suo carattere unico e ha deciso di assumerne la gestione e ricreare la dignità originale dell'edificio. Ora è anche un ristorante con la sua atmosfera casalinga che si adatta a chi cerca le tradizioni di Montalcino.

Barolo
餐桌上的
義大利酒王

Michele Machetti

米克雷・瑪可堤 | 義大利

義大利認證侍酒師、
蒙達奇諾城旅館主人兼餐廳經理

取得義大利官方侍酒師認證後，他自 1995 年開始便掌管家傳旅館與餐廳，同時也是葡萄酒國際市場行銷顧問。

Gabriele Gorelli

嘉布里雷・高磊里 | 義大利

葡萄酒行銷顧問、下一位世界葡萄酒大師

從小生長在蒙達奇諾，他對葡萄酒的熱情源自於布雷諾紅酒。畢業於外語學院後，他現在即將於倫敦成為世界葡萄酒大師(Master of Wine) 。

Luca Radicchi

盧卡・瓦第齊 | 義大利

葡萄酒電視明星
義大利認證侍酒師暨專業講師

白天他是正經八百的會計師，晚上才變身成為葡萄酒博士；他喜歡穿上侍酒師制服、教導人們如何品飲與餐酒搭配。就像是西方的怪醫博士，他維持著世界葡萄酒的秩序，而且一隻眼睛永遠都在看著托斯卡尼布雷諾紅酒。

31. Michele Machetti

Sommelier AIS, Owner of Il Giglio Albergo-Ristorante, Montalcino

Graduated Professional Sommelier AIS, he is the owner and manager at his family hotel since 1995; Wine consultant and market advisor for International market.

Sommelier AIS, proprietario e direttore, Il Giglio Albergo-Ristorante, Montalcino

Diplomato Sommelier AIS professionista, proprietario e direttore dell'hotel di famiglia dal 1995; lavora come consulente per l'export di numerose cantine italiane.

32. Gabriele Gorelli

Wine marketing consultant, Master of Wine student.

Born and raised in Montalcino, his passion for wine grows from the land of Brunello. Degree in foreign languages, he is now studying at the Institute of Masters of Wine in London.

Consulente di comunicazione vino, studente Master of Wine.

Nato e cresciuto a Montalcino, coltiva la sua passione per il vino nella patria del Brunello. Dopo aver studiato lingue, oggi studia a Londra per diventare Master of Wine.

33. Luca Radicchi

Wine sommelier, AIS, teacher, Wine TV star.

The "Pillole del Dr. Radicchi's" videos have a large following on Wine TV and YouTube, but in real life, he is a straight-laced accountant who likes teaching people how to taste and wine pairing with an eye to Tuscany and Brunello di Montalcino. He's a sort of Dr. Jekyll and Mr. Wine.

Wine TV, Sommelier, docente AIS

Le pillole del Dr. Radicchi sono seguitissime su Wine TV e YouTube, ma nella vita è un serio commercialista cui piace insegnare come si degustano e si abbinano i vini, con un occhio particolare alla sua Toscana e al Brunello di Montalcino: qualcosa tipo Dr. Jekyll e Mr. Wine.

Paolo Bini

保羅・畢尼｜義大利

專業侍酒師、義大利侍酒師協會教師與評審

生於托斯卡尼、他是專業葡萄酒、烈酒、與巧克力講師；身為專業侍酒師教師，他活耀於義大利葡萄酒教育課程以及烈酒推廣，同時也為托斯卡尼雜誌不定期撰寫文章

Francesco Guercelena

法蘭斯克・谷琴雷納｜義大利

義大利侍酒師協會中部里耶堤城區總長、教師、評審、葡萄酒期刊區總編

既是侍酒師又是廚師的他在義大利中部里耶堤城的廚藝學院雙科教學，學生遍佈歐洲得獎餐廳；他擁有對餐酒搭配的熱情及勇於嘗試的開放心胸，卻也同時不忘義大利傳統。

Stefano Sandrucci

斯德芬諾・山德魯奇｜義大利

義大利認證侍酒師暨講師、國立大學講師、義大利松露學會副理事長

義大利認證侍酒師暨講師、國立大學講師、義大利松露學會副理事長自 2000 年起成為認證侍酒師後，亦於大專院校教授感官檢測；食品分析專家並為許多委員會成員，特別是特級初榨橄欖油與餐酒搭配，尤其是托斯卡尼葡萄酒；現為義大利松露學會副理事長。

34. *Paolo Bini*

Sommelier AIS, wine taster and teacher.

He is one of the spokesman for AIS and for ANAG in Italy; wine writer for "La Toscana" arts and culture magazine; official taster of wine, chocolate and distillated liquor.

Sommelier AIS, Relatore e degustatore

Relatore e degustatore per Associazione Italiana Sommelier, relatore e assaggiatore distillati per ANAG Italia, chocolate taster per Compagnia del Cioccolato, scrive "Arte del vino" per "La Toscana" rivista di arte e cultura.

35. *Francesco Guercelena*

Sommelier and Official Delegate AIS, Rieti, Lazio; Teaching Supervisor and editor-in-chief of Lazio for Vitae wine guidebook.

He teaches not only wine but also cuisine in Rieti Alberghiero Institute, where most students are now in famous European awarded restaurants. The great passion for food and wine keeps his mind open with one eye always on traditions.

Sommelier, Delegato Ais Rieti, Responsabile della didattica della Regione Lazio, Referente responsabile per la regione Lazio della guida Vitae.

Sommelier e chef, insegna cucina presso l'Istituto Alberghiero di Rieti. La maggior parte dei suoi alunni lavora oggi nei più famosi e premiati ristoranti d'Europa. La sua passione per l'enogastronomia lo ha portato a sperimentare nuove spregiudicate combinazioni, sempre guardando alla tradizione.

36. *Stefano Sandrucci*

University Instructor of Sensory Analysis, Vice President of Accademia Italian del Tartufo

AIS Sommelier since 2000, instructor in universities, panel member and tasting commission, expert in sensory analysis of food, extra virgin olive oil and food-wine pairing; specialist in Tuscany wine; Vice President of the National Project: Accademia Italiana del Tartufo

Docente in università, Vice Presidentedi Accademia Italian del Tartufo

Sommelier AIS dal 2000, docente in università, membro di panel e commissioni di degustazione, esperto analisi sensoriale nel food, olio extravergine di oliva ed abbinamento cibo-vino, specialista nei vini di Toscana. Attualmente vicepresidente del Progetto nazionale : Accademia Italiana del Tartufo.

16支不同布雷諾紅酒
16 BRUNELLO SELECTED

SPUNTALI
BRUNELLO DI MONTALCINO
2012
RISERVA
La Togata
LA MAGIA
POGGIO
ALLE MURA
BRUNELLO DI MONTALCINO
RISERVA 2012
La Poderina
La Poderina
BRUNELLO DI MONTALCINO
RISERVA 2012
MÁTÉ
BRUNELLO
DI MONTALCINO
RISERVA 2012
BRUNELLO
di MONTALCINO
RISERVA 2012
CANALICCHIO
DI SOPRA

A 酒精濃度 /Alcohol degree / Tasso alcolico **C** 葡萄坡名及位置 / The wineyard / Le vigne

TOP 1 評審會盲飲結果 / Judge choices / La scelta dei giudici

4-3 **TOP 6** *p.50*

Tenuta Buon Tempo

Brunello di Montalcino
Riserva DOCG 2012

A 15% vol.
C Loc. Castelnuovo dell'Abate (p.56), south Montalcino

5-2 *p.54*

Donatella Cinelli Colombini

Brunello di Montalcino
Riserva DOCG 2012

A 14.5% vol.
C Casato Prime Donne, "Ardita" vineyard, north Montalcino

7-3 *p.66*

Pinino

Brunello di Montalcino
Riserva DOCG 2012
Pinino

A 14% vol.
C Pinino, north Montalcino; Canchi, northeast Montalcino

8-2 *p.70*

Camigliano

Brunello di Montalcino
Riserva DOCG 2012
Gualto

A 14% vol.
C Poggiaccio in Camigliano, southwest Montalcino

12-2 **TOP 5** *p.84*

Canalicchio di Sopra

Brunello di Montalcino
Riserva DOCG 2012

A 14.5% vol.
C Vecchia Mercatale and Casaccia, north Montalcino

14-2 *p.90*

La Poderina

Brunello di Montalcino
Riserva DOCG 2012
Poggio Abate

A 15% vol.
C southeast side of Castelnuovo dell'Abate, southeast Montalcino

15-2 *p.94*

Tenuta Di Sesta

Brunello di Montalcino
Riserva DOCG 2012
Duelecci Ovest

A 14.5% vol.
C Duelecci Ovest, south Montalcino

17-2 **TOP 2** *p.100*

La Togata

Brunello di Montalcino
Riserva DOCG 2012

A 14.5% vol.
C mixed vineyards, south Montalcino

22-3 p.124

BANFI

Brunello di Montalcino
Riserva DOCG 2012
Poggio Alle Mura

A 14% vol.
C Poggio alle Mura Castle, southwest Montalcino

44-3 p.220

LA MAGIA

Brunello di Montalcino
Riserva DOCG 2012

A 14.5% vol.
C Ciliegio, le grand vin de La Màgia, southeast Montalcino

27-5 TOP 4 p.152

IL POGGIOLO - E. ROBERTO COSIMI

Brunello di Montalcino
Riserva DOCG 2012
Terra Rossa

A 14% vol.
C Terra Rossa, southwest Montalcino

50-2 TOP 3 p.240

MÁTÉ

Brunello di Montalcino
Riserva DOCG 2012

A 14.5% vol.
C Santa Restituta, southwest Montalcino

32-2 TOP 1 p.170

TALENTI

Brunello di Montalcino
Riserva DOCG 2012
Pian di Conte

A 14% vol.
C Paretaio, south Montalcino

52-3 p.248

CAPARZO

Brunello di Montalcino
Riserva DOCG 2012

A 13.5% vol.
C north and south Montalcino

39-2 p.196

ARGIANO

Brunello di Montalcino
Riserva DOCG 2012

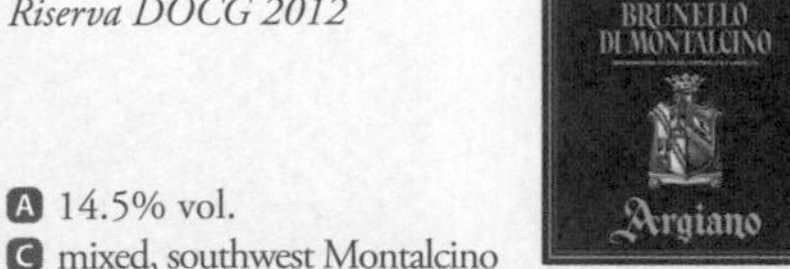

A 14.5% vol.
C mixed, southwest Montalcino

61-3 p.286

VAL DI SUGA

Brunello di Montalcino
DOCG 2012
Vigna Spuntali

A 14% vol.
C Vigna Spuntali, southwest Montalcino

7TH JUDGE TASTING

BRUNELLO RISERVA DOCG 2012

— Fulin Luxury, Firenze —

第七場——盲飲評審會
2012年陳年精選等級
布雷諾紅酒

地點介紹

2016年由居住在義大利的中國籍第二代創立，其主廚之前為羅馬知名中餐廳的行政主廚，以北京烤鴨以及人蔘龍蝦著名。我選擇在此舉辦布雷諾紅酒的盲飲，乃是為了展現北京烤鴨和布雷諾紅酒之絕配，無論你身在世界的哪一個角落，都不應該錯過中國菜與布雷諾紅酒的餐酒搭配，其圓融且完美之口感搭配，不只令人驚艷更令人回味。

地　點　佛羅倫斯時尚中餐廳

地址 *Add* | Via Giampaolo Orsini, 113r, 50125 Firenze

電話 *Tel* | 055 684931

Fulin Luxury, Firenze

From 2016, Fulin was founded by the second generation of Chinese family based in Italy. The executive chef was already famous in Roma with Beijung duck and Jinsang lobster. The reason that I choose here as one of the judge tasting is to demonstrate that the combination of Chinese cuisine and Brunello di Montalcino is perfect. No matter where you are in the world, it is necessary to try the matching between good Chinese dishes and Brunello di Montalcino.

Fulin Luxury, Firenze

Nel 2016, Fulin è stato fondato dalla seconda generazione di una famiglia cinese con sede in Italia. Il loro xecutive chef era già famoso a Roma per la sua anatra di Pechino e l'aragosta Jinsang. La ragione per cui ho scelto questo luogo come una delle location per le mie "degustazioni alla cieca" è per dimostrare che la combinazione tra la Cucina Cinese ed il Brunello di Montalcino è realmente perfetta. Non importa in quale parte del mondo ci si trovi, è necessario provare l'abbinamento tra i piatti della Cucina Cinese ed il Brunello di Montalcino.

RISERVA
BRUNELLO
di MONTALCINO
SAN POLO
MONTALCINO
SESTI
Villa

POGGIO AL VENTO
RISERVA
LA RASINA

Massimo Rossi

麥西蒙・羅西 | 義大利

義大利侍酒師協會托斯卡尼阿雷佐省區總長，Belvedere Monte San Savino 餐廳主廚兼經營者

如同領主統御領土的堅毅，37 年來他的餐廳只使用在地新鮮高品質食材；不僅愛食愛酒、知名主廚兼侍酒師總長身分外，他更是每年托斯卡尼千家酒莊新酒發表會之侍酒師總指揮長。

Giada Avanzati

嘉妲・阿曼奼堤 | 義大利

義大利認證侍酒師

自從在托斯卡尼阿雷佐省取得侍酒師認證後，她便愛上了葡萄酒世界不可自拔。她擔任托斯卡尼重要葡萄酒名店經理且積極參與諸多國際葡萄酒活動。

Tiziana Croci

堤琪安納・果齊 | 義大利

義大利侍酒師協會歐布里亞省卡斯德洛城總長

身為該區理事長，她對食物及葡萄酒充滿熱情；她在義大利統籌許多葡萄酒活動如「歐布里亞 IGT 酒沙龍」及「唯酒慶典」。葡萄酒是她的信仰。

37.Massimo Rossi

Chief Sommelier of Tuscany operation; owner and chef of Belvedere Restaurant, Monte San Savino, Tuscany

As the owner, the chef, and the Chief sommelier to his restuarant, he is the lord of his land where he works with only high-quality, 0-kilometer ingredients for more than 37 years. Not only in love with food and wine, he is also the chief sommelier for Anteprima Tuscana wine events.

Sommelier e Ufficiale Delegata AIS, Arezzo, Tuscany; Proprietario e cuoco di Ristorante Belvedere Monte San Savino, Toscana

Proprietario, chef e capo sommelier del suo ristorante, egli è il signore della sua terra dove lavora da più di 37 anni usando solo ingredienti di prima qualità e a km-0. Grande amante del mondo dell'enogastronomia, ma non solo; ha ricevuto il primo impegno come capo servizio sommelier in Anteprima Tuscana.

38. Giada Avanzati

Sommelier AIS, Arezzo, Tuscany

She has great passion for wine and it all starts from Arezzo in Tuscany. She is coordinator and manager of a gourmet wine shop in Tuscany; She never stops to collaborate and attending international wine events.

Sommelier AIS, Arezzo, Toscana

Ha grande passione per il mondo del vino e tutto ha inizio da Arezzo. Lavora come coordinatricee manager di un'enoteca Gourmet in Toscana. Continua costantemente il suo cammino nel mondo del vino partecipando ad eventi nazionali ed internazionali.

39. Tiziana Croci

Sommelier and official delegata AIS, Città di Castello, Umbria

Being the chief sommelier, she has real passion for food and wine. She collaborates and organizes several wine events around Italy, such as Salone del vino IGT Umbria and Only Wine Festival. She believes in wine.

Sommelier Degustatrice Ufficiale e Delegata AIS, Città di Castello, Umbria

Grande passione per il mondo Enologico collaboratrice negli eventi Enologici come il Salone del Vino IGT Umbria e Only Wine Festival. Creda a vino.

Richard leimer

里查・萊門 | 義大利

佛羅倫斯頂級旅館餐廳行政主廚

他的名字起源於奧地利西南部，但他的家族實際上來自北義地中海沿岸，因此在他的料理當中，除了有托斯卡尼的傳統外、也可以感受到海的滋味；此兩者概念結合如同餐與酒的完美搭配，佳餚配上布雷諾美酒，人生再無所求。

Stefano Dini

史多芬諾・蒂尼 | 義大利

義大利認證侍酒師

小時候住在佛羅倫斯的他，爺爺在近郊有一小塊葡萄園，他熱愛葡萄酒的種子就此種下。在葡萄酒美妙的世界裡，他不是一位侍酒師，也藉由旅行和攝影豐富生命。

Antonio Capelli

安東尼・卡培利 | 義大利

波隆那葡萄酒公會副理事長

身為義大利有機釀酒之前驅，他自1988年起便深深相信「有機」兩個字，同時在義大利中部擁有一座有機農場；他也是波隆那旅遊公會的創立會員。

40.*Richard leimer*

Executive chef in B-ROOF, Grand Hotel Baglioni, Florence

His name originates from South Tirol but roots from Liguria, Italy. The Mediterranean cuisine and Tuscany tradition blend in harmony and form perfect combination in my dish. He thinks fresh food with good company such as a glass of Brunello is always a great moment of life.

l' Executive Chef del B-Roof al Grand Hotel Baglioni, Firenze.

Il suo nome ha origini del sud Tirolo ma le sue radici professionali sono in Liguria. La cucina Mediterranea e la tradizione Toscana si fondono in armonia nei suoi piatti presentati con stagionalità . Una buona tavola amici ed un bicchiere di Brunello è sempre un grande momento di vita.

41.*Stefano Dini*

Sommelier AIS, Tuscany

His love for wine starts from his grandfather who has a little piece of vine in the countryside of Florence. He is a determined sommelier in love with this fantastic wine world, who loves travelling and taking photos.

Sommelier AIS, Toscana

Da piccolo cresciuto tra Firenze e le campagne fiorentine dove il nonno aveva una piccolissima vigna. Da qui la passione per il fantastico mondo del vino cresciuta negli anni ma non solo. Amante dei viaggi, ha visitato tantissimi paesi nel mondo tutti immortalati dalla passione fotografica.

42.*Antonio Capelli*

Vice president of Consorzio Vini Colli Bolognesi.

Being one of the first organic winemaker in Italy since 1988, he has an organic farm in Monteveglio, Bologna; member of ViViValsamiggia, a local tourism network.

Vice presidente del Consorzio Vini Colli Bolognesi.

Fondatore, nel 1988, di una delle prime aziende biologichea Monteveglio, Bologna. È vicepresidente della rete ViViValsamoggia, composta da ristoratori, tour operator e produttori agricoli per sviluppare e promuovere il territorio.

16支不同布雷諾紅酒
16 Brunello selected

RISERVA
BRUNELLO
MONTALCINO
SAN POLO
MONTALCINO
SESTI
FOSSACOLLE
2012 16
BRUNELLO
DI MONTALCINO
CAPANNA
RISERVA 2012
BEATO
Brunello di Montalcino
RISERVA
2012

A **酒精濃度** /Alcohol degree / Tasso alcolico **C** **葡萄坡名及位置** / The wineyard / Le vigne

TOP 1 **評審會盲飲結果** / Judge choices / La scelta dei giudici

10-2 *p.78*

CAPANNA

Brunello di Montalcino
Riserva DOCG 2012

A 15% vol.
C north Montalcino

18-2 **TOP 1** *p.104*

PODERE BRIZIO

Brunello di Montalcino
Riserva DOCG 2012

A 14.5% vol.
C southwest Montalcino, different vineyards; hottest area

19-2 *p.108*

POGGIO LANDI

Brunello di Montalcino
Riserva DOCG 2012

A 14.5% vol.
C north and northeast Montalcino

20-3 *p.114*

CASTELLO ROMITORIO

Brunello di Montalcino
Riserva DOCG 2012

A 14.5% vol.
C Castello Romitorio in north Montalcino, Poggio di Sopra in south Montalcino

21-2 *p.118*

SESTI

Brunello di Montalcino
Riserva DOCG 2012
Phenomena

A 14.5% vol.
C southern slopes of Montalcino

25-2 *p.136*

SASSODISOLE

Brunello di Montalcino
Riserva DOCG 2012

A 14.5% vol.
C SassodiSole, northeast Montalcino

26-3 *p.142*

COL D'ORCIA

Brunello di Montalcino
Riserva DOCG 2012
Poggio al Vento

A 14.5% vol.
C Poggio al Vento, southwest Montalcino

27-6 *p.154*

IL POGGIOLO - E. ROBERTO COSIMI

Brunello di Montalcino
Riserva DOCG 2012
Beato

A 14% vol.
C Beato in Località Il Poggiolo, southwest Montalcino

29-2 p.160

CORDELLA

Brunello di Montalcino
Riserva DOCG 2012

Ⓐ 14.5% vol.
Ⓒ southeast Montalcino

31-2 TOP 2 p.166

LA RASINA

Brunello di Montalcino
Riserva DOCG 2012
Il DiVasco

Ⓐ 14.5% vol.
Ⓒ La Rasina, east Montalcino

34-3 TOP 3 p.178

VILLA POGGIO SALVI

Brunello di Montalcino Cru
Riserva DOCG 2012

Ⓐ 14.5% vol.
Ⓒ the oldest one in south Montalcino

40-3 p.202

ALTESINO

Brunello di Montalcino
Riserva DOCG 2012

Ⓐ 15% vol.
Ⓒ Altesino, north Montalcino

43-2 TOP 4 p.214

SAN POLO

Brunello di Montalcino
Riserva DOCG 2012

Ⓐ 14% vol.
Ⓒ San Polo, southeast Montalcino

45-2 p.224

FOSSACOLLE

Brunello di Montalcino
Riserva DOCG 2012

Ⓐ 14.5% vol.
Ⓒ Tavernelle, south Montalcino

53-2 TOP 6 p.252

LA GERLA

Brunello di Montalcino
Riserva DOCG 2012
Gli Angeli

Ⓐ 14.5% vol.
Ⓒ Vigna gli Angeli in Canalicchio, northeast Montalcino

57-3 TOP 5 p.270

CORTONESI

Brunello di Montalcino
Riserva DOCG 2012

Ⓐ 14.5% vol.
Ⓒ La Mannella, oldest vineyard, north Montalcino

8TH JUDGE TASTING

BRUNELLO RISERVA DOCG 2012

— Drogheria Franci, Montalcino —

第八場——盲飲評審會

2012年陳年精選等級布雷諾紅酒

地點介紹

位於蒙達奇諾城中心且於城堡正對面的餐廳，其前身為古老藥局，如今其年輕的主廚(法斯汀與巴羅、雙主廚)以傳統作為出發點、創造出許多新穎菜色，堪稱蒙達奇諾城中少見的高級餐廳。其食材大部分來自當地且葡萄酒藏十分可觀。

＊來到此地，千萬不要錯過他的培根奶油義大利麵，就筆者旅居義大利之經驗，此道菜為經典之作。

地 點 蒙達奇諾城餐廳

地址 ***Add*** | Piazzale Fortezza, 6, 53024 Montalcino SI

電話 ***Tel*** | 0577 848191

Drogheria Franci, bearing the ancient name of drugstores, is located in the heart of Montalcino, with an amazing view of the fortress. The chef offers typical traditional plates prepared with a touch of spicy innovation creating new and refined flavours. The menu respects the seasonality of the products to make the maximum use of what our territory generously offers. We are always focusing on organic and biodynamic products regarding both wine and food. The chefs are Festin Krasniqi and Pavlo Anastasi.

*Never miss the Carbonara here. According to the author, it is one of the best in Tuscany.

La Drogheria Franci, antico nome utilizzato per i negozi di alimentari, spezie e generi coloniali, si trova nel cuore di Montalcino, accanto all'enoteca, con una splendida vista sulla Fortezza Lo chef propone piatti tipici della tradizione, rivisitati con aggiunta di spezie per offrire sapori sempre nuovi e particolari ma delicati e raffinati. Il menu segue la stagionalità dei prodotti e si prediligono quelli a filiera corta, ponendo molta attenzione alla qualità, al biologico e al biodinamico sia per il cibo che per il vino.

Cuochi: Festin Krasniqi, Pavlo Anastasi

**Non dimenticate la Carbonara. Qui, secondo l'autrice, potrete gustarne una delle migliori della Toscana .*

評審團
JUDGES

Massimiliano Giovannoni

麥西米亞諾 · 喬凡諾尼 | 義大利

蒙達奇諾城堡酒窖餐廳及
Drogheria Franci 餐廳營運總經理

出生於蒙達奇諾近郊小鎮，他曾為美國一星米其林 Del Posto 餐廳之首席侍酒師；曾協辦權威葡萄酒雜誌競賽、擔任美國納帕谷 Bottega 餐廳主廚之酒水營運總監，2015 年贏得 < 葡萄酒愛好者 > 雜誌評選為全球百大餐廳。他現今起返回義大利、他的故鄉。

Marcello Corradi

馬伽羅 · 可洛迪 | 義大利

2018 年米其林指南之最佳服務侍酒師

高分畢業於 ALMA 國際廚藝學院之義大利侍酒師課程，2017 年起為義大利 Relais Borgo Santo Pietro 餐廳首席侍酒師並於 2018 年成為米其林指南之最佳服務侍酒師。

Yili Tsai

蔡依莉 | 台灣

樂檸漢堡共同創辦人暨營運長

她是個熱愛簡單過好生活的實踐家，美好的葡萄酒絕對是生活中不可或缺的一部分，如果再加上一條自在的短褲，就更完美了！

43.Massimiliano Giovannoni

Executive Business Manager, Drogheria Franci and l'enoteca La Fortezza di Montalcino

Born near Montalcino, he was Chef Sommelier in Del Posto Restaurant in United States (1-star Michelin), assisted Wine Spectator Grand Award, worked as Executive Beverage Director in Restaurant Bottega in Napa Valley whom was named the Top 100 Restaurants for Wine Experience of Wine Enthusiast in 2015. Now he works for Tassi group.

Responsabile della Drogheria Franci e dell'enoteca La Fortezza di Montalcino

Nato vicino a Montalcino, è stato Capo Sommelier del Del Posto (1-stella Michelin) ed ha assistito Wine Spectator Grand Award. Ha lavorato come Executive Beverage Director per il Bottega, Napa Valley portandolo nella top 100 restaurants for wine experience of Wine Enthusiast nel 2015. Dal 2018 è il Responsabile per tutte le attività di Fabio Tassi.

44.Marcello Corradi

Sommelier, the best service 2018 of Michlin Guide

He graduates from Master ALMA AIS with the first place in class. From 2017 he is the Head Sommelier of Relais Borgo Santo Pietro, where it is named "the best service 2018" of Michlin Guide.

Sommelier, "Migliore servizio di Sala 2018" dalla Guida Michelin

Si diploma al Master ALMA AIS con il primo posto in classe. Dal 2017, capo Sommelier del Relais Borgo Santo Pietro che e' stato insignito del " Migliore servizio di Sala 2018" dalla Guida Michelin.

45.Yili Tsai

Co-founder and CEO, THEFREEN Burger, Taiwan

The goal of her everyday life is to enjoy quality in a simple and easy way, and in her opinion, wine is absolutely essential. If she can wear that easy and comfortable short paints (like her logo of THEFREEN Burger) at the same time, that'd be more wonderful.

Fondatore e CEO, THEFREEN Burger, Taiwan

L'obiettivo della sua vita quotidiana è godere della qualità in modo semplice e facile e, secondo lei, per far ciò, il vino è assolutamente essenziale. Se lei è in grado di indossare quei semplici e comodi pantaloncini corti (come nel logo dei suoi hamburger) allo stesso tempo il loro abbinamento col Brunello potrebbe rendere tutto ancora più fantastico.

Paolo Tamagnini

保羅・塔馬里尼 | 義大利

義大利侍酒師協會歐布里亞省副理事長暨董事、葡萄酒講師暨評審

義大利認證侍酒師、曾為歐布里亞省故比歐區總長、布里亞省副理事長，之後專心於教學工作，活躍於葡萄酒品飲講座與活動；目前為義大利侍酒師協會全國委員會董事之一。

Alessandro Pompanin

亞力山德・鵬帕尼 | 義大利

義大利認證侍酒師；巴克斯酒窖餐廳侍酒師兼第二代傳人

2011 年成為正式義大利認證侍酒師；目前工作於蒙達奇諾城內酒窖餐廳，名為 Enoteca Bacchus；其父母於 1995 年創立此餐廳，既為餐廳擁有人也負責選酒、負責酒單及現場侍酒。

Giuseppe Musso

裘世培・姆索 | 義大利

蒙達奇諾城最悠久咖啡店之咖啡師

西西里人，20 年前愛上托斯卡尼迷人山丘風景後便決定留下來住，自此，他愛上了布雷諾紅酒；其任職之咖啡店亦為歷史悠久、藏酒豐富的酒窖。

46. *Paolo Tamagnini*

Vice President and Head of Didactics of AIS Umbria, Official Taster, Teacher, National Commissioner.

Sommelier since 2004, Delegate of AIS Gubbio, then Vice President and Head of Didactics of AIS Umbria. Since 2014 he dedicates himself only to teaching lessons, training activities and tasting seminars; he is also Commissions for the professional qualification of AIS sommeliers.

Vice Presidente e responsabile della Didattica AIS Umbria, Degustatore ufficiale, Docente, Commissario nazionale

Sommelier dal 2004, è stato Delegato AIS Gubbio, Vice Presidente e responsabile della Didattica AIS Umbria. Dal 2014 si è dedicato solo all'attività didattica e formativa in AIS, svolgendo in tutta Italia numerose lezioni e seminari di degustazione del vino e presenziando le Commissioni per l'abilitazione professionale dei sommelier AIS.

47. *Alessandro Pompanin*

Sommelier and co-owner, Enoteca Bacchus, Montalcino

Sommelier AIS since 2011; co-owner of Enoteca Bacchus in Montalcino, opened by his parents in 1995 where he is in charge of the wine list. He is the second generation.

Sommelier e co-owner, Enoteca Bacchus, Montalcino

Sommelier AIS dal 2011. Co-proprietario dell'Enoteca Bacchus a Montalcino, di proprietà della sua famiglia dal 1995, con il compito di gestire la cantina e la scelta della carta dei vini.

48. *Giuseppe Musso*

Barista, Caffè Fiaschetteria Italiana 1888, Montalcino.

20 years ago, from Sicily, he came to Tuscany and was so fascinated by the Tuscan hills that he decided to live here where he develops a strong passion for Brunello wine over the years. He works in a prestigious winery café shop .

Barista del Caffè Fiaschetteria Italiana 1888, Montalcino

Arrivato vent' anni fa dalla Sicilia, è rimasto affascinato dalle colline toscane decidendo così di viverci, ha sviluppato in questo luogo una forte passione per il Brunello, dove con il proprietario cura la prestigiosa cantina.

16支不同布雷諾紅酒
16 BRUNELLO SELECTED

BRUNELLO
MONTALCINO
RISERVA
2012
LISINI
CAMPOGIOVANNI
RISERVA
Brunello di Montalcino
VIGNA
FONTELONTANO
RISERVA
2012
Collemattoni
Brunello di Montalcino
Riserva 2012
Palazzo
LA FIORITA
RISERVA 2012
BRUNELLO DI MONTALCINO
Uccelliera
RISERVA

A **酒精濃度** /Alcohol degree / Tasso alcolico **C** **葡萄坡名及位置** / The wineyard / Le vigne

TOP 1 **評審會盲飲結果** / Judge choices / La scelta dei giudici

9-2 TOP 2 p.74

CASISANO

Brunello di Montalcino
Riserva DOCG 2012

A 14% vol.
C Colombaiolo in Podere Casisano, southeast Montalcino

22-4 TOP 6 p.126

BANFI

Brunello di Montalcino
Riserva DOCG 2012
Poggio All'Oro

A 14% vol.
C Poggio all'Oro, west Montalcino

27-3 p.148

IL POGGIOLO - E. ROBERTO COSIMI

Brunello di Montalcino
Riserva DOCG 2012
Il Poggiolo

A 14% vol.
C Il Poggiolo, southwest Montalcino

37-2 p.190

CASTELGIOCONDO (FRESCOBALDI)

Brunello di Montalcino
Riserva DOCG 2012
Ripe al Convento di CastelGiocondo

A 14.5% vol.
C Tenuta CastelGiocondo, southwest Montalcino

41-2 TOP 5 p.206

CAMPOGIOVANNI

Brunello di Montalcino
Riserva DOCG 2011
Il Quercione

A 15.5% vol.
C Il Quercione vineyard of Campogiovanni, Sant'Angelo in Colle, south Montalcino

46-2 p.228

TENUTE SILVIO NARDI

Brunello di Montalcino
Riserva DOCG 2012
Vigneto Poggio Doria

A 15% vol.
C Poggio Doria, northwest Montalcino

47-2 p.232

FRANCI

Brunello di Montalcino
Riserva DOCG 2012
Franci

A 15% vol.
C Franci in Castelnuovo dell'Abate, southeast Montalcino

54-3 p.258

FATTORIA DEI BARBI

Brunello di Montalcino
Riserva DOCG 2011

A 14.5% vol.
C southeast Fattoria dei Barbi, south Montalcino

55-2 p.262

UCCELLIERA

Brunello di Montalcino
Riserva DOCG 2012

Ⓐ 15% vol.
Ⓒ Castelnuovo dell'Abates, south Montalcino, the oldest vineyard

59-2 p.276

FULIGNI

Brunello di Montalcino
Riserva DOCG 2012
Fuligni

Ⓐ 14.5% vol.
Ⓒ blend of vineyards, northeast Montalcino

60-2 p.280

LA FIORITA

Brunello di Montalcino
Riserva DOCG 2012

Ⓐ 15% vol.
Ⓒ Pian Bossolino, southeast Montalcino

61-1 **TOP 4** p.282

VAL DI SUGA

Brunello di Montalcino
DOCG 2012
Poggio al Granchio

Ⓐ 14.5% vol.
Ⓒ Poggio al Granchio, southeast Montalcino

61-2 p.284

VAL DI SUGA

Brunello di Montalcino
DOCG 2012
Vigna del Lago

Ⓐ 14% vol.
Ⓒ Vigna del Lago, north Montalcino

62-2 **TOP 3** p.290

PALAZZO

Brunello di Montalcino
Riserva DOCG 2012

Ⓐ 15% vol.
Ⓒ Palazzo, east Montalcino

64-2 **TOP 1** p.296

LISINI

Brunello di Montalcino
Riserva DOCG 2012

Ⓐ 14% vol.
Ⓒ south Montalcino

65-2 p.300

COLLEMATTONI

Brunello di Montalcino
Riseva DOCG 2012

Ⓐ 15.5% vol.
Ⓒ Fontelontano vineyard, southwest Montalcino

A

Altesino
Località Altesino 54
53024 Montalcino (SI)
Tel: 0577 806208 ***40*** */ p.198*

Argiano
S. Angelo in Colle
53024 Montalcino (SI)
Tel: 0577 844037 ***39*** */ p.194*

Armilla
Loc. Tavernelle, 6
53024 Montalcino (SI)
Tel: 0577 816012 ***30*** */ p.162*

B

Banfi
Castello di Poggio alle Mura
53024 Montalcino (SI)
Tel: 0577 840111 ***22*** */ p.120*

Beatesca
Via P. Fanfani 111/A
50127 Firenze (FI)
Tel: 055 7310363 ***33*** */ p.172*

C

Camigliano
Via d'Ingresso 2
53024 Camigliano, Montalcino (SI)
Tel: 0577 816061 ***8*** */ p.68*

Campogiovanni
Località San Felice
53019 Castelnuovo Berardenga (SI)
Tel: 0577 399231 ***41*** */ p.204*

Canalicchio di Sopra
Loc. Casaccia 73
53024 Montalcino (SI)
Tel: 0577 848316 ***12*** */ p.82*

Capanna
Loc. Capanna 333
53024 Montalcino (SI)
Tel: 0577 848298 ***10*** */ p.76*

Caparzo
Località Caparzo
53024 Montalcino (SI)
Tel: 0577 848390 ***52*** */ p.244*

Carpineto
Località Dudda
50022 Greve in Chianti (FI)
Tel: 055 8549062 ***28*** */ p.156*

Casa Raia
Pod.Scarnacuoia 284
53024 Montalcino (SI)
Tel: 0577 847254 ***23*** */ p.128*

D

F

I

Il Grappolo
Proprietà Fortius srl a socio unico
53024 Montalcino (SI)
Tel: 0574 813730 ***49** / p.236*

Il Marroneto
Località Madonna delle Grazie, 307
53024 Montalcino (SI)
Tel: 0577 849382 ***24** / p.130*

Il Poggiolo - E. Roberto Cosimi
Podere Sasso al Vento 262
53024 Montalcino (SI)
Tel: 0577 848412 ***27** / p.144*

L

La Fiorita
Loc. Podere Bellavista
53024 Montalcino (SI)
Tel: 0577 835657 ***60** / p.278*

La Gerla
Loc. Canalicchio Pod. Colombaio
53024 Montalcino (SI)
Tel: 0577 848599 ***53** / p.250*

La Magia
Podere la magia 53
53024 Montalcino (SI)
Tel: 0577 835667 ***44** / p.216*

La Palazzetta di Luca e Flavio Fanti
Podere La Palazzetta 1/P
53024 Castelnuovo dell'Abate, Montalcino (SI)
Tel: 0577 835531 ***11** / p.80*

La Poderina
Via Grazianella 5, Fraz. Acquaviva
53045 Montepulciano (SI)
Tel: 0578 767722 ***14** / p.88*

La Rasina
Loc. Rasina 132
53024 Montalcino (SI)
Tel: 0577 848536 ***31** / p.164*

La Togata
Via del Colombaio 5
53024 Sant'Angelo In Colle (SI)
Tel: 0577 844050 ***17** / p.98*

Le Chiuse
Loc. Pullera 228,
53024 Montalcino (SI)
Tel: 338 1300380 ***3** / p.44*

Le Ragnaie
Loc. Le Ragnaie
53024 Montalcino (SI)
Tel: 0577 848639 ***6** / p.56*

Lisini
Pod. Casanova Lisini, S. Angelo in Colle
53024 Montalcino (SI)
Tel: 0577 844040 ***64** / p.294*

S

Salvioni
Piazza Cavour 19
53024 Montalcino (SI)
Tel: 0577 848499 ***58*** */ p.272*

San Lorenzo
Podere Sanlorenzo 280
53024 Montalcino (SI)
Tel: 0577 832965 ***16*** */ p.96*

San Polo
Località Podernovi 161
53024 Montalcino (SI)
Tel: 0577 835101 ***43*** */ p.212*

SassodiSole
Podere Sasso di Sole 85
53024 Montalcino (SI)
Tel: 0577 834303 ***25*** */ p.134*

Sesti
Castello di Argiano
53024 Montalcino (SI)
Tel: 0577 843921 ***21*** */ p.116*

Siro Pacenti
Loc. Pelagrilli
53024 Montalcino (SI)
Tel: 0577 848662 ***42*** */ p.208*

T

Talenti
Loc. Pian di Conte
53020 Sant'Angelo in Colle Montalcino
Tel: 0577 844064 ***32*** */ p.168*

Tassi
Viale Piero Strozzi 1/3
53024 Montalcino (SI)
Tel: 0577 846147 ***63*** */ p.292*

Tenuta Buon Tempo
Loc. Oliveto Fraz. Castelnuovo dell' Abate
53033 Montalcino (SI)
Tel: 338 6707362 ***4*** */ p.46*

Tenuta di Sesta
Loc. Sesta
53024 Montalcino (SI)
Tel: 0577 835612 ***15*** */ p.92*

Tenute Silvio Nardi
Casale del Bosco
53024 Montalcino (SI)
Tel: 0577 808269 ***46*** */ p.226*

U

國家圖書館出版品預行編目（CIP）資料
Brunello Library 托斯卡尼義大利酒后：
我的 130 瓶布雷諾紅酒評審指南 / 黃筱雯作
初版 . 臺北市：聚樂錄義大利美食 2018.06
面；　公分 . --（美食旅人；3）
ISBN 978-986-92022-1-3（精裝）
1. 葡萄酒 2. 品酒 3. 義大利
463.814　　107008046

美食旅人 003

Brunello Library
托斯卡尼義大利酒后
我的 130 瓶布雷諾紅酒評審指南

作者 Author　黃筱雯 Xiaowen Huang

攝影 Photogragher　奧蘭多、安東尼·古登（法） Orlendo ; Anthony Gaudun

責任編輯 Editor　黃筱雯 Xiaowen Huang

美術設計 Art Design　陳芳儀 Fang Yi Chen

翻譯與資料整理 Translator& Administration　黃筱雯、黃育莉、芭巴拉·索都（義） Xiaowen Huang ; Yuli Huang ; Barbara Soddu

出版者 Publisher　聚樂錄義大利美食有限公司 CLUBalogue Academy

地址 Address　104 台北市中山區長安東路二段 142 號 7 樓 7F, No.142, Sec 2, Chang-An East Rd, Taipei, Taiwan

網址與信箱 Website&Email　www.CLUBalogue.com info@clubalogue.com

匯款帳號
銀行　台新銀行
戶名　聚樂錄義大利美食有限公司
帳號　2089-01-0000-2646

製版印刷　英倫國際文化事業股份有限公司

定價　新台幣 960 元 / EUR 45

初版一刷　2018 年 6 月 / June 2018

Distributor in Europe
CLUBalogue Sagl.
Viale Cassarate 5, 6900 Lugano
italy@clubalogue.com

代理經銷｜白象文化事業有限公司
401 台中市東區和平街 228 巷 44 號
電話：(04)2220-8589